U0319213

普通物理实验

主 编 李 微
副主编 金 英 齐晓华
杜文青 周淑君

北 京
冶金工业出版社
2024

内 容 提 要

　　本书主要介绍普通物理实验教学内容。全书分为四部分，具体包括误差理论与数据处理、基础性实验、综合性实验和设计性实验，内容安排上由浅入深，循序渐进。此外，书中每个实验前都设有实验导读与课程思政模块；书后附有书中所有实验的数据表格，供学生参考。

　　本书可作为普通高等学校物理专业和理工科非物理专业的教学用书，也可供高校物理教师教学参考。

图书在版编目（CIP）数据

普通物理实验／李微主编. — 北京：冶金工业出版社，2024. 6. — ISBN 978-7-5024-9910-5

Ⅰ. O4-33

中国国家版本馆 CIP 数据核字第 2024MF9842 号

普通物理实验

出版发行	冶金工业出版社	电　话	(010)64027926
地　址	北京市东城区嵩祝院北巷 39 号	邮　编	100009
网　址	www.mip1953.com	电子信箱	service@ mip1953.com

责任编辑　姜恺宁　美术编辑　吕欣童　版式设计　郑小利
责任校对　葛新霞　责任印制　禹　蕊
三河市双峰印刷装订有限公司印刷
2024 年 6 月第 1 版，2024 年 6 月第 1 次印刷
787mm×1092mm　1/16；16.75 印张；403 千字；259 页
定价 48.00 元

投稿电话　(010)64027932　投稿信箱　tougao@cnmip.com.cn
营销中心电话　(010)64044283
冶金工业出版社天猫旗舰店　yjgycbs.tmall.com
（本书如有印装质量问题，本社营销中心负责退换）

前　言

党的二十大报告指出要"加快建设高质量教育体系"，而高质量教育体系的特征之一就是从以传授知识为主的应试教育向以培养学生素养为主的素质教育转变。物理学是一门以实验为基础的学科，是自然科学的重要基础。"普通物理实验"是高校物理专业学生的必修主干课程，也是理工科非物理专业学生必修的基础课程。本门课程的主要教学目的是使学生在学习物理实验知识的同时，锻炼和提高专业技能、沟通与合作能力、创新精神及创新能力等综合素养，使其养成良好的学习习惯和严谨的科学作风，为其后续课程的学习以及未来所从事的技术工作和科研工作打下坚实的基础。

本书是按照教育部高等学校物理类专业及非物理专业大学物理实验课程教学基本要求，借鉴兄弟院校物理实验教学内容和课程改革体系成果，结合一线教师多年的物理实验教学经验编写而成。全书共精选了包含力学、热学、光学和电磁学的38个实验，内容安排上打破了传统的按照力、热、光、电层次教学的模式，按照由浅入深、循序渐进，采用由基础性实验到综合性实验再到设计性实验的模式，强调分层次教学，同时增加了锻炼实验故障排除能力的教学内容，使学生逐步学会如何选题、选配实验器材，直到能独立进行实验设计和开展简单的具有研究性内容的实验工作，逐步提高学生的科学实验能力及创新能力。

本书介绍了测量与误差、不确定度和测量结果的表示、有效数字及其运算规则以及常用的实验数据处理的基本方法；实验部分分为基础性实验、综合性实验和设计性实验三部分。基础性实验的目的是让学生掌握基本实验原理、基本实验仪器的规范使用方法，学会正确记录和处理实验数据，为后续学习打下基础；综合性实验和设计性实验，增加了近几年实验室建设过程中最新引进的实验设备和测量方法的相关内容，目的在于提高学生的综合实践能力和创新能力。本书亮点包括：每个实验题目都设有实验导读与课程思政模块，有利于学生更好地了解实验的发展历程及应用情况，激发学生学习兴趣，培养科学精神；进一步细化了每个实验题目的操作步骤和注意事项，强化学生预习效果，增强操作的条理性及规范性；在附录部分呈现了所有实验的数据表格，方便学生参考。

　　物理实验教学是一项集体事业，从教学内容安排到讲义修改再到教材撰写，都需要许多教师及实验员长期的努力和改进，本书就是渤海大学物理科学与技术学院物理实验教研室集体劳动的成果。本书由李微、金英、齐晓华、杜文青、周淑君负责编写，李微统筹全稿并担任主编。书中误差理论与数据处理以及全部电磁学实验由李微编写；全部力学和热学实验由金英和周淑君编写，金英统稿；全部光学实验由齐晓华和杜文青编写，齐晓华统稿。

　　本书是在一线教师积累多年的实验教学经验基础之上，以多年使用的实验讲义为蓝本，经过全体实验教师和实验技术人员不断改革和创新所取得的成果，是集体智慧和劳动的结晶。本书在编写过程中得到了学校、学院领导和相关部门同事的支持和帮助，参考了有关文献资料，在此一并表示诚挚的感谢。

　　编写一本合用的实验教材，有赖于不断地改革实践和研究探索，才能日臻完善。由于编者水平所限，书中不妥之处，敬请广大读者批评指正。

渤海大学物理实验教研室

2023 年 8 月

目　录

绪论 ……………………………………………………………………………………… 1

    第一节　普通物理实验的教学目的 ………………………………………………… 1

    第二节　普通物理实验的基本程序 ………………………………………………… 1

    第三节　普通物理实验的课堂要求 ………………………………………………… 3

第一章　误差理论与数据处理 ……………………………………………………… 4

    第一节　测量与误差 ………………………………………………………………… 4

    第二节　不确定度和测量结果的表示 ……………………………………………… 7

    第三节　有效数字及其运算规则 ………………………………………………… 12

    第四节　实验数据处理的基本方法 ……………………………………………… 15

第二章　基础性实验 ……………………………………………………………… 27

    实验一　长度测量 ………………………………………………………………… 27

    实验二　单摆测量重力加速度 …………………………………………………… 36

    实验三　天平测密度 ……………………………………………………………… 41

    实验四　验证牛顿第二定律 ……………………………………………………… 45

    实验五　测声速 …………………………………………………………………… 50

    实验六　测量薄透镜焦距 ………………………………………………………… 58

    实验七　牛顿环测量平凸透镜的曲率半径 ……………………………………… 62

    实验八　分光计的调节及使用 …………………………………………………… 67

    实验九　电磁学实验基本知识 …………………………………………………… 76

    实验十　示波器的使用 …………………………………………………………… 82

    实验十一　静电场的描绘 ………………………………………………………… 90

    实验十二　磁场的描绘 …………………………………………………………… 95

第三章　综合性实验 ……………………………………………………………… 99

    实验一　金属线胀系数的测量 …………………………………………………… 99

    实验二　液体表面张力系数的测定 …………………………………………… 104

    实验三　霍尔位置传感器测量杨氏模量 ……………………………………… 108

    实验四　落球法测量液体的黏滞系数 ………………………………………… 114

    实验五　用气垫转盘验证刚体转动定律 ……………………………………… 118

    实验六　热敏电阻温度特性的研究 …………………………………………… 122

实验七　迈克尔逊干涉仪的调节及使用 ……………………………………………… 126

实验八　透射光栅测定光波波长 ……………………………………………………… 133

实验九　衍射实验 ……………………………………………………………………… 138

实验十　光的偏振特性研究 …………………………………………………………… 142

实验十一　用惠斯通电桥测电阻 ……………………………………………………… 148

实验十二　伏安法测电阻 ……………………………………………………………… 153

实验十三　霍尔效应 …………………………………………………………………… 158

实验十四　用箱式电位差计校准电表 ………………………………………………… 164

实验十五　RLC 电路稳态特性研究 …………………………………………………… 169

实验十六　密立根油滴测量电子电量 ………………………………………………… 174

实验十七　制流电路与分压电路特性研究 …………………………………………… 183

第四章　设计性实验 ……………………………………………………………………… 189

实验一　音叉声场的研究 ……………………………………………………………… 189

实验二　测定锌粒的密度 ……………………………………………………………… 190

实验三　气垫导轨上测重力加速度方法比较研究 …………………………………… 191

实验四　测量焦距方法比较 …………………………………………………………… 192

实验五　组合透镜 ……………………………………………………………………… 193

实验六　光电器件物理特性的研究 …………………………………………………… 195

实验七　电压表测电阻 ………………………………………………………………… 196

实验八　电桥法测量交流信号源的频率 ……………………………………………… 198

实验九　非线性电阻的测量 …………………………………………………………… 199

参考文献 …………………………………………………………………………………… 200

附录 ………………………………………………………………………………………… 201

附录 1　大学物理实验常用数据 ……………………………………………………… 201

附录 2　实验报告表格 ………………………………………………………………… 205

绪　论

第一节　普通物理实验的教学目的

物理学是以实验为基础的学科，物理学新概念的确立、新规律的发现以及新技术的突破都离不开反复的实验。物理实验的方法、思想、仪器和技术经常被普遍应用于自然科学的各个领域。正是由于物理实验的重要性，以培养高素质创新人才为目的的高等院校，不仅要加强学生理论课程的学习，更要培养学生的实践能力。普通物理实验课程是高等学校理工类专业学生实验教育的入门课程，其教学目的在于使学生在学习物理实验基础知识的同时，受到专业的、严格的训练，获得初步的实验能力，养成良好的实验习惯和严谨的科学作风。

实验能力包括动手能力和动脑能力。既要训练学生安装、调试和操作实验装置的基本技能，又要培养学生在设计实验步骤、选取实验器件、分析实验现象、判断实验故障和审查实验数据以及团队沟通协作等方面的能力。

普通物理实验课程虽然是在教师指导下的学习环节，但在实验课上学生的学习活动具有较大的独立性，教师期望学生能够以研究的态度去组装实验装置，进行观察、测量与分析，探讨最佳实验方案，从中积累经验、锻炼技能，为以后解决新的实验课题夯实基础。

第二节　普通物理实验的基本程序

物理实验课程是通过对实验现象的观察、分析和对物理量的测量，加深对物理学原理的理解。实验教学基本思想和程序可归纳为：实验思想→实验仪器→实验条件→实验方法→实验测量→实验分析→实验结果的数据处理。根据这一教学思想及程序，普通物理实验教学的基本程序主要包括以下三个阶段。

一、课前预习

由于实验课课内时间有限，要求学生在课前必须预先熟悉实验内容，否则在较短的课内时间保质保量按时完成实验内容无疑是十分困难的。课前预习一般以理解教材所述原理为主，大致了解实验具体步骤，对待测物理量的期待实验结果要做到心中有数。若不了解以上内容，只是机械地按照实验步骤看一步做一步，虽然获得了实验数据，但却不了解其中含义，并不会有大的收获。预习时，应撰写出简明的预习报告。预习报告的格式及内容如下：

（1）实验题目；

（2）实验目的；

（3）实验仪器：列举本次实验所用到的仪器，标出仪器型号及简要标注使用方法；

（4）实验原理：该部分是预习报告的重点内容，在充分理解教材内容的基础上，概括地叙述该实验的基本原理和测量方法，包括理论依据、公式推导及图示（电路图或光路图）等；

（5）实验内容：列举出本次实验操作内容及具体实验步骤；

（6）数据记录及处理：根据测量内容的要求列出数据表格（可在附录2中取用），以及数据处理时要用到的公式。

预习报告是正式实验报告不可或缺的一部分，要求学生必须统一用 A4 纸认真撰写（不能用红笔或铅笔），要求字迹工整、文字简练、内容全面，并在第一页的右上角写上学生姓名及学号。

二、课堂实验

课堂实验过程中，学生要在教师的指导下，按顺序认真完成每一个实验步骤。为此学生需要做到以下要求：

（1）签到：学生进入实验室后，先在签到簿及仪器使用记录上签到，然后上交预习报告。

（2）认真听讲：学生动手实验前，教师会做简要的讲解，学生务必要认真听讲，了解实验中的关键步骤和注意事项，避免出现错误，以保证较好地完成实验，同时减少实验误差。

（3）仪器调节：细心调节仪器至所要求的工作状态，如力热实验中某些仪器的水平或垂直状态，光学仪器的共轴，以及电磁学实验中实验元件的安全待测状态等。尤其是电磁学实验，一定要在教师核查电路确认无误后才能接通电源！

（4）观察测量：实验中要仔细观察、积极思考、规范操作及认真记录。要在实验所具备的客观条件（如温度、压力及仪表精度）下，实事求是地进行观察和测量，切忌抄、改数据。要学会初步分析和处理问题的方法，仪器遇到故障要冷静处理，要在教师指导下学会排除故障的方法，有意识地培养自己的主动思考、独立工作能力，提高分析问题和解决实际问题的能力。

（5）数据记录：实验过程中应如实记录实验数据，并注意规范书写。除了记录实验数据外，还应注意影响实验结果的相关因素（如温度、空气湿度、大气压强等）以及实验仪器的规格、型号和准确度等。

（6）整理仪器：实验数据及仪器使用记录经任课教师审查签字通过后，将实验仪器恢复原位，地面和桌椅整理干净整齐，方可离开实验室。

三、实验报告

实验结束后学生要对实验数据进行处理，并完成实验报告。实验报告包括以下内容：

（1）实验时间、地点、院系、班级、姓名和学号。

（2）实验课程名称、实验题目。

（3）实验目的。

（4）实验仪器：包括实验用的所有仪器、量具和材料的名称、规格和型号等。

（5）实验原理：按照理解阐述实验原理，写出必要的原理公式，画出原理图、电路图或者光路图等，说明公式中各个物理量的意义和单位。

（6）实验内容及步骤：简明扼要写出实验的主要内容和步骤。

（7）数据记录及数据处理：将原始数据转记于报告纸上（原始数据也要附在报告的后面，以便教师核查），需要列表的和作图的要有相应的表格和图形。写出数据处理的主要过程，按照有效数字的运算法则计算，给出不确定度的评定，正确运用不确定度表示实验结果。

（8）分析讨论：回答思考题和分析讨论实验结果。分析实验中产生误差的主要原因，并提出改进建议。

第三节　普通物理实验的课堂要求

为了使学生养成良好的实验习惯和严肃认真的工作作风，同时为了保证安全、顺利地完成实验课程，特制定普通物理实验的课堂要求如下：

（1）学生应严格遵守上课时间，不得迟到、早退或旷课。

（2）学生在实验前应认真预习，并完成预习报告。进入实验室后，先将预习报告交由老师检查，合格后方可进行实验。无预习报告及教材者，取消当次实验资格。

（3）实验前检查好桌面仪器是否齐全，是否有损坏或短缺，及时通报给教师，不得私自调换其他小组的实验器材。

（4）实验过程中要认真细致，严格遵守仪器的操作规程及注意事项，爱护实验仪器，对于不了解的仪器，切忌乱碰乱拧，损坏仪器者，需要照章赔偿。尤其是涉及使用电源的实验，须经任课教师检查无误后方可接通电源进行实验。

（5）实验过程中测得的原始数据，不得使用红笔或铅笔书写，未经教师批阅的数据无效。

（6）实验过程中，禁止大声喧哗，保持实验室卫生，将书包、手机等物品放到指定位置。

（7）实验结束后将仪器、桌椅恢复原状，摆放整齐，并如实填写实验仪器使用记录上的"运行情况"一栏，经教师同意方可离开实验室。

（8）实验报告（包含原始数据和预习报告）必须在实验后一周之内上交给相应的任课教师，如无特殊说明逾期不交者报告成绩记零分。

第一章 误差理论与数据处理

////////////////////////////

第一节 测量与误差

一、测量

在物理实验中，不仅要观察物理现象，而且要定量地测量物理量的大小。所谓测量，就是利用某种仪器将被测量与标准量进行比较，从而确定被测量对象量值的过程。

（一）按测量方法不同，可将测量分为直接测量和间接测量

（1）直接测量。用计量仪器直接读出被测量对象的量值，称为直接测量。例如，用米尺测量物体的长度，用天平称物体的质量。仪表上所表明的刻度或从显示装置上直接读取的数值，都是直接测量的量值，称为实验原始数据。

（2）间接测量。根据待测量和某几个直接测量值的函数关系求出待测量的量值，称为间接测量。例如，用单摆测重力加速度 g 时，可以先测出摆长 L 和周期 T，再用公式 $g = (4\pi^2/T^2)L$ 算出 g，这里对 g 的测量就是间接测量。

由此可见，直接测量是间接测量的基础。在物理实验中，许多物理量的测量都是间接测量。

（二）按测量条件不同，可将测量分为等精度测量和非等精度测量

（1）等精度测量。在相同条件下，对某物理量所进行的多次重复测量称为等精度测量。所谓相同条件，是指同一个人，用同一台仪器，而且每次测量的环境都相同（如温度、照明情况等）。

（2）非等精度测量。若测量条件在测量过程中有变化，则称为非等精度测量。由于非等精度测量的数据处理涉及加权计算，比较复杂，大学物理实验中一般都采用等精度测量的方法。如无特殊说明，本书所涉及的测量都是等精度测量。

二、测量误差

测量的目的是要获得待测物理量的真值。所谓真值是指在一定条件下，某物理量客观存在的真实值。但由于测量仪器的局限、理论或测量方法的不完善、实验条件的不理想及观测者欠熟练等原因，所得到的测量值与真值之间总是存在一定的差异。这种差异称为测量误差。测量误差的定义为

$$测量误差 = 测量值 - 真值 \tag{1.1-1}$$

它反映了测量值偏离真值的大小和方向，故又称为绝对误差。一般来说，真值仅是一个理想的概念，它只有理论上的意义。实际测量中，一般只能根据测量值确定测量的最佳值，通常取多次重复测量的平均值作为最佳值。需要特别注意的是，任何量值都必须标有单

位，单纯的数值一般不具有任何物理意义。

绝对误差可以评价某一测量的可靠程度，但若要比较两个或两个以上的不同测量结果，就需要用相对误差来评价测量的优劣。相对误差的定义为

$$相对误差 = \frac{绝对误差}{测量最佳值} \times 100\% \qquad (1.1\text{-}2)$$

有时被测量对象有公认值或理论值，还可用"百分误差"来表征：

$$百分误差 = \left| \frac{测量最佳值 - 理论值}{理论值} \right| \times 100\% \qquad (1.1\text{-}3)$$

任何测量中都不可避免地存在误差，所以，一个完整的测量结果应该包括误差部分。因此实验者应根据实验要求和误差限度来制定或选择合理的测量方案和仪器，分析测量中可能产生的各种误差，尽可能消除其影响，并对测量结果中未能消除的误差做出估计。

三、误差的分类

误差按其性质及产生原因，可分为系统误差、随机误差及粗大误差。

（一）系统误差

如果在多次测量同一物理量时，误差的大小和符号保持不变或者按某种确定的规律变化，称为系统误差。

系统误差的产生与测量规定条件不满足或测量方法不完善等因素有关，主要包括以下几个方面：仪器本身的缺陷（如刻度不准、不均匀或零点未校准等）；理论公式或测量方法的近似性（如伏安法测电阻时没考虑电表的电阻、用单摆周期公式 $T = 2\pi\sqrt{L/g}$ 测重力加速度 g 的近似性）；环境影响（如温度、湿度、光照等与仪器要求的环境条件不一致）；实验者的个人因素（如操作的滞后或超前、读数总是偏大或偏小）等。由上述特点可知，在相同条件下，单纯增加测量次数是不能有效消除或减小系统误差的。要注意查找产生系统误差的原因，才能采取适当的方法来消除或减小其影响，并对结果进行修正。实验中一定要注意消除或减小系统误差。

（二）随机误差

在同一条件下，多次测量同一物理量时，若误差时大时小，时正时负，以无规则的方式变化，称为随机误差。

随机误差是由某些偶然的或不确定的因素引起的。例如，实验者受到感官的限制，读数会有起伏；实验环境（如温度、湿度、风、电源电压等）无规则的变化，或是测量对象自身的涨落等。这些因素的影响一般是微小的、混杂的，并且是无法排除的。

对某一次测量来说，随机误差的大小和符号都无法预计，完全出于偶然。但大量实验表明，在一定条件下对某物理量进行足够多次的测量时，其随机误差就会表现出明显的规律性，即随机误差遵循一定的统计规律：正态分布（又称高斯分布）、均匀分布和 t 分布，其中最常见的是正态分布。正态分布的特征可以用正态分布曲线形象地表示出来，如图 1.1-1(a) 所示，图中横坐标 x 表示某一物理量的测量值，纵坐标 $f(x)$ 表示该测量值的概率密度：

$$f(x) = \frac{1}{\sigma\sqrt{2\pi}}\exp\left[-\frac{1}{2}\left(\frac{x-\mu}{\sigma}\right)^2 \right] \qquad (1.1\text{-}4)$$

式中，μ 表示 x 出现概率最大的值。在消除系统误差后，μ 为真值，σ 为标准偏差，它是表征测量值离散程度的一个重要参量（σ 大，表示 $f(x)$ 曲线矮而宽，x 的离散性显著，测量的精密度低；σ 小，表示 $f(x)$ 曲线高而窄，x 的离散性不显著，测量的精密度高，如图 1.1-1(b) 所示）。

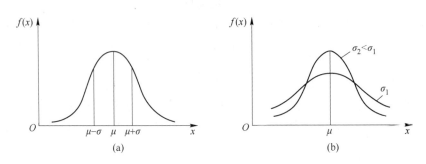

图 1.1-1 随机误差的正态分布曲线

由图 1.1-1(a) 可知，正态分布型随机误差有以下一些特性：

（1）单峰性：绝对值小的误差出现的概率比绝对值大的误差出现的概率大；

（2）对称性：绝对值相等的正误差和负误差出现的概率相同；

（3）有界性：在一定条件下，绝对值很大的误差出现的概率趋于零，也就是说误差的绝对值不超过一定的值，这个值称为极限误差；

（4）抵偿性：随着测量次数的增加，随机误差的算术平均值趋于零，即 $\lim\limits_{n\to\infty}\dfrac{1}{n}\sum\limits_{i=1}^{n}\Delta x_i = 0$。

定义 $P = \displaystyle\int_{x_1}^{x_2} f(x)\,\mathrm{d}x$ 表示变量 x 在 (x_1, x_2) 区间内出现的概率，称其为置信概率。x 出现在 $(\mu-\sigma, \mu+\sigma)$ 区间的概率为

$$P = \int_{\mu-\sigma}^{\mu+\sigma} f(x)\,\mathrm{d}x = 0.683$$

说明对任一次测量，其测量值出现在 $(\mu-\sigma, \mu+\sigma)$ 区间内的可能性为 0.683。为了给出更高的置信概率，置信区间可扩展为 $(\mu-2\sigma, \mu+2\sigma)$ 和 $(\mu-3\sigma, \mu+3\sigma)$，其置信概率分别为

$$P = \int_{\mu-2\sigma}^{\mu+2\sigma} f(x)\,\mathrm{d}x = 0.954$$

$$P = \int_{\mu-3\sigma}^{\mu+3\sigma} f(x)\,\mathrm{d}x = 0.997$$

由此可见，x 落在 $(\mu-3\sigma, \mu+3\sigma)$ 区间以外的可能性很小，故称 3σ 为极限误差。

（三）粗大误差

测量时，由于观测者不正当地使用仪器、粗心大意导致观察错误或记错数据而造成的不正确的结果，这种误差称为粗大误差。它实际上是一种测量错误，相应数据应予以剔除。

关于处理可疑数据的判据，在此只介绍格罗布判据。按此判据给出一个和数据个数 n 相联系的系数 G_n，见表 1.1-1。当已知数据个数 n、算术平均值 $\bar{x}$ 和测量列标准差 σ，则

可以保留的测量值 x_i 的范围为

$$\bar{x} - G_n\sigma \leqslant x_i \leqslant \bar{x} + G_n\sigma \qquad (1.1\text{-}5)$$

表 1.1-1 G_n 系数表

n	3	4	5	6	7	8	9	10	11	12	13
G_n	1.15	1.46	1.67	1.82	1.94	2.03	2.11	2.18	2.23	2.28	2.33
n	14	15	16	17	18	19	20	22	25	30	
G_n	2.37	2.41	2.44	2.48	2.50	2.53	2.56	2.60	2.66	2.74	

（四）定性评价测量结果的三个名词

在实验中，常用到准确度、精密度和精确度这三个不同的概念来评价测量结果。准确度高，是指测量结果与真值的符合程度高，反映了测量结果的系统误差小。精密度高，是指重复测量所得结果相互接近程度高（离散程度小），反映了随机误差小。精确度高，是指测量数据比较集中，且逼近于真值，反映了随机误差和系统误差都比较小。在实验中，我们希望获得精确度高的测量结果。

第二节 不确定度和测量结果的表示

一、测量的不确定度

不确定度是指由于测量误差的存在而对被测量值不能肯定的程度，它给出测量结果不能确定的误差范围。不确定度更能反映测量结果的性质，在国内外已经被普遍采用。不确定度一般包含有多个分量，按其数值的评定方法可归并为两类：用统计方法对具有随机误差性质的测量值计算获得的 A 类分量 u_A 以及用非统计方法计算获得的 B 类分量 u_B。

不确定度一般保留 1~2 位有效数字。当首位数字不小于 3 时，不确定度保留一位有效数字；小于 3 时保留两位有效数字，后面其余的数字"只进不舍"（非零即进）。例如：测量某物体的长度，计算得到的不确定度为 $u = 0.3316$ mm，应保留为 $u = 0.4$ mm；若 $u = 0.2316$ mm，则应保留为 $u = 0.24$ mm。在计算的中间过程，不确定度可以多保留一位有效数字。

二、不确定度的分类

（一）多次测量的平均值的标准偏差

由于误差的存在，决定了我们不可能得到真值，而只能对真值进行估算。根据随机误差的特点，可以证明对一个物理量进行相当多次测量之后，其分布曲线趋于对称分布，算术平均值就是接近真值的最佳值。设在相同条件下，对某物理量 X 进行 n 次等精度重复测量，每一次测量值为 X_i，则算术平均值 $\bar{X}$ 为

$$\bar{X} = \frac{\sum\limits_{i=1}^{n} X_i}{n} \qquad (1.2\text{-}1)$$

若测量次数 n 有限，任一测量值的标准偏差可由贝塞尔公式近似地给出：

$$\sigma_X = \sqrt{\frac{\sum\limits_{i=1}^{n}(X_i - \overline{X})^2}{n-1}} \qquad (1.2\text{-}2)$$

其意义为任意一次测量的结果落在 $(\overline{X} - \sigma_X, \overline{X} + \sigma_X)$ 区间的概率为 0.683。

由于算术平均值 $\overline{X}$ 是测量结果的最佳值，因此我们更希望知道 $\overline{X}$ 对真值的离散程度。由误差理论可以证明，算术平均值 $\overline{X}$ 的标准偏差为

$$\sigma_{\overline{X}} = \frac{\sigma_X}{\sqrt{n}} = \sqrt{\frac{\sum\limits_{i=1}^{n}(X_i - \overline{X})^2}{n(n-1)}} \qquad (1.2\text{-}3)$$

上式说明，平均值的标准偏差 $\sigma_{\overline{X}}$ 是 n 次测量中任意一次测量值标准偏差 σ_X 的 $1/\sqrt{n}$。$\sigma_{\overline{X}} < \sigma_X$ 是因为算术平均值是测量结果的最佳值，它比任意一次测量值更接近真值。$\sigma_{\overline{X}}$ 的物理意义是真值处于 $(\overline{X} - \sigma_{\overline{X}}, \overline{X} + \sigma_{\overline{X}})$ 区间的概率为 0.683。

上述结果是在测量次数相当多时，依据正态分布理论求得的。然而在物理实验教学中，测量次数往往较少（一般 $n < 10$），在这种情况下，测量值将呈 t 分布。要想得到与相当多次测量相同的置信概率，需要在平均值的标准偏差前面乘上一个与测量次数和置信概率有关的因子 t_P，其值可通过查 t 分布表得到。

（二）A 类不确定度

A 类不确定度是指在等精度多次测量中用统计方法估算出的不确定度分量，是针对随机误差的量，可以用算术平均值 $\overline{X}$ 的标准偏差乘以因子 t_P 求得。在大学物理实验中，当置信概率取 0.683，测量次数 $6 \leqslant n \leqslant 10$ 时，$t_P \approx 1$，则 A 类不确定度 $u_A(X)$ 可近似地直接取为算术平均值 $\overline{X}$ 的标准偏差，即

$$u_A(X) = \sigma_{\overline{X}} = \sqrt{\frac{\sum\limits_{i=1}^{n}(X_i - \overline{X})^2}{n(n-1)}} \qquad (1.2\text{-}4)$$

（三）B 类不确定度

B 类不确定度是用非统计方法计算的不确定度分量，是针对系统误差的量，对它的估计应考虑影响测量准确度的各种可能因素，这有赖于实验者的学识、经验，以及分析和判断能力。从物理实验教学的实际出发，通常主要考虑仪器误差，有的依据计量仪器说明书或鉴定书，有的依据仪器的准确度等级，有的则粗略地依据仪器分度值或经验获得最大允差 Δ（如果查不到该类仪器的最大允差可取 Δ 等于分度值，或某一估计值，但要注明），见表 1.2-1。此类误差一般可视为均匀分布，而 $\Delta/\sqrt{3}$ 为均匀分布的标准差，则 B 类不确定度（又称不确定度的 B 类分量）$u_B(X)$ 为

$$u_B(X) = \frac{\Delta}{\sqrt{3}} \qquad (1.2\text{-}5)$$

严格来讲，从 Δ 求 $u_B(X)$ 的变换系数与实际分布有关，如果不是均匀分布，则系数将和 $\sqrt{3}$ 不同。

表 1.2-1 某些常用仪器的最大允差

仪 器 名 称	量 程	最小分度值	最 大 允 差
钢板尺	150 mm	1 mm	±0.10 mm
	500 mm	1 mm	±0.15 mm
	1000 mm	1 mm	±0.20 mm
钢卷尺	1 m	1 mm	±0.8 mm
	2 m	1 mm	±1.2 mm
游标卡尺	125 mm	0.02 mm	±0.02 mm
		0.05 mm	±0.05 mm
螺旋测微器（千分尺）	0～25 mm	0.01 mm	±0.004 mm
七级天平（物理天平）	500 g	0.05 g	0.08 g（接近满量程）
			0.06 g（1/2 量程附近）
			0.04 g（1/3 量程附近）
三级天平（分析天平）	200 g	0.1 mg	1.3 mg（接近满量程）
			1.0 mg（1/2 量程附近）
			0.7 mg（1/3 量程附近）
普通温度计（水银或有机溶剂）	0～100 ℃	1 ℃	±1 ℃
精密温度计（水银）	0～100 ℃	0.1 ℃	±0.2 ℃
电表（0.5 级）			0.5%×量程
电表（0.1 级）			0.1%×量程

（四）合成不确定度

合成不确定度 u 由 A 类不确定度 u_A 和 B 类不确定度 u_B 采用"方和根"的方式得到，即

$$u = \sqrt{u_A^2 + u_B^2} \qquad (1.2\text{-}6)$$

若 A 类不确定度有 m 个分量，B 类不确定度有 n 个分量，那么合成不确定度 u 为

$$u = \sqrt{\sum_{i=1}^{m} u_{Ai}^2 + \sum_{j=1}^{n} u_{Bj}^2} \qquad (1.2\text{-}7)$$

三、用不确定度表示测量结果

测量结果的最终表达式为

$$X = (X_{测} \pm u(X)) （单位） \qquad (1.2\text{-}8)$$

式中，测得值 $X_{测}$（一般为多次测量的平均值）、合成不确定度 $u(X)$ 和单位称为测量结果的三要素，给出测量结果时缺一不可。

测得值保留几位由不确定度来决定。即测得值保留的最后一位数字应与不确定度的末位对齐，后面其他的数字则采用"四舍六入五凑偶"的取舍规则，即小于 5 的舍掉，大于 5 的进位，等于 5 的将保留的数字凑成偶数。例如：用惠斯通电桥测量电阻的实验，若

测量不确定度为 $u(R) = 2.6\ \Omega$，则测得值：（1）若 $R_{测} = \overline{R} = 1002.467\ \Omega$ 则保留为 $R_{测} = 1002.5\ \Omega$，测量结果记为 $R = (1002.5 \pm 2.6)\ \Omega$；（2）若 $R_{测} = 1002.437\ \Omega$ 则保留为 $R_{测} = 1002.4\ \Omega$，测量结果记为 $R = (1002.4 \pm 2.6)\ \Omega$；（3）若 $R_{测} = 1002.457\ \Omega$ 则保留为 $R_{测} = 1002.4\ \Omega$，若 $R_{测} = 1002.357\ \Omega$ 也保留为 $R_{测} = 1002.4\ \Omega$，测量结果记为 $R = (1002.4 \pm 2.6)\ \Omega$。

（一）直接测量结果的表示

1. 单次直接测量结果的表示

由于是单次测量，计算不确定度只需考虑仪器本身带来的误差，即 B 类不确定度 u_B，故其测量结果的表达式可写为

$$X = X_{测} \pm u_B = \left(X_{测} \pm \frac{\Delta}{\sqrt{3}} \right)（单位） \tag{1.2-9}$$

2. 多次直接测量结果的表示

多次直接测量，既要考虑系统误差（主要考虑仪器本身的误差）u_B 又要考虑随机误差（主要考虑平均值的标准偏差）u_A，故其测量结果的表达式为

$$X = (X_{测} \pm u(X))（单位） \tag{1.2-10}$$

式中，$u(X) = \sqrt{u_A^2(X) + u_B^2(X)} = \sqrt{\left[\sqrt{\dfrac{\sum\limits_{i=1}^{n}(X_i - \overline{X})^2}{n(n-1)}} \right]^2 + \left(\dfrac{\Delta}{\sqrt{3}} \right)^2}$。

例 1.2-1：在室温 23 ℃下，用共振干涉法测量超声波在空气中传播的波长 λ，数据见表 1.2-2。

表 1.2-2　波长测量数据

n	1	2	3	4	5	6
λ/cm	0.6872	0.6854	0.6840	0.6880	0.6820	0.6880

试用不确定度表示测量结果。

解：波长 λ 的平均值为

$$\overline{\lambda} = \frac{1}{6} \sum_{i=1}^{6} \lambda_i = 0.685767\ \text{cm}$$

则波长测量值平均值的标准偏差为

$$\sigma_{\overline{\lambda}} = \sqrt{\frac{\sum\limits_{i=1}^{6}(\overline{\lambda} - \lambda_i)}{6 \times (6-1)}} = \sqrt{\frac{2948 \times 10^{-8}}{30}}\ \text{cm} \approx 0.001\ \text{cm}$$

则波长 λ 的 A 类不确定度为

$$u_A(\lambda) = \sigma_{\overline{\lambda}} = 0.001\ \text{cm}$$

又已知实验装置的游标示值误差（最大允差）为 $\Delta = 0.02\ \text{cm}$，则波长 λ 的 B 类不确定度为

$$u_B(\lambda) = \frac{\Delta}{\sqrt{3}} = \frac{0.002\ \text{cm}}{\sqrt{3}} = 0.0012\ \text{cm}$$

于是波长 λ 的合成不确定度为

$$u(\lambda) = 0.0016 \text{ cm}$$

（注意：根据前面提到的不确定度保留原则，上式中不确定度首位数字小于 3，所以保留两位有效数字；如果大于 3 则只保留一位即可。）

所以，超声波在空气中传播时的波长 λ 的测量结果可表述为

$$\lambda = (0.6858 \pm 0.0016) \text{ cm}$$

（二）间接测量结果的表示

对于间接测量，设被测量 Y 由 m 个直接被测量 x_1，x_2，x_3，$\cdots$，x_m 算出，它们的关系为 $Y = y(x_1, x_2, x_3, \cdots, x_m)$，各 x_i 的标准不确定度记为 $u(x_i)$，则 Y 的合成标准不确定度 $u_C(Y)$ 为

$$u_C(Y) = \sqrt{\sum_{i=1}^{m} \left(\frac{\partial y}{\partial x_i}\right)^2 u^2(x_i)} \tag{1.2-11}$$

式中，偏导数 $\dfrac{\partial y}{\partial x_i}$ 为传递系数。$\dfrac{\partial y}{\partial x_i}$ 的计算与导数 $\dfrac{\mathrm{d}y}{\mathrm{d}x}$ 的计算很相似，只是计算 $\dfrac{\partial y}{\partial x_1}$ 时要把 x_1 以外的变量作为常量处理。对于幂函数 $y = A x_1^a \cdot x_2^b \cdots \cdot x_m^k$，由于

$$\frac{\partial y}{\partial x_1} = y \frac{a}{x_1}, \quad \frac{\partial y}{\partial x_2} = y \frac{b}{x_2}, \quad \cdots, \quad \frac{\partial y}{\partial x_m} = y \frac{k}{x_m}$$

所以 Y 的合成标准不确定度 $u_C(Y)$ 可以写成如下形式

$$u_C(Y) = Y \sqrt{\left(a \frac{u(x_1)}{x_1}\right)^2 + \left(b \frac{u(x_2)}{x_2}\right)^2 + \cdots + \left(k \frac{u(x_m)}{x_m}\right)^2} \tag{1.2-12}$$

对于多次间接测量，式（1.2-12）中的根号前面的 Y 及根号里各项的分母 $x_1, x_2, x_3, \cdots, x_m$ 均代入各自的平均值去计算。

测量结果记为

$$Y = (\overline{Y} \pm u_C(Y)) \text{（单位）} \tag{1.2-13}$$

测量后一定要计算不确定度，如果实验时间较少，不便全面计算不确定度时，对于偶然误差为主的测量情况，可以只计算 A 类标准不确定度作为总的不确定度，略去 B 类不确定度不计；对于系统误差为主的测量情况，可以只计算 B 类标准不确定度作为总的不确定度。

例 1.2-2：用单摆测重力加速度 g。

设摆长为 l，摆动 n 次的时间为 t，则重力加速度公式为

$$g = \frac{4\pi^2 l}{T^2} = 4\pi^2 l / (t/n)^2$$

记录数据如下：

用钢卷尺测摆线长为 0.9722 m（测一次），用游标卡尺测摆球直径为 1.265 cm（测一次），摆动 50 次时间 t 见表 1.2-3，停表精度为 0.1 s，摆幅小于 $3°$。

表 1.2-3 摆动时间

t/s	99.32	99.35	99.26	99.22

解： $l = 0.9722 \text{ m} + \dfrac{1}{2} \times 0.01265 \text{ m} = 0.97852 \text{ m}$

摆动 50 次时间的平均值： $\bar{t} = 99.2857 \text{ s}$

平均值的标准偏差： $\sigma(\bar{t}) = 0.029 \text{ s}$

所以重力加速度： $\bar{g} = 4\pi^2 \times 0.97852 \times \left(\dfrac{99.2857}{50}\right)^2 \text{ m/s}^2 = 9.7967 \text{ m/s}^2$

不确定度计算：

（1） l 的合成不确定度 $u_C(l)$（单次测量，只有 B 类不确定度）。

来源于钢卷尺的（参照 JJG 4—89） $\Delta = 0.5 \text{ mm}$，所以 $u_B(l) = 0.5 \text{ mm}/\sqrt{3} = 0.29 \text{ mm}$。游标卡尺引入的不确定度较小，可以略去不计，则 l 的不确定度为

$$u_C(l) = u_B(l) = 0.29 \text{ mm}$$

（2） t 的合成不确定度 $u_C(t)$。

重复测量，时间 t 的 A 类不确定度为

$$u_A(t) = \sigma(\bar{t}) = 0.029 \text{ s}$$

来源于秒表的（参照 JJG 107—83） $\Delta = 0.3 \text{ s}$，所以 $u_B(t) = 0.3 \text{ s}/\sqrt{3} = 0.17 \text{ s}$。则 t 的合成不确定度为

$$u_C(t) = \sqrt{0.029^2 + 0.17^2} \text{ s} = 0.17 \text{ s}$$

所以根据式（1.2-12），重力加速度 g 的合成不确定度 $u(g)$ 为

$$u(g) = \bar{g}\sqrt{\left(\dfrac{u_C(l)}{l}\right)^2 + \left(-2\,\dfrac{u_C(t)}{t}\right)^2}$$

$$= 9.7967 \times \sqrt{\left(\dfrac{0.00029}{0.97852}\right)^2 + \left(-2 \times \dfrac{0.17}{99.2857}\right)^2} \text{ m/s}^2$$

$$= 0.03 \text{ m/s}^2$$

所以重力加速度的测量结果为 $g = (9.80 \pm 0.03) \text{ m/s}^2$。

第三节　有效数字及其运算规则

实验中总要记录很多数值，并进行计算，但是记录时应取几位，运算后应留几位，这是实验数据处理的重要问题，必须有一个明确的认识。

一、有效数字的概念

为理解有效数字的概念，来看一个用米尺测量物体长度的例子。如图 1.3-1 所示，对于不同的测量者，可能读出的结果有 13.4 cm、13.5 cm、13.6 cm 等。可以看出前两位数字都相同，这是没有疑问的，称其为可靠数字或准确数字；最后一位，不同的人估计的结果略有不同，称其为可疑数字或欠准数字，它之后的数字没有保留的必要。把测量结果总的可靠数字加上一位可疑数字，统称为测量结果的有效数字。有效数字的修约规则和不确定度一样，也遵守"四舍六入五凑偶"的原则。

欠准数字虽然不准，但它是有意义的，所以要特别指出，一个物理量的测量值和数学上的一个数字有着本质上的区别。例如，在数学上，12.5 和 12.50 没有区别；但从物理

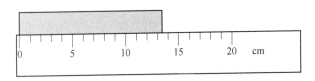

图 1.3-1 米尺测量物体长度

测量的意义上看，12.5 cm 表示十分位上是欠准数字，而 12.50 cm 则表示百分位上是欠准数字。物理实验中之所以特别强调有效数字，是因为有效数字能够粗略地反映测量结果的准确程度。

（一）测量仪器与有效数字

测量结果的有效数字，一方面反映了被测物理量的大小，另一方面也反映了测量仪器的测量精度。如果用米尺测得一物体的长度为 $L = (26.3 \pm 0.5)$ mm，最后一位数 "3" 是估读出来的，是可疑数字，测量值 L 包含 3 位有效数字。如果用游标卡尺测量此物体长度，得 $L = (26.30 \pm 0.02)$ mm，有效数字有 4 位，测量准确度要高些。

（二）测量方法与有效数字

测量结果的有效数字位数的多少，还与测量方法有关。如用秒表测量单摆的周期，其误差一般为 0.1 s，如只测一个周期，得到 $T = 1.9$ s；若连续测 100 个周期，其大小为 191.2 s，则周期的平均值 $\bar{T} = 1.912$ s。可见，由于采用了不同的测量方法，结果的有效数字位数也随之变化了。

（三）"0" 在有效数字中的作用

有效数字中，"0" 的位置不同，其性质不同。数字前面用来表示小数点位置的 "0" 不是有效数字。例如，0.0583 m 有 3 位有效数字。当 "0" 不用作表示小数点位置时，它与其他数字具有同等地位，都是有效数字。例如，10.30 m 中的两个 "0"，虽然一个处在中间，一个处在末尾，但因它们都反映了被测量的大小，故都属于有效数字。

切记：有效数字的位数是从第一个不为零的数字算起的，末位的 "0" 和数字中间出现的 "0" 都属于有效数字。

（四）有效数字的科学计数法

有效数字的位数与小数点位置或单位的换算无关。如 1.20 m 可以写成 120 cm，它仍然具有 3 位有效数字，但不能写成 1200 mm，因为它的有效数字有 4 位，它们表示的测量精度并不相同。同样，1.20 m 可以写成 0.00120 km，但不能写成 0.0012 km。在有效数字作单位换算时，一般用科学计数法表示，即 1.20 m $= 1.20 \times 10^3$ mm $= 1.20 \times 10^{-3}$ km。

二、直接测量量有效数字的读取

一般而言，测量器具的分度值是按照仪器允许误差的要求来划分的。由于仪器多种多样，所以读数规则也略有区别。正确读取有效数字的方法大致可归纳如下。

（1）一般读数应读到最小分度以下再估读一位，但不一定估读最小分度值的 1/10，也可以根据情况（如分度的间距、刻线、指针的粗细及分度的数值等），估读到最小分度值的 1/5、1/4 或 1/2。但无论怎样估读，一般来讲，最小分度位总是准确的，最小分度的下一位是估读的可疑位。

（2）如果仪器的最小分度值为 0.5，则 0.1、0.2、0.3、0.4、0.5、0.6、0.7、0.8、0.9 都是估计值；如果仪器的最小分度值是 0.2，则 0.1、0.3、0.5、0.7、0.9 都是估计值，这类情况都不必再估读到下一位，可疑数字与仪器的最大允差 Δ 所在那一位一致。

（3）游标类量具只读到游标分度值，一般不估读。特殊情况下，读到游标分度值的 1/2。

（4）数字式仪表及步进读数器（如电阻箱）不需要进行估读，仪器所显示的末位就是可疑数字。

（5）当仪器指示与仪器刻度盘某刻线对齐时，如测量值恰好为整数，特别注意要在数后补零，补零应补到可疑位。

三、间接测量量有效数字的运算规则

间接测量量最后结果保留的有效数字位数应由测量不确定度所在的位数来决定。间接测量量在运算过程中，参加运算的量可能很多，有效数字的位数也不一定相同，计算过程中，数字的位数要发生变化，如不遵守正确的规则，会使测量结果的准确性受到影响。一般可以按照下列规则确定运算结果的有效数字位数（以下举例时用下划线标记可疑数字位）。

（一）加减运算，尾数取齐

几个数进行加减运算时，其结果的有效数字末位与参加运算的各个数字中末位数量级最大的那一位取齐。例如，$378.\underline{2} + 11.41\underline{2} = 389.\underline{6}$。

（二）乘除运算，位数取齐

几个数进行乘除运算时，其结果的有效数字位数与参加运算的各个数字中有效数字位数最少的那个相同。例如，$5.34\underline{8} \times 20.\underline{5} = 11\underline{0}$。

（三）乘方开方，位数不变

一个数进行乘方或开方运算时，其结果的有效数字位数与这个数原来的有效数字位数相同。例如，$\sqrt{20\underline{0}} = 14.\underline{4}$，$1.\underline{2}^2 = 1.\underline{4}$。

（四）函数运算，具体分析

一般说来，函数运算的有效数字位数应该按照间接测量误差传递公式进行计算后决定。但在大学物理实验中，为简便统一起见，函数常采用如下处理规则。

1. 对数函数运算

对数运算，分两种情况：对于常用对数，其运算结果由首数（整数）和尾数（小数）构成，规定其尾数的位数与对数真数的有效数字位数相同，例如，$\lg 56.7 = 1.754$，对数的真数 56.7 为三位数，所以尾数部分保留三位有效数字；对于自然对数，其运算结果的有效数字位数与真数的有效数字位数相同，例如，$\ln 56.7 = 4.04$，真数为三位数，所以结果保留三位有效数字。

2. 指数函数运算

指数运算结果的有效数字位数，与指数的小数点后面的位数相同（包括小数点后面

的零），例如，$10^{6.25} = 1.8 \times 10^6$，$e^{0.0000924} = 1.000092$，指数的小数点后分别为两位和七位，所以结果分别保留两位和七位有效数字。

3. 三角函数运算

三角函数运算结果中有效数字的取法，可采用试探法，即将自变量可疑位上和下各波动一个单位，观察其结果在哪一位上波动，最后结果的可疑位就在该位上。

例如，要将 $\sin 59°56'$ 化成小数，因为

$$\sin 59°55' = 0.865\underline{2}97$$
$$\sin 59°56' = 0.865\underline{4}43$$
$$\sin 59°57' = 0.865\underline{5}88$$

上述三个结果中小数点后面的第四位不同，也就是这一位是可疑位，所以最后结果写成

$$\sin 59°56' = 0.865\underline{4}$$

特别注意：

（1）如果参与运算的整数（作为乘数或除数）是准确数字，则结果的有效数字与它们无关；

（2）无理数（π、e、$\sqrt{2}$）参与乘除运算时，它们的位数应比式中最少的位数多取 $1 \sim 2$ 位，以保证结果的准确性，例如，计算圆周长 $L = 2\pi R$，若测得 $R = 6.043$ cm，则取 $\pi = 3.1416$，比 R 多取一位计算，而乘数 2 是准确数字，所以结果的有效数字位数与它无关。

第四节　实验数据处理的基本方法

数据处理是通过对数据的整理、分析和归纳计算而得到实验结果的过程。传统的数据处理方法有列表法、作图法、逐差法以及最小二乘法等，随着计算机软件的开发和利用，越来越多的软件应用到数据处理过程中，其优点很多，如计算方便、作图准确、操作简单、容易掌握等，学习并掌握好这些数据处理方法是学生进一步进行科学实验以及科学研究的基本技能之一。本节介绍几种基本的数据处理方法。

一、列表法

列表法是利用表格记录原始数据以及中间计算过程的数据，便于下一步数据处理的一种最基本的方法。其优点是简单清晰，在表格中可以简明扼要地表现出各个物理量之间的关系，也有助于发现实验中的问题。

采用列表法处理数据要注意以下问题：

（1）表格上方写明表格名称，名称要简明扼要。

（2）写清楚行和列中各物理量的符号和单位，如果有特殊符号，需要用文字说明。表格中物理量的排列要按照一定的顺序，让人一目了然。

（3）数据书写要规范，能正确反映出有效数字的位数。表格中的数据必须包括原始数据，也可以包含一些简单的中间计算过程的数据。

下面以用螺旋测微器测钢球直径为例，说明列表法处理数据，见表 1.4-1。

表 1.4-1　螺旋测微器测钢球的直径

次数	初读数 /mm	末读数 /mm	直径 D /mm	平均值 $\overline{D}$ /mm	平均值标准偏差 $S_{\overline{D}}$ /mm
1	0.003	20.008	20.005		
2	0.002	20.007	20.005		
3	0.003	20.009	20.006	20.0048	0.00073
4	0.002	20.004	20.002		
5	0.003	20.008	20.006		

运算过程中的数据，如平均值 $\overline{D}$ 和平均值标准偏差 $S_{\overline{D}}$ 应多保留一位有效数字。

二、作图法

作图法是将一系列实验数据以及数据之间的关系通过数学图像直观地显示出来，也是物理实验中常用的数据处理方法。依据图像可以研究物理量之间的变化关系，拟合图像对应的函数关系式，求出函数与物理方程对应关系中的物理量。作图法处理数据的优点是直观、简便，同时有利于消除实验的偶然误差。

（一）作图法的主要步骤和基本要求

（1）根据数据处理的需求，选择坐标纸的种类和大小。

（2）选好横纵坐标，并在坐标轴的末端标记好物理量符号和单位。一般横坐标代表自变量，纵坐标代表因变量，一般选取被测量为变量，但有时为了获得一条直线而将被测量的某种变换后的数值作为变量，这样更有利于准确计算数据。

例如，在单摆测重力加速度实验中，根据单摆的周期公式 $T = 2\pi\sqrt{\dfrac{l}{g}}$，可将纵坐标设为 T^2，横坐标设为 l，作出的图像为一条直线，根据直线的斜率 $\dfrac{4\pi^2}{g}$ 求出重力加速度 g，如图 1.4-1 所示。

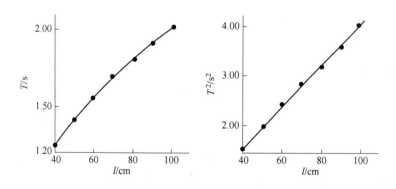

图 1.4-1　单摆测重力加速度

（3）要根据测量数据选择单位长度，横纵坐标刻度要均分，两坐标的分度可以不同。为了数据点尽量占满整个坐标空间，必要时坐标的起点可以不从"0"点开始。对于较大或较小的数据，分度应以 $\times 10^n$ 表示，并且标记在坐标单位的前面。

（4）描点。常用的数据点可以用"·""+""×"等标记，并且使交叉点正好落在实验数据对应的坐标上。如果在一张坐标纸上画多条曲线，每套数据可采用不同样式的点。作图法需要 5 个以上的实验数据点。

（5）描绘图线。作图法得到的如果是直线，要求直线尽可能多地通过数据点，不在直线上的数据点均匀分布在直线两侧，对于个别偏离直线太远的点，如果不是描点错误，则说明该点误差较大，可以舍掉；作图法得到的如果是曲线，要求平滑、连续，不能太粗。

（二）作图法求直线的斜率和截距

利用作图法处理数据时，如果得到的图像是一条直线，可以利用各个物理量之间的线性关系，通过求截距和斜率来计算待求物理量。具体做法是在直线上选择较远的两点（此两点通常不是数据点），读出坐标分别为 (x_1, y_1) 和 (x_2, y_2)，根据直线方程 $y = a + bx$，求斜率的计算公式为

$$b = \frac{y_2 - y_1}{x_2 - x_1} \tag{1.4-1}$$

一般情况下，如果横坐标的原点为零，直线延长线与纵坐标的交点即为截距，即 $x = 0$，$y = a$。

利用描点法作图，通过计算斜率和截距求物理量还是会存在一定误差，并且如果作出的是曲线，不能很好地拟合数学公式，对于数据的处理还是很粗略的。要获得更精确的结果，可采用比作图法更严谨的线性拟合方法，如最小二乘法等，而对于曲线的作图建议采用计算机软件，简单而且方便，这些将在后面予以介绍。

三、逐差法

在实验中，根据实验原理，变量之间多数可以由函数表示。对于一次函数，在自变量均匀变化的情况下，常用逐差法处理数据，其优点是能充分利用测量数据而求得所需要的物理量。

逐差法的具体做法是，将测量值分成前后两组，即前一半和后一半，然后对应项相减，再求平均值，显然逐差法需要偶数组数据，举例说明如下。

在胡克定律求弹簧的劲度系数实验中，已知弹簧的伸长量 Δx 与所加砝码质量 m 之间满足 $mg = k\Delta x$，其中 Δx 为弹簧的形变量，需要取平均值。在实验中，将弹簧竖直悬挂在支架上，与弹簧平行放有刻度尺。记下弹簧静止时下端的刻度 x_0，然后依次在弹簧的下端加上质量分别为 m、$2m$、$3m$、$\cdots$、$7m$ 的砝码，并记录此时弹簧末端的位置分别为 x_1、x_2、x_3、$\cdots$、x_7。在计算时，为了保证充分利用数据，可将数据分成前后两组 (x_0, x_1, x_2, x_3) 和 (x_4, x_5, x_6, x_7)，然后两组对应数据作差，并求 Δx 的平均值。

$$\overline{\Delta x} = \frac{(x_4 - x_0) + (x_5 - x_1) + (x_6 - x_2) + (x_7 - x_3)}{4}$$

最后可求得劲度系数

$$k = \frac{4mg}{\overline{\Delta x}}$$

逐差法处理数据的条件是自变量必须是等间距的变化，数据处理的关键是将等间距的数据合理分组并进行逐项相减，显然逐差法是需要偶数组数据的，如果测量数据为奇数

组，则需要舍掉第一组或最后一组数据。

四、最小二乘法

最小二乘法（又称最小平方法）是一种数学优化技术，是一种最常用的、最准确的拟合直线（或曲线）的方法。简单地说，最小二乘法的思想就是若存在一条最佳拟合曲线，则各测量值和曲线上对应点偏差的平方和达到最小，由此得到的变量之间的函数关系称为回归方程。如果回归方程是一元线性方程（实验数据拟合成直线），这就是一元线性回归拟合。下面主要介绍一元线性回归拟合的基本处理方法。

设已知的函数形式为

$$y = a + bx \tag{1.4-2}$$

根据实验，得到一组数据 (x_1, y_1)，(x_2, y_2)，(x_3, y_3)，…如果没有实验误差，以上各组数据均严格符合上面方程。但是测量数据总是存在误差，为了简单起见，我们考虑在 x 和 y 的测量中，只有 y 存在明显的随机误差（x 的误差小到可以忽略），实验值 y_i 与方程中的 y 值相差 ε_i，即

$$\left.\begin{aligned}
\varepsilon_1 &= y_1 - (a + bx_1) \\
\varepsilon_2 &= y_2 - (a + bx_2) \\
&\vdots \\
\varepsilon_n &= y_n - (a + bx_n)
\end{aligned}\right\} \tag{1.4-3}$$

可利用方程组（1.4-3）来确定参数 a 和 b，同时按照最小二乘法原理，希望各项偏差的平方和最小，即 $\sum \varepsilon_i^2$ 取最小值，将上式两侧平方后求和，得

$$\sum \varepsilon_i^2 = \sum [y_i - (a + bx_i)]^2 \tag{1.4-4}$$

为求 $\sum \varepsilon_i^2$ 的最小值，需要对式（1.4-4）中的 a 和 b 分别求微分。即

$$\frac{\partial \sum \varepsilon_i^2}{\partial a} = 0, \quad \frac{\partial \sum \varepsilon_i^2}{\partial b} = 0 \tag{1.4-5}$$

根据上式求出参数 a 和 b 的值分别为

$$\left.\begin{aligned}
a &= \sum y_i / n - b \sum x_i / n = \bar{y} - b\bar{x} \\
b &= \frac{n \sum x_i y_i - \sum x_i \sum y_i}{n \sum x_i^2 - (\sum x_i)^2} = \frac{\overline{xy} - \bar{x} \cdot \bar{y}}{\overline{x^2} - \bar{x}^2}
\end{aligned}\right\} \tag{1.4-6}$$

但是，对于任何一组测量值 (x_i, y_i)，代入上式都可以得出参数 a、b 的数值，即便 x 和 y 不存在线性关系，显然这对于线性回归方程是无任何意义的。因此，我们必须对这种线性回归拟合的相关性做出评价，引入相关系数 r 来评价一元线性回归拟合所找出的方程的相关程度，相关系数 r 定义为

$$r = \frac{\sum (x_i - \bar{x})(y_i - \bar{y})}{\sqrt{\sum (x_i - \bar{x})^2 \cdot \sum (y_i - \bar{y})^2}} = \frac{\overline{xy} - \bar{x} \cdot \bar{y}}{\sqrt{(\overline{x^2} - \bar{x}^2)(\overline{y^2} - \bar{y}^2)}} \tag{1.4-7}$$

相关系数 r 表示各数据点靠近拟合直线的程度。r 值在 -1 到 $+1$ 之间，$|r|$ 越接近 1，说明实验数据分布越密集，各数据点就越接近拟合直线。由于最小二乘法的计算比较烦琐，应当用科学计算器或电子计算机进行。

例如，利用表 1.4-2 一组测量结果，推测物理量 y 与 x 成正比，试利用最小二乘法，

求出 a、b 值，并拟合出线性回归方程。

表 1.4-2 测量结果

次 数	1	2	3	4	5	6	7	8
x	5.65	6.08	6.40	6.75	7.12	7.48	7.83	8.18
y	16.9	18.2	20.1	21.0	22.3	24.1	25.3	27.0

数据处理见表 1.4-3。

表 1.4-3 数据处理

$\sum x_i$	$\sum x_i^2$	$\sum y_i$	$\sum y_i^2$	$\sum x_i y_i$
55.49	390.2775	174.9	3909.05	1234.534

$$a = \sum y_i / n - b \sum x_i / n = -5.7$$

$$b = \frac{n \sum x_i y_i - \sum x_i \sum y_i}{n \sum x_i^2 - (\sum x_i)^2} = 3.97$$

$$r = \frac{\sum (x_i - \bar{x})(y_i - \bar{y})}{\sqrt{\sum (x_i - \bar{x})^2 \cdot \sum (y_i - \bar{y})^2}} = 0.9977$$

以上结果表明，y 与 x 确实存在线性关系，其线性回归方程为

$$y = 3.97x - 5.7$$

五、利用 Excel 计算机软件处理实验数据的基本方法

Excel（中文版）是 Microsoft 公司开发的 Office 工具中的一款电子表格软件。Excel 具有强大的功能：利用工作表整理实验数据，操作简单，数据清晰；引入公式和函数计算功能，可以批量计算；具有自动绘制图表、处理和分析数据的功能，用于实验数据的处理非常方便，并且操作简单，容易掌握。下面简单介绍 Excel 在实验数据处理中的一些基本方法。

（一）Excel 的工作界面简介

启动 Excel 后屏幕上出现的是一个空的工作表，如图 1.4-2 所示，工作表中的行和列分别用数字 1、2、3、4、5、…和字母 A、B、C、D、E、…来表示，单击这些字母或数字可激活对应的行或列。

一个 Excel 文件称为一个工作簿，一个新的工作簿可以添加若干个工作表，即左下角的 Sheet1、Sheet2 等。工作表中行与列交叉的格称为单元格，单元格用行和列的地址共同表示，如"B5"表示第 5 行 B 列，B5 为这一单元格的地址名称，在编辑公式和数据运算中可以引用。

在实验数据的处理过程中，按下鼠标左键并拉动鼠标覆盖所选定的区域进行操作。在操作过程中，根据计算需要，可以点击右键选择"设置单元格格式"，对表格区域进行个性化编辑和设置。

（二）数据输入及计算功能

在工作表中用鼠标单击单元格，使其处于活动状态，输入实验数据，根据计算需要，在单元格格式中选择"常规""文本"或"数值"等，在"数值"格式下还可以选择保留的小

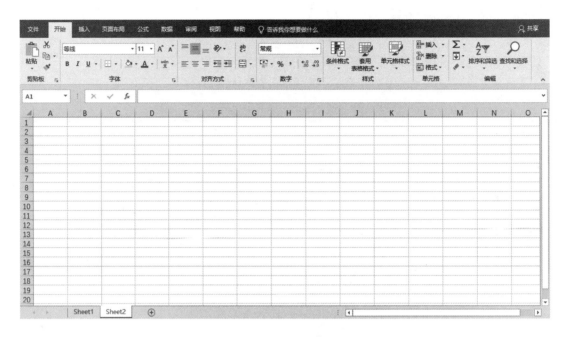

图 1.4-2　Excel 工作界面

数位数。设置好单元格格式后，就可以对数据进行初步的函数计算。Excel 中包含了许多内置的函数，包括 SUM（求和）、AVERAGE（算术平均值）、SQRT（平方根）、MIN（最小值）、STDEVP（标准偏差）等 200 多个。使用函数时在工具栏中选择"插入函数"选项，选择需要的函数，按确定后弹出"函数参数"对话框，在 Number1 和 Number2 中输入函数的参数或返回到工作表中用鼠标点击单元格、表格区域等，然后单击确定即可，如图 1.4-3 所示。

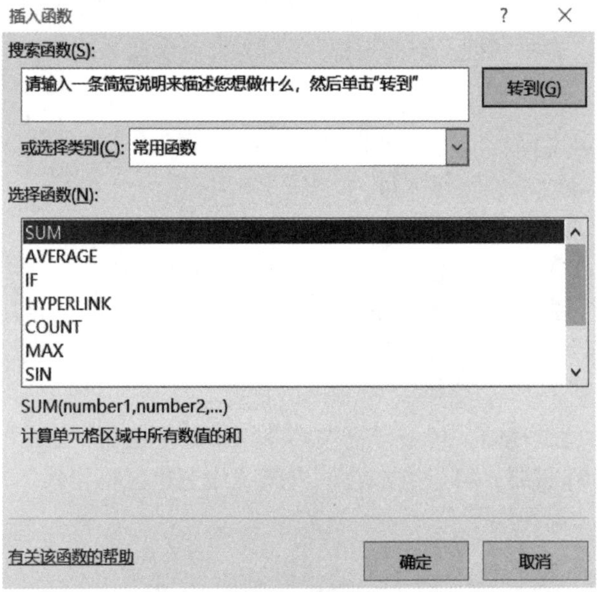

图 1.4-3　"插入函数"对话框

在处理实验数据时，有关间接测量量的计算和各测量量的平均值、标准偏差、不确定度等的计算都是烦琐的，用计算器和笔算经常产生误差。如果用 Excel 中的函数进行计算，不仅操作简单，而且数据准确。

对于其他比较复杂的函数计算，可以在单元格上方的编辑栏中输入计算公式。具体做法是，点击要产生结果的单元格，在编辑栏中先输入“=”，然后输入阿拉伯数字和引用其他单元格的地址及运算符号，也可以插入函数，最后按“Enter”键生成计算结果。单元格地址可以直接输入，也可以用鼠标点击。如输入“=(5*H9-4)/30”，表示 H9 单元格中的数值与 5 的乘积减去 4 所得的差再除以 30。另外，对于多组实验数据，如果采用相同的计算方法，可以点击第一组计算结果，并将鼠标移动到单元格右下方产生“+”字光标，然后沿竖直方向或水平方向拉动鼠标，即可算出相应的计算结果，如图 1.4-4 所示。

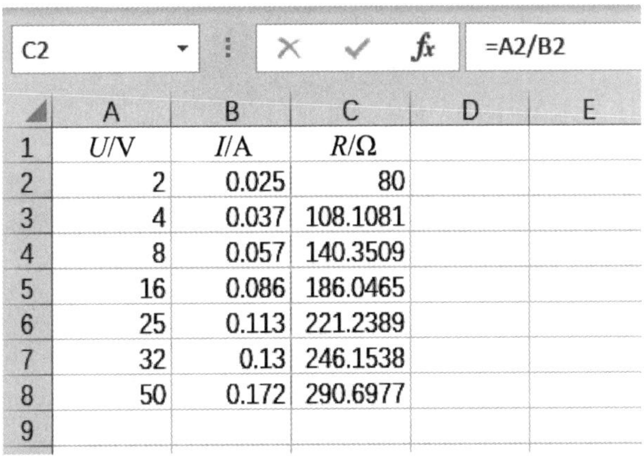

C2		fx	=A2/B2		
	A	B	C	D	E
1	U/V	I/A	R/Ω		
2	2	0.025	80		
3	4	0.037	108.1081		
4	8	0.057	140.3509		
5	16	0.086	186.0465		
6	25	0.113	221.2389		
7	32	0.13	246.1538		
8	50	0.172	290.6977		
9					

图 1.4-4　伏安法测白炽灯电阻

（三）绘制图像及拟合函数

Excel 软件还具有绘制图像及拟合函数的功能，为实验数据的处理带来极大的便利。下面简单介绍操作步骤。

（1）将实验数据填入 Excel 工作表，形成数据表。

（2）用鼠标选择要使用的全部数据单元格，在工具栏中的“插入”找到“图表”选项，可直接在“常用图表”或“所有图表”中选取作图方式，如“散点图”或“折线图”等，点击“确定”，即可得到图像，如图 1.4-5 所示。

（3）直接生成的图像并不完善，可以进行修饰，如可以修改“图表标题”，添加“坐标轴标题”。另外，双击图像，在右侧产生“设置趋势线格式”，其中功能很多，如单击坐标即可修改横纵坐标起点，还可以变换颜色、美化图像等。

（4）用 Excel 中的数据分析拟合函数图像。点击图像中的任意坐标点，点击右键，选择“添加趋势线”，在右侧“设置趋势线格式”中选择合适的趋势线，如“线性”

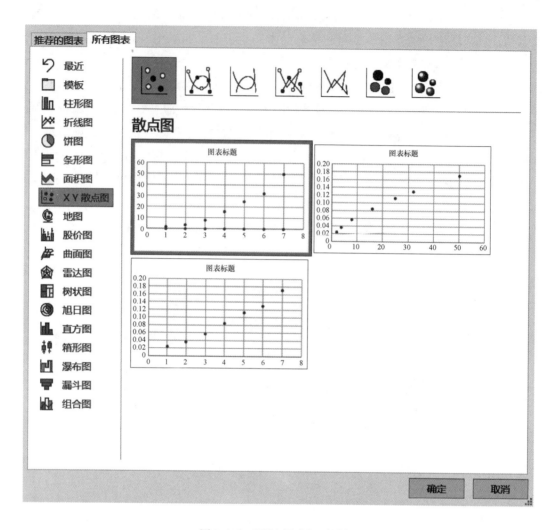

图 1.4-5 "所有图表"对话框

"指数""对数"等，勾选"显示公式"和"显示 R 的平方值"，即可在图片上方出现拟合公式。

例如，表 1.4-4 中给出一组实测的不同温度下铜电阻的阻值，借助于 Excel 的数据处理和直线拟合功能，求铜电阻的温度系数，以及 0 ℃时的电阻值。

表 1.4-4　铜电阻在不同温度下的阻值

温度/℃	45	50	55	60	65	70	75	80	85	90	95
铜电阻/Ω	1.214	1.240	1.261	1.284	1.304	1.325	1.347	1.368	1.387	1.409	1.432

根据表 1.4-4 的测量数据，以温度值为 x 轴数据，电阻值为 y 轴数据，用 Excel 进行直线拟合，得到图 1.4-6 所示直线和方程。

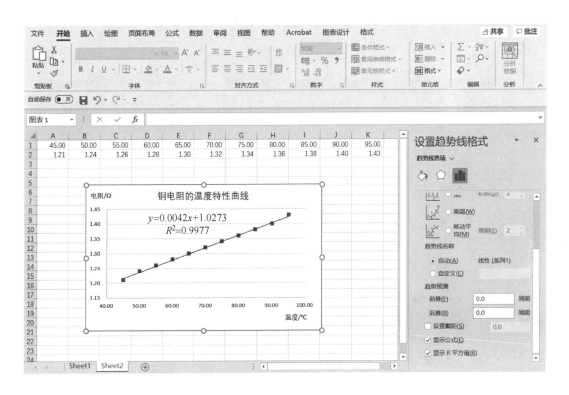

图 1.4-6　用 Excel 描绘铜电阻的温度特性曲线

将此方程与公式 $R_x = R_{x0}(1 + \alpha t) = R_{x0} + \alpha t R_{x0}$ 相比较，即可求出：

$$R_{x0} = 1.0273 \ \Omega, \ \alpha R_{x0} = 0.0042, \ R^2 = 0.9977$$

从而可求出：$R_{x0} = 1.0273 \ \Omega$，$\alpha = 0.0042/1.0273 = 0.004088$，相关系数 $r = \sqrt{R^2} = 0.9988$。R_{x0} 为 0 ℃时的电阻值，α 为铜电阻的温度系数。

六、利用 Origin 计算机软件处理实验数据的基本方法

Origin 计算机软件是美国 OriginLab 公司开发的一个科学绘图、数据分析软件，支持在 Microsoft Windows 下运行。Origin 是一款简单易学、功能强大的软件，支持各种各样的 2D/3D 图形。Origin 中的数据分析功能包括统计、信号处理、曲线拟合以及峰值分析。Origin 中的曲线拟合是采用基于 LMA 算法的非线性最小二乘法拟合。图形输出格式多样，如 JPEG、GIF、EPS、TIFF 等。本节结合大学物理实验，介绍常见的 2D 图形绘制及拟合分析方法。

（1）Origin 的工作界面。安装软件并打开，呈现出如图 1.4-7 所示的界面。

（2）数据录入。在工作表的子窗口输入数据，在 $A(X)$ 和 $B(Y)$ 对应列中直接输入自变量和因变量的数据。下面以伏安法测电阻为例，显示录入数据（表 1.4-5）过程，如图 1.4-8 所示。

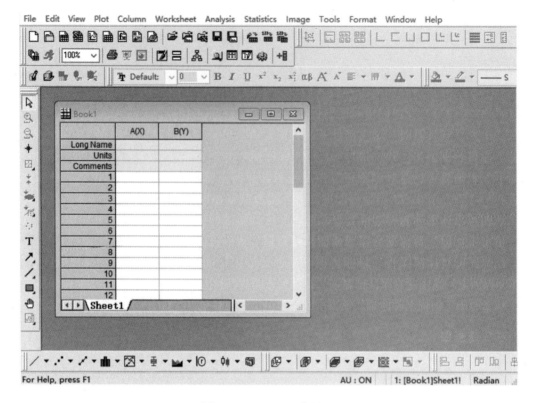

图 1.4-7　Origin 工作界面

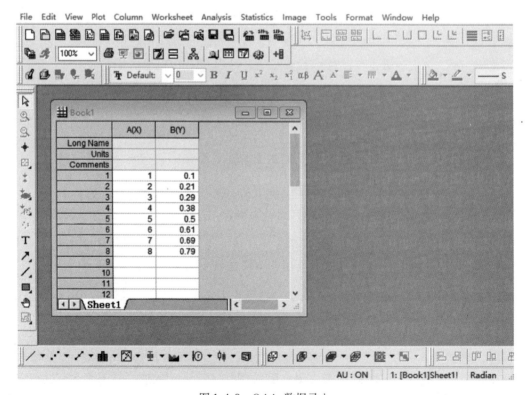

图 1.4-8　Origin 数据录入

表 1.4-5 伏安法测电阻实验数据

次 数	1	2	3	4	5	6	7	8
电压 U/V	1.0	2.0	3.0	4.0	5.0	6.0	7.0	8.0
电流 I/A	0.10	0.21	0.29	0.38	0.50	0.61	0.69	0.79

（3）图形绘制。完成数据录入后，选中需要画图的数据，直接点击下方工具条中相应的绘图按钮，即可完成不同形式图形的绘制，如图 1.4-9 所示。

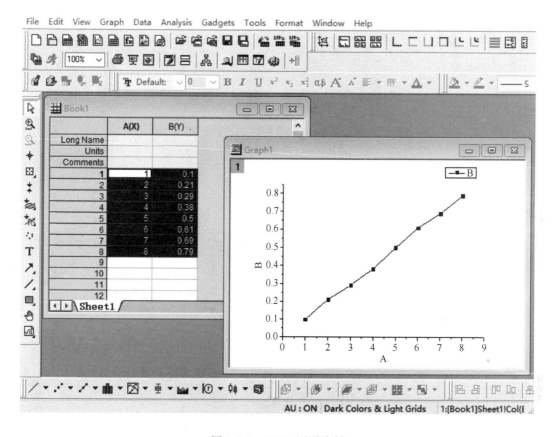

图 1.4-9　Origin 图形绘制

（4）函数拟合。用伏安法测电阻的数据为线性数据，选中所有的数据，然后点击菜单栏 Analysis-Fitting-Linear，在出现的对话框的下面点击 OK，即可得到拟合参量及拟合直线，如图 1.4-10 所示。在拟合好的图像中，可以得出拟合直线的斜率（Slope）、截距（Intercept）以及 R 平方因子（Ad R-square）。

（5）图像输出。拟合图像之后，还需要对图像标注必要的说明，例如，图像名称、坐标物理量及其符号和单位、坐标的分度值、合理的数据点标识等，这些双击相应的地方即可修改。最后，点击菜单栏 File-Export Graphs，在对话框中设置输出位置及图像格式即可输出图像，如图 1.4-11 所示。

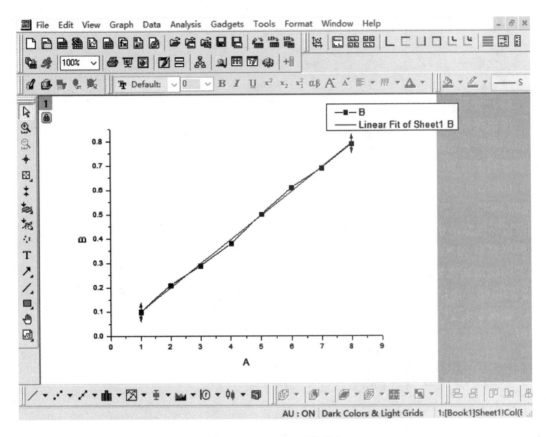

图 1.4-10　Origin 函数拟合

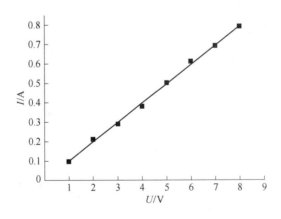

图 1.4-11　Origin 输出图像

第二章 基础性实验

实验一 长 度 测 量

【实验导读与课程思政】

长度是最基本的物理量，是构成空间最基本的要素。在国际单位制中，长度的基准是米，于 1791 年开创于法国，将地球子午线的 1/4000 的长度定为 1 米。随着科学与技术的不断发展，长度标准进一步发展和完善。1960 年，第十一届国际计量大会将米重新定义为"米的长度等于氪-86 原子的 2p10 和 5d5 能级之间的跃迁所对应的辐射在真空中波长的 1650763.73 个波长的长度"。由此，长度基准完成了从实物基准向自然基准的过渡。1965 年，我国建成了用氪-86 光波波长复现"米"定义的基准装置，精度为 1×10^{-8}，随后又研制成功了兰姆凹陷稳频 633 nm 氦氖激光器、光电光波比长仪和激光量块干预仪，以及 3.39 nm 和 612 nm 激光器，这为 1983 年米的进一步完善定义做出了贡献。1983 年，第十七届国际计量大会通过了新的米定义："米等于光在真空中 1/299792458 s 的时间间隔内所经路径的长度。"该定义隐含了光速值 $c = 299792458$ m/s，这是一个没有误差的定义值。由此，长度基准完成了从自然基准向以基本物理量常数定义基本单位的过渡。

长度测量实际上是人们用"尺子"去度量空间。这把"尺子"由早期机械式测量工具发展到利用光学放大原理设计的光学长度测量仪，如读数显微镜、投影仪、测长仪、万能工具显微镜及各种干涉仪等，再到利用传感器、激光和电子技术设计的长度测量仪器，如人造卫星激光测距仪、电子显微镜和扫描隧穿电子显微镜等，如今，这些长度测量工具可以覆盖整个物理学研究的尺度范围，大到宇宙深处，小到微观粒子。

长度测量技术是我国科学社会发展过程中不可或缺的重要技术。长度测量技术能够为我国社会和科技的发展提供科学的数据和合理的依据。通过本长度测量实验，认识到长度测量技术对我国发展的重要性，从整体上提升我国的长度测量水平，改进和完善相关测量技术，能够保证我国各项工作的顺利进行，从根本上促进我国社会的发展和科学技术的进步。

【课前预习】

1. 预习目标

通过认真阅读教材及查阅相关资料，达到下列目标：

（1）复习米尺的使用方法和读数规则；

（2）熟悉游标卡尺、螺旋测微器、读数显微镜各组成部分；

（3）熟悉游标卡尺、螺旋测微器、读数显微镜的使用方法和读数规则；

（4）复习标准不确定度的计算及有效数字运算规则。

2. 预习思考题

（1）米尺、20 分度游标卡尺和螺旋测微器的分度值各为多少？

（2）用毫米刻度尺测量某工件的长度，将其一端与 10 cm 处的刻度线对准，另一端恰好与 24 cm 处的刻度线对齐，此工件的长度应记录为多少？

（3）游标卡尺、螺旋测微器如何进行零点校准？

（4）螺旋测微器测长度时，怎样读出毫米以下的数值？螺旋测微器零点读数在什么情况下为正，什么情况下为负？实验过程中应怎样减小螺旋测微器的系统误差？

（5）用读数显微镜测微小长度时，为什么测微鼓轮只能向一个方向转动？

【实验目的】

（1）学习正确选择测量工具，掌握游标卡尺、螺旋测微器和读数显微镜的测量原理与使用方法。

（2）运用误差理论和有效数字的运算规则完成实验数据处理，并分析产生误差的原因。

（3）学会正确表述测量结果。

【实验仪器】

米尺、游标卡尺、螺旋测微器、读数显微镜、被测物（金属球、圆管、金属丝等）。

【实验原理】

1. 米尺

实验室常用的米尺有直尺和钢卷尺，一般有 30 cm、50 cm、100 cm 等不同规格长度。使用米尺测量长度时可精确到毫米位，毫米位以下则需要凭视力估读，也是有效数字。

米尺有一定厚度，使用米尺进行测量时，应该尽可能将待测物体贴紧米尺的刻度，以减少视差；读数时，视线应垂直于所读刻度线。由于米尺两端容易磨损，因此测量时常用米尺中间部分，选择某一刻度作为起点，读取待测物体两端所对应的刻度，作读数之差，即为待测物体长度。如果考虑米尺的刻度不均匀，可以从不同起点进行多次测量。

2. 游标卡尺

游标卡尺的原理

游标卡尺是一种被广泛使用的高精度测量工具，它是刻线直尺的延伸和拓展。游标卡尺的原理是基于两个测量刻度之间的距离来确定物体的尺寸，此种读数方法称为差示法。

在普通的尺子上装一个可滑动的有刻度的副尺，该副尺就称为游标尺。利用它可以把米尺估读的那位准确地读出来。

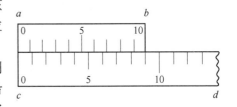

图 2.1-1　10 分度游标卡尺的原理图

图 2.1-1 为 10 分度游标卡尺的原理图，即测量精度达到游标尺的 1/10 分格。游标尺 ab 是可沿主尺 cd 滑动的一段小尺，其上有 10 个分格，是将主尺的 9 个分格 10 等分而成的，因此，游标尺上一个分格的长度等于主尺一个分格长度的 9/10。

图 2.1-2 为 10 分度游标卡尺测量的示意图。测量时，将物体 AB 的 A 端与主尺的 0 刻度线对齐，另一端 B 在主尺的第 7 和第 8 格之间，意味着物体的长度稍大于 7 个主格的长

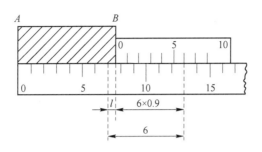

图 2.1-2　10 分度游标卡尺测量图

度，设物体的长度比 7 个主格的长度长 l，此时，将物体的末端 B 与游标尺的 0 刻度线相接，如图 2.1-2 所示，可以看到游标尺的第 6 条刻度线与主尺刻度线对齐，则

$$l = 6 - 6 \times \frac{9}{10} = 6 \times \left(1 - \frac{9}{10}\right) = 0.6 \text{ 主尺分度值} \qquad (2.1\text{-}1)$$

因此，物体 AB 的长度等于

$$l_{AB} = (7 + 0.6) \text{ 主尺分度值} \qquad (2.1\text{-}2)$$

如果主尺分度值为 1 mm，则物体 AB 的长度为 7.6 mm。由此可见，游标是利用主尺和游标尺上每一个分格之差——差示法，使测量进一步精确，这在测量中具有普遍意义。

　　一般来说，游标尺将主尺的（$m-1$）个分格长度等分成 m 个小格，称为 m 分度游标卡尺。图 2.1-3 为 m 分游标卡尺的原理图，其中游标尺有 m 个小分格。

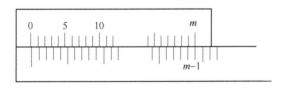

图 2.1-3　m 分度游标卡尺的原理图

游标尺上 m 个分格的总长度和主尺上（$m-1$）个分度值的总长相等，即：

$$mx = (m-1)y \qquad (2.1\text{-}3)$$

式中，x 表示游标尺上每个等分格的长度；y 表示主尺分度值的长度，所以可以得到：

$$x = y - \frac{y}{m} = \frac{m-1}{m}y \qquad (2.1\text{-}4)$$

游标尺的每个分格与主尺的每个分格的长度差为：

$$\Delta x = y - x = \frac{y}{m} \qquad (2.1\text{-}5)$$

每一份 Δx 即为游标的分度值，游标卡尺的精密程度，取决于其分度值 Δx，m 越大的游标，其精度越高。但 m 过大时，主尺一分格和游标尺一分格之差就很小，在实际测量的过程中，将会出现游标尺上多条刻度线和主尺的刻度线对齐，使读数发生困难。因此，游标尺的 m 一般取 10、20 和 50 三种，分别称为 10 分度、20 分度和 50 分度游标卡尺，分度值分别为 0.1 mm、0.05 mm 和 0.02 mm。

游标卡尺的读数方法

使用游标卡尺测量物体的长度时，首先确定游标卡尺的测量精度和测量范围；之后从游标尺 0 刻度线的位置读出整格数，也就是整毫米数；最后根据游标尺上与主尺对齐的刻度线读出不足一格的小数部分，也就是不足 1 mm 的小数部分，两者相加就是测量值。

图 2.1-4 以 10 分度游标卡尺的某一状态为例对游标卡尺读数方法进行说明。首先在主尺上读出副尺 0 刻度线以左的刻度数，该值就是整毫米数，不用估读，如图 2.1-4 所示，0 刻度线对着的主尺位置是 22 mm 多一些，主尺读数记为 22 mm；再看游标尺，为 10 分度尺，每个刻度的单位为 0.1 mm，通过对刻度线的观察，发现第 6 刻度线与主尺刻度线对齐，读数应该为 6×0.1 mm $= 0.6$ mm。因此，该读数的结果就是 22 mm $+ 0.6$ mm $= 22.6$ mm。

图 2.1-5 以 20 分度游标卡尺的某一状态为例对游标卡尺读数方法进行说明。首先 0 刻线对着的主尺位置是 10 cm 多一些，主尺读数记为 10 cm；再看游标尺，为 20 分度尺，每个刻度的单位为 0.05 mm，通过对刻度线的观察，发现第 10 刻度线与主尺刻度线对齐，读数应该为 10×0.05 mm $= 0.50$ mm $= 0.050$ cm。因此，该读数的结果就是 10 cm $+ 0.050$ cm $= 10.050$ cm。

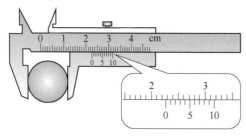　　　　　　　

图 2.1-4　10 分度游标卡尺读数　　　　　图 2.1-5　20 分度游标卡尺读数

使用游标卡尺的注意事项

（1）游标卡尺使用前，应该先将游标卡尺的卡口合拢，检查游标尺的 0 刻度线和主刻度尺的 0 刻度线是否对齐。若对不齐说明卡口有零值误差，应记下零点读数，用以修正测量值。

（2）推动游标刻度尺时，不要用力过猛，卡住被测物体时松紧应适当，更不能卡住物体后再移动物体，以防卡口受损。

（3）用完后两卡口要留有间隙，然后将游标卡尺放入包装盒内，不能随便放在桌上，更不能放在潮湿的地方。

（4）游标卡尺不要估读，如出现游标上没有哪个刻度线与主尺刻度线对齐的情况，则选择最近的一根读数，有效数字要与精度对齐。

3. 螺旋测微器

螺旋测微器原理

螺旋测微器（又称千分尺）是比游标卡尺更精密的测量长度的工具，如图 2.1-6 所示。螺旋测微器是依据螺旋放大的原理制成的，即螺杆在螺母中旋转一周，螺杆便沿着旋转轴线方向前进或后退一个螺距的距离。因此，沿轴线方向移动的微小距离，就能用圆周上的读数表示出来。对于螺距为 x 的螺旋，每转一周，螺旋将前进（或后退）一个螺距；如果转 $1/n$ 周，螺旋将移动 x/n。如果螺旋测微器的螺距是 0.5 mm，螺旋刻有 50 个等分刻度，螺旋旋转一周，螺杆可前进或后退 0.5 mm，因此旋转每个小分度，相当于螺杆前进或后退 $0.5/50 = 0.01$ mm。可见，螺旋刻度每一小分度表示 0.01 mm，所以螺旋测微器可准确到 0.01 mm。由于还能再估读一位，可读到毫米的千分位，故又名千分尺。螺旋测微器借助螺旋的转动，将螺旋的角位移转变为直线位移进行长度的精密测量。

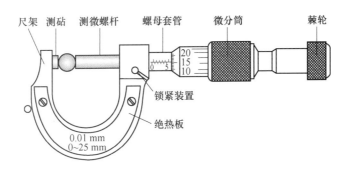

图 2.1-6 螺旋测微器

螺旋测微器的读数方法

读数可分两步：（1）观察固定标尺读数准线（微分筒前沿）所在的位置，可以从固定标尺上读出整数部分，每格 0.5 mm，即可读到半毫米；（2）以固定标尺的刻度线为读数准线，读出 0.5 mm 以下的数值，估计读数到最小分度的 1/10，然后两者相加。

如图 2.1-7（a）所示，因固定标尺的读数准线已超过了 1/2 刻度线，所以固定标尺上的整数部分是 5.5 mm；副刻度尺上的圆周刻度是 20 的刻度线正好与读数准线对齐，副刻度尺的读数为 20×0.01 mm $= 0.20$ mm，还需估读一位，所以副刻度尺的读数为 0.200 mm。其读数值为 5.5 mm $+ 0.200$ mm $= 5.700$ mm。

如图 2.1-7（b）所示，整数部分（主尺部分）是 5 mm，而圆周刻度是 20.9，读数为 0.209 mm，其读数值为 5 mm $+ 0.209$ mm $= 5.209$ mm。

使用螺旋测微器的注意事项

（1）测量时，在测微螺杆快靠近被测物体时应停止使用旋钮，而改用微调旋钮，避免产生过大的压力，既可使测量结果精确，又能保护螺旋测微器。

（2）在读数时，要注意固定标尺上表示半毫米的刻度线是否已经露出。

（3）读数时，千分位有一位估读数字，不能随便舍掉，即使固定标尺的 0 点正好与副刻度尺的某一刻度线对齐，千分位上也应读取为"0"。

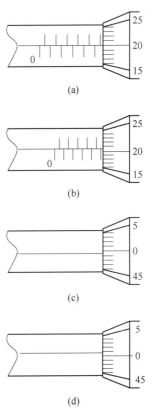

图 2.1-7 螺旋测微器读数

（4）当测砧和测微螺杆并拢时，如果副刻度尺的 0 点与固定标尺的 0 点不相重合，将出现零值误差，应加以修正，即在最后测得长度的读数上去掉零值误差的数值。出现零误差后，要分清是正误差还是负误差。如图 2.1-7（c）和（d）所示，如果零值误差用 δ_0 表示，测量待测物的读数是 d_0，此时待测量物体的实际长度为 $d' = d_0 - \delta_0$，δ_0 可正可负。

在图 2.1-7（c）中，若 $\delta_0 = -0.006$ mm，则 $d' = d_0 - (-0.006$ mm$) = (d_0 + 0.006)$ mm。在图 2.1-7（d）中，若 $\delta_0 = 0.008$ mm，则 $d' = d_0 - 0.008$ mm $= (d_0 - 0.008)$ mm。

4. 读数显微镜

读数显微镜原理

读数显微镜是将测微螺旋和显微镜组合起来作精确测量长度用的仪器，如图 2.1-8 所示。它的测微螺旋的螺距为 1 mm，和螺旋测微器的活动套管对应的部分是测微鼓轮 12，它的周边等分为 100 个分格，每转一分格显微镜将移动 0.01 mm，所以读数显微镜的分度值为 0.01 mm，它的量程一般是 50 mm。

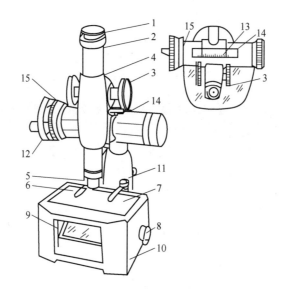

图 2.1-8　读数显微镜

1—目镜；2—锁紧圈；3—调焦手轮；4—镜筒支架；5—物镜；6—压紧片；

7—台面玻璃；8—手轮；9—平面镜；10—底座；11—支架；

12—测微鼓轮；13—标尺指示；14—标尺；15—测微指示

读数显微镜的读数方法

（1）调节目镜进行视场调整，使显微镜十字线最清晰即可；转动调焦手轮，从目镜中观测，使被测工件成像清晰；可调整被测工件，使其一个横截面和显微镜移动方向平行。

（2）转动测微鼓轮轮可以调节十字竖线对准被测工件的起点，在标尺上读取毫米的整数部分，在鼓轮上读取毫米以下的小数部分。两次读数之和是此点的读数 A。

（3）沿着同方向转动鼓轮，使十字竖线恰好停止于被测工件的终点，记下终点读数 A'，则所测量工件的长度即 $L = |A' - A|$。

读数显微镜使用注意事项

（1）在松开每个锁紧螺丝时，必须用手托住相应部分，以免其坠落和受冲击。

（2）注意防止回程误差，由于螺丝和螺母不可能完全密合，螺旋转动方向改变时它的接触状态也改变，两次读数将不同，由此产生的误差叫回程误差。为防止此误差，测量时应向同一方向转动，使十字线和目标对准；若移动十字线超过了目标，就要多退回一些，重新再向同一方向转动。

【实验内容】

选用适当的仪器进行以下的测量（记录与计算参照后面的举例）。

1. 用米尺测量 A4 纸的长度和宽度

（1）确定测量起点和终点，注意尺子与 A4 纸的接触要紧密，以避免因间隙而引入的误差；

（2）读取测量结果；

（3）记下测量结果；

（4）重复测量 7 次，取平均值。

2. 用游标卡尺测量圆管的直径和长度，并求出体积

（1）首先将游标卡尺的下量爪完全合拢，记录游标卡尺的初读数，然后移动游标，练习正确读数；

（2）测量空心圆管的外径、内径和长度各 7 次；

（3）计算各测量量的平均值，修正由于游标卡尺初读数引入的系统误差，得到各测量量的测量结果；

（4）计算圆管的体积及不确定度，正确表示测量结果。

3. 用螺旋测微器测量金属球的直径

（1）首先记录初读数，练习正确读数；

（2）测量金属球的直径（在不同位置上测量 7 次）；

（3）计算测量量的平均值，修正由于初读数引入的系统误差，得到直径的测量结果；

（4）计算金属球的体积及不确定度，正确表示测量结果。

4. 用读数显微镜测量金属丝的直径

（1）将金属丝安放在工作台上，转动反光镜，以得到适当亮度的视场；

（2）调整目镜，看清叉丝；

（3）转动调焦手轮，使镜筒下降接近物体的表面，然后逐渐上升，直至看清金属丝；

（4）眼睛向左右做微小移动，若像相对叉丝移动，说明有视差，这时需要重新调节镜筒和目镜，直到无视差；

（5）转动测微鼓轮，使叉丝交点和金属丝上一端的一点（或一条线）对准，记下读数，继续转动鼓轮，使叉丝对准另一端的另一点，再记下读数，两次读数之差即为金属丝直径。

【数据处理】

（1）自拟表格记录圆管的外径 d_1、内径 d_2 和长度 l，并计算圆管体积 V。利用直接和

间接测量的不确定度公式计算不确定度，并将直径、高度和体积用测量结果的标准式表示出来。

（2）自拟表格记录金属球的直径，计算出不确定度，将测量结果用标准式表示出来。

（3）测量金属丝直径，计算不确定度，并将结果用标准式表示出来。

【注意事项】

（1）测直径作交叉测量，即在同一截面上，在相互垂直的方向各测一次。

（2）为了防止读错数，在用螺旋测微器测量之前，先用游标卡尺测一下；用读数显微镜测量之前，也应先设法粗测一下。先粗测后精测对各种测量均有益处。

【思考与讨论】

（1）何谓仪器的分度数值，米尺、50 分度游标卡尺和螺旋测微计的分度值各为多少？

（2）怎样判断螺旋测微器的零点读数的符号？

（3）测量金属球直径，是测量同一部位还是测量不同部位，为什么？

【附录】

测量圆管体积 V

1. 测圆管的长度 l、外径 d_1 和内径 d_2

游标卡尺零点读数为 $+0.005$ cm。圆管测量数据见表 2.1-1。

表 2.1-1　圆管测量数据

l/cm	10.042		10.022		10.072		10.038
d_1/cm	3.255	3.250	3.260	3.255	3.250		3.255
d_2/cm	2.815	2.825		2.820	2.820		2.825

2. 计算（使用计算器）

$$\bar{l} = 10.044 \text{ cm} \quad S(\bar{l}) = 0.010 \text{ cm}$$

游标卡尺零点修正值为 -0.005 cm。

$\bar{d}_1 = 3.254$ cm，加零点修正后 $d_1 = 3.249$ cm，$S(\bar{d}_1) = 0.002$ cm。

$\bar{d}_2 = 2.821$ cm，加零点修正后 $d_2 = 2.816$ cm，$S(\bar{d}_2) = 0.003$ cm。

圆管体积公式为 $V = \dfrac{1}{4}\pi(d_1^2 - d_2^2)l$，将外径 $\bar{d}_1$、内径 $\bar{d}_2$ 和长度 $\bar{l}$ 代入上式，求出体积 V：

$$V = \frac{1}{4}\pi(3.249^2 - 2.816^2) \times 10.044 \text{ cm}^3 = 20.7169 \text{ cm}^3$$

标准不确定度的计算：

（1）求 l 的 $u(l)$。

多次测量 A 类不确定度：$u_A(l) = S(\bar{l}) = 0.01$ cm

游标卡尺，$\Delta = 0.05$ mm，B 类不确定度：$u_B(l) = 0.05 \text{ mm}/\sqrt{3} = 0.03$ mm

合成不确定度：$u(l) = \sqrt{0.01^2 + 0.003^2} \text{ cm} = 0.010$ cm

（2）求 d_1 的 $u(d_1)$。

多次测量 A 类不确定度：$u_A(d_1) = 0.002$ cm

游标卡尺，$\Delta = 0.05$ mm，B 类不确定度：$u_B(d_1) = 0.05$ mm$/\sqrt{3} = 0.03$ mm

合成不确定度：$u(d_1) = \sqrt{0.002^2 + 0.003^2}$ cm $= 0.004$ cm

（3）求 d_2 的 $u(d_2)$。

多次测量 A 类不确定度：$u_A(d_2) = 0.003$ cm

游标卡尺，$\Delta = 0.05$ mm，B 类不确定度：$u_B(d_2) = 0.05$ mm$/\sqrt{3} = 0.03$ mm

合成不确定度：$u(d_2) = \sqrt{0.003^2 + 0.003^2}$ cm $= 0.004$ cm

（4）V 的不确定度：

$$u(V) = \sqrt{\left(\frac{\partial V}{\partial l}\right)^2 u^2(l) + \left(\frac{\partial V}{\partial d_1}\right)^2 u^2(d_1) + \left(\frac{\partial V}{\partial d_2}\right)^2 u^2(d_2)}$$

$$= \sqrt{\left[\frac{1}{4}\pi(d_1^2 - d_2^2)\right]^2 u^2(l) + \left(\frac{1}{2}\pi d_1 l\right)^2 u^2(d_1) + \left(\frac{1}{2}\pi d_2 l\right)^2 u^2(d_2)}$$

$$= 0.28 \text{ cm}^3$$

测量结果为

$$V = 20.72 \text{ cm}^3 \pm 0.28 \text{ cm}^3 = (20.72 \pm 0.28) \text{ cm}^3$$

实验二　单摆测量重力加速度

【实验导读与课程思政】

重力加速度是物理学中一个基本矢量，一般指地面附近的物体受到地球引力作用在真空中下落的加速度。重力加速度的准确测量对精密物理计量、资源普查、地球物理学、大气科学、海洋科学、国防军工、航天航空、天文观察、地震预报及计量科学等都具有重要意义，对国防建设、国民经济乃至日常生活都起着至关重要的作用。自 1590 年伽利略首次利用倾斜斜面测量重力加速度开始，科学家们在理论和实验上做出努力，不断完善和改进测量重力加速度的方法，相继出现了阿特武德机、可倒摆、单摆、开特摆、三线摆、气垫导轨、弹力重力仪等，力图不断提高重力加速度测量的精准度。在当代，随着高新技术不断发展和创新，重力加速度的测量已经从传统的宏观法发展到如今的微观法，如原子干涉绝对重力仪等。在几百年间，通过科学家们的不断努力，现在重力加速度测量值的精度值可达到 10 ~ 20 微伽（1 伽 = 1 cm/s²），我国科学家们也致力于研发原子干涉绝对重力仪，所研制的冷原子干涉重力仪与国际平均值相差（ −2.0 ± 4.6）微伽，验证了宏观、微观两种不同测量方法在重力测量上的一致性，提升了我国在原子干涉精密测量领域的话语权和影响力。

本实验利用单摆测量重力加速度，亲历实验的成功与失败，同时通过讨论、分析、归纳和总结培养科学钻研和探究能力。

【课前预习】

1. 预习目标

通过认真阅读教材及查阅相关资料，达到下列目标：

（1）复习米尺和游标卡尺测量长度的方法及读数。

（2）熟练掌握单摆测重力加速度的原理。

（3）查找资料，自学停表的使用方法。

（4）复习计算测量结果的标准不确定度的方法。

2. 预习思考题

（1）游标卡尺分度值为多少？

（2）单摆为什么需要做 $\theta < 5°$ 的摆动？

（3）停表的分度值是多少？

（4）摆球到达哪个位置时开始计时可以减小误差？

（5）计时开始时，从几开始数可以尽量避免数错周期次数？

【实验目的】

（1）练习使用停表和米尺及游标卡尺，测单摆的周期和摆长。

（2）求出当地重力加速度 g 的值。

（3）考察单摆的系统误差对重力加速度的影响。

（4）练习计算测量结果的标准不确定度。

【实验仪器】

单摆、停表、游标卡尺、钢卷尺、小钢球。

【实验原理】

用一不可伸长的轻线悬挂一小球（图 2.2-1），做幅角 θ 很小（$\theta < 5°$）的摆动就是一单摆。

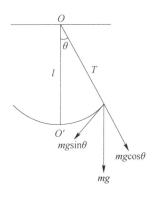

设小球的质量为 m，其质心到摆的支点 O 的距离为摆长 l。作用在小球上的切向力大小为 $mg\sin\theta$，它总指向平衡点 O'。当 θ 角很小时，则 $\sin\theta = \theta$，切向力的大小为 $mg\theta$，根据牛顿第二定律，质点的运动方程为：

$$ma_{切} = -mg\theta \tag{2.2-1}$$

$$ml\frac{\mathrm{d}^2\theta}{\mathrm{d}t^2} = -mg\theta \tag{2.2-2}$$

$$ml\frac{\mathrm{d}^2\theta}{\mathrm{d}t^2} = -\frac{g}{l}\theta \tag{2.2-3}$$

图 2.2-1 单摆示意图

这是一简谐运动方程（参阅普通物理学中的简谐振动），可知该简谐振动的角频率 ω 的平方等于 g/l，由此得出：

$$\omega = \frac{2\pi}{T} = \sqrt{\frac{g}{l}} \tag{2.2-4}$$

$$T = 2\pi\sqrt{\frac{l}{g}} \tag{2.2-5}$$

$$g = 4\pi^2\frac{l}{T^2} \tag{2.2-6}$$

实验时，测量一个周期的相对误差较大，一般是测量连续摆动 n 个周期的时间 t，则 $T = t/n$，因此

$$g = 4\pi^2\frac{n^2l}{t^2} \tag{2.2-7}$$

式中，π 和 n 不考虑误差，因此 g 的不确定度传递公式为

$$u(g) = g\sqrt{\left(\frac{u(l)}{l}\right)^2 + \left(2\frac{u(t)}{t}\right)^2} \tag{2.2-8}$$

从上式可以看出，在 $u(l)$、$u(t)$ 大体一定的情况下，增大 l 和 t 对测量 g 有利。

【实验内容】

1. 测重力加速度 g

（1）将小钢球、细线、单摆仪组装在一起，放到水平实验台上。

（2）本实验中单摆的摆长是从线夹底端开始到小钢球中点的距离，如图 2.2-2 中的 l。所以，在测量单摆的摆长时，先用米尺测量线夹顶端至小钢球底部的距离 x_1，接着再用米尺测量线夹的宽度 x_2，即悬点至小钢球最低点的高度为 $l_0 = x_1 - x_2$，然后用游标卡尺测量小钢球直径 d，则单摆的摆长为 $l = l_0 - d/2$。实验过程中，x_1、x_2、d 分别测量 7 次，记录在数据表格中。

（3）使小钢球在平衡位置静止，缓缓拉动小钢球，使其离

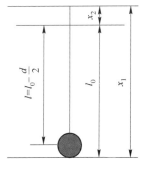

图 2.2-2 单摆摆长示意图

开平衡位置，向一侧拉动和竖直方向形成一定角度，这个角度要小于 5°，之后释放小钢球，使小钢球摆动起来。为了防止小钢球在摆动的过程中形成圆锥摆，应该注意让小钢球在竖直的平面内摆动。

（4）将秒表调零，待小钢球的摆动稳定后才开始计时。

（5）小钢球每经过一次平衡位置，都要进行计数，用秒表测量小球经过 60 次平衡位置的时间，也就是小钢球摆动 30 个周期所经历的时间，分别测量 7 次，记录在数据表格中。

（6）将所测量的数据代入式（2.2-8），可以计算得到重力加速度 g 的平均值。

适当选取 l 和 n 的值，争取使测得的 g 值的相对不确定度不大于 0.5%。

2. 考察摆线质量对测 g 的影响

按单摆理论，单摆摆线的质量应甚小，这是指摆线质量应远小于摆球的质量。一般实验室的单摆摆线质量小于摆球质量的 0.3%，这对测 g 的影响很小，所以这种影响在此实验的条件下是感受不到的。为了使摆线的影响能感受到，要用粗的摆线，每米长摆线的质量达到摆球质量的 1/30 左右。参照上述 "1. 测重力加速度 g" 去测 g。

3. 考察空气浮力对测 g 的影响

在单摆理论中未考虑空气浮力的影响。实际上单摆的锤是铁制的，它的密度远大于空气密度，因此在上述测量中显示不出浮力的效应。

为了显示浮力的影响，就要选用平均密度很小的锤。在此用细线吊起一乒乓球作为单摆去测，与上述 "1. 测重力加速度 g" 的结果相比。

【数据处理】

（1）利用测量数据计算单摆的摆长。

（2）计算单摆周期的平均值。

（3）利用单摆的摆长和周期计算锦州地区的重力加速度及不确定度，正确表示测量结果。

【注意事项】

（1）摆长 l 应是摆线长加小球的半径。

（2）球的振幅小于摆长的 1/12 时，$\theta < 5°$。

（3）握停表的手和小球同步运动，测量不确定度可能小些。

（4）当摆锤过平衡位置 O' 时，按表计时，测量不确定度可能小些。

（5）为了防止数错 n 值，应在计时开始时数 "零"，以后每过一个周期数 1、2、3、…、n。

（6）除去空气浮力的作用，还有空气阻力使乒乓球的摆动衰减较快，另外空气流动也可能有较大影响，因此测量时应很仔细。

【思考与讨论】

（1）为什么测量周期时要在摆球通过平衡位置时开始计时，而不在摆球到达最大位移时开始计时？

（2）摆角增大会使周期变大还是变小，从而如何影响测量结果？

（3）本实验的系统误差有哪些，其导致测量结果偏大还是偏小？

【附录】

测量举例

1. 卡尺测摆球的直径 d（表2.2-1）

表 2.2-1　测摆球直径

d/cm	1.988	1.986

2. 测摆线长 l（表2.2-2）

如图2.2-2所示，$l = x_2 - x_1 - \dfrac{d}{2}$。

表 2.2-2　测摆线长

x_1/cm	2.11	2.06	2.08	2.05
x_2/cm	103.20	103.30	103.15	103.25
l/cm	100.10	100.25	100.08	100.21

3. 停表测 t 值（表2.2-3）

表 2.2-3　测 t 值

t/s	60.32	60.25	60.16	60.20

则 $g = \dfrac{4\pi^2 n^2 l}{t^2} = 9.8101 \ \mathrm{m/s^2}$。

4. 求 g 的标准不确定度 $u(g)$

（1）求 l 的 $u(l)$。

多次测量 A 类不确定度：$u_A(l) = 0.00041 \ \mathrm{m}$

米尺 $\Delta = 0.5 \ \mathrm{mm}$，卡尺 $\Delta = 0.02 \ \mathrm{mm}$。

B 类不确定度：$u_B(l) = \sqrt{\left(\dfrac{0.5}{\sqrt{3}}\right)^2 + \left(\dfrac{0.02}{\sqrt{3}}\right)^2} \ \mathrm{mm} = 0.28 \ \mathrm{mm}$

合成不确定度：$u(l) = \sqrt{0.00041^2 + 0.00028^2} \ \mathrm{m} = 0.0005 \ \mathrm{m}$

（2）求 t 的 $u(t)$。

多次测量 A 类不确定度：$u_A(t) = 0.034 \ \mathrm{s}$

停表 $\Delta = 0.5 \ \mathrm{s}$。

B 类不确定度：$u_B(t) = \dfrac{0.5}{\sqrt{3}} \ \mathrm{s} = 0.29 \ \mathrm{s}$

合成不确定度：$u(t) = \sqrt{0.29^2 + 0.034^2} \ \mathrm{s} = 0.29 \ \mathrm{s}$

（3）g 的不确定度：

$$u(g) = g \sqrt{\left(\frac{u(l)}{l}\right)^2 + \left(-2 \times \frac{u(t)}{t}\right)^2}$$

$$= 9.8101 \times \sqrt{\left(\frac{0.0005}{1.0016}\right)^2 + \left(-2 \times \frac{0.29}{60.23}\right)^2} \text{ m/s}^2$$

$$= 0.094 \text{ m/s}^2 \approx 0.09 \text{ m/s}^2$$

则测量结果为

$$g = (9.81 \pm 0.09) \text{ m/s}^2$$

实验三　天平测密度

【实验导读与课程思政】

密度是物质的基本属性，为了描述各种物质的密度特性，以单位体积的质量来度量，在一定的温度和压力下，各种物质的密度是一个常数。我国早在春秋战国时期就已经提出密度的概念，在《孟子》中就有这样的描述："金重于羽者，岂谓一钩金与一舆羽之谓哉？"其意思是日常生活中所说的金子比羽毛重，是需要两者体积相同，而非将一只金钩子和一车羽毛去比较重量。

密度测量是现代工业生产和日常生活中一项非常重要的检测技术，其涉及化工产业、石油生产、建材轻工、商业检测、医疗保健、商业贸易、国防军工及科学研究等诸多领域，应用十分广泛。在密度测量上，我国古人在制盐的过程中研制了世界上最早的液体比重计。古人利用浮莲法测定盐水的密度，选用多颗重的莲子，放入所制盐水中，浮莲的数目越多，盐密度越大，盐味越重。我国现阶段密度测量有振动管密度计、手持式折射密度计及台式密度计等，密度测量的手段和技术得到了长足的发展，但与世界先进国家还存在一定的差距，因此，为了满足生活生产和科学研究对密度测量手段和技术的要求，需要不断提高我国密度测量水平，实现与国际计量接轨。

通过本实验的学习和操作，提高学生依托已有的知识储备自主分析实验原理和方法的能力，掌握基本测量仪器的使用方法，培养学生基本的实验操作能力和严谨的科学作风。

【课前预习】

1. 预习目标

通过认真阅读教材及查阅相关资料，达到下列目标：

（1）熟练掌握静力称衡法测量固体和液体密度的原理。

（2）熟练掌握比重瓶法测量液体密度的原理。

（3）熟练应用有效数字和不确定度的计算方法。

2. 预习思考题

（1）在利用静力称衡法测量固体密度时，待测固体是否需要浸没在水中，为什么？

（2）在利用静力称衡法测量液体密度时，为什么还需要选用一个固体，这个固体可否是金属？

（3）在利用比重瓶法测量液体密度时，如果比重瓶中的水或者待测液体没有装满，测量结果会怎样？

（4）电子天平如何校准和清零？

【实验目的】

（1）熟练掌握测量物质密度的基本方法。

（2）熟练掌握不确定度的计算方法。

（3）掌握电子天平的正确使用方法。

【实验仪器】

电子天平、烧杯、细线、比重瓶、搅拌棒、玻璃块、金属块、水、盐水等。

【实验原理】

设体积为 V 的某一物体的质量为 m，则该物体的密度 ρ 为：

$$\rho = \frac{m}{V} \qquad (2.3\text{-}1)$$

式中，质量 m 可以用天平测得很精确。对于形状规则的物体，体积可以根据几何公式进行计算。以球体为例，设球体的质量为 m，直径为 d，体积为 V，那么：

$$V = \frac{4}{3}\pi\left(\frac{d}{2}\right)^3 \qquad (2.3\text{-}2)$$

根据密度公式 $\rho = m/V$，就可以得出球体的密度：

$$\rho = \frac{6m}{\pi d^3} \qquad (2.3\text{-}3)$$

而对于形状不规则的物体，体积很难通过几何公式求出，以下介绍在水的密度已知的条件下，结合密度公式和阿基米德定律由天平测量出体积。

1. 由静力称衡法测量固体的密度

第一种情况：$\rho > 1$ 的固体

如图 2.3-1 所示，设被测物不溶于水，其质量为 m_1，用细丝将其悬吊在水中的称衡值为 m_2，又设水在当时温度下的密度为 ρ_w，物体体积为 V，则依据阿基米德定律得：

$$V\rho_w g = (m_1 - m_2)g \qquad (2.3\text{-}4)$$

式中，g 为当地重力加速度。整理后得被测物的体积为：

$$V = \frac{m_1 - m_2}{\rho_w} \qquad (2.3\text{-}5)$$

将式（2.3-5）代入式（2.3-1）中可得被测物的密度为：

$$\rho = \rho_w \frac{m_1}{m_1 - m_2} \qquad (2.3\text{-}6)$$

第二种情况：$\rho < 1$ 的固体

设被测物不溶于水，其质量为 m_0，辅助物（$\rho > 1$）在空气中的质量和浸没在水中的质量分别为 m_1 和 m_2，将被测物和辅助物连在一起后用细丝将其悬吊在水中的称衡值为 m_3，则被测物和辅助物受到的浮力为：

$$F_1 = (m_0 + m_1 - m_3)g \qquad (2.3\text{-}7)$$

则被测物浸没在水中时受到的浮力为：

$$F_2 = V\rho_w g = (m_0 + m_1 - m_3)g - (m_1 - m_2)g \qquad (2.3\text{-}8)$$

被测物的体积为：

$$V = \frac{m_0 + m_2 - m_3}{\rho_w} \qquad (2.3\text{-}9)$$

将式（2.3-9）代入式（2.3-1）中可得被测物的密度为：

$$\rho = \rho_w \frac{m_0}{m_0 + m_2 - m_3} \qquad (2.3\text{-}10)$$

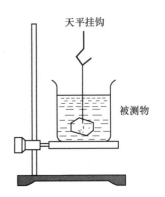

图 2.3-1　静力称衡法
测量固体的密度

2. 用静力称衡法测量液体的密度

此法要借助于不溶于水并且和被测液体不发生化学反应的

物体（一般用玻璃块）。

设物体质量为 m_1，将其悬吊在被测液体中的称衡值为 m_2，悬吊在水中称衡值为 m_3，物体在被测液体中受到的浮力为：

$$F_1 = V\rho g = (m_1 - m_2)g \tag{2.3-11}$$

物体在水中受到的浮力为：

$$F_2 = V\rho_w g = (m_1 - m_3)g \tag{2.3-12}$$

由式（2.3-11）和式（2.3-12）可得被测液体的密度为：

$$\rho = \rho_w \frac{m_1 - m_2}{m_1 - m_3} \tag{2.3-13}$$

3. 用比重瓶法测量液体的密度

图 2.3-2 所示为常用比重瓶，在一定的温度下有一定的容积，被测液体注入瓶中，多余的液体可由塞中的毛细管溢出。

设空比重瓶的质量为 m_1，充满密度为 ρ 的被测液体时的质量为 m_2，充满同温度的蒸馏水时的质量为 m_3，由体积相等可得：

$$\frac{m_2 - m_1}{\rho} = \frac{m_3 - m_1}{\rho_w} \tag{2.3-14}$$

可得被测液体的密度为：

$$\rho = \rho_w \frac{m_2 - m_1}{m_3 - m_1} \tag{2.3-15}$$

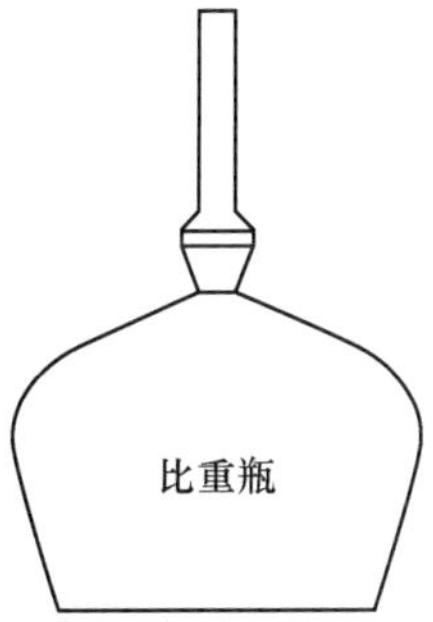

比重瓶

图 2.3-2　比重瓶

【实验内容】

1. 练习电子天平的使用

调平：电子天平开机前，应观察天平后部水平仪内的水泡是否位于圆环的中央，如水泡有偏移，需要通过调整天平的地脚螺栓，左旋升高，右旋下降，使水泡位于视平移中心。

预热：电子天平在初次接通电源或长时间断电后开机时，至少需要 30 min 的预热时间。因此，电子天平在通常情况下，不要经常切断电源。

开启电子天平：按下 ON/OFF 键，接通显示器，等待仪器自检。当显示器显示零时，自检过程结束，天平可进行称量。

天平模式的选定：选定称量模式，进行称量。

称量：按 TAR 键，显示为零后，置被称物于盘上，关上天平门，待数字稳定（显示器左边的"0"标志熄灭后），该数字即为被称物的质量值。

称量完毕：称量结束后取出被称物，关好天平门，关闭显示器，切断电源。

2. 用静力称衡法测量固体的密度

测量步骤由学生自己设计安排。

3. 用静力称衡法测量液体的密度

测量步骤由学生自己设计安排。

4. 用比重瓶法测量液体的密度

测量步骤由学生自己设计安排。

【数据处理】

（1）用静力称衡法测量固体的密度及不确定度，正确表示测量结果。

（2）用静力称衡法测量液体的密度及不确定度，正确表示测量结果。

（3）用比重瓶法测量液体的密度及不确定度，正确表示测量结果。

【注意事项】

（1）测量质量差值时，要用纯净水，如有超纯水更好。同时水的温度会影响到水的密度，因此要在天平测试程序中设定水的温度补偿，以减小测量误差。

（2）测量固体密度过程中，由于被测物体的外观形状、表面粗糙度不同，很容易在测量水中质量时表面产生气泡，以至于水中质量测量不准确。为此建议在被测物体放入水中之前，先将被测物体放入酒精中反复摇动。

（3）电子天平要稳定，不能晃动，且测量时将天平门关闭，以免影响称量的准确性。

【思考与讨论】

（1）测量不规则的固体密度时，若被测物体侵入水中时表面吸收着水泡，则实验结果所得密度值是偏大还是偏小，为什么？

（2）实验中所用的水是事先放置在容器里的自来水，是否可以用当时从水龙头里放出来的自来水，为什么？

（3）如何测量密度比水小的不规则物体的密度？

【附录】

电子天平介绍

图 2.3-3 为电子天平示意图，它是新一代精确测量物体质量的重要计量仪器，它利用电磁力与被测物体重力相平衡的原理实现称重，其称量准确可靠，显示快速清晰，且具有自动检测和自动校准系统。但电子天平在称量过程中会受到环境温度、气流、震动、电磁干扰等因素影响，因此要尽量避免或减少在这些环境下使用。

图 2.3-3　电子天平示意图

实验四　验证牛顿第二定律

【实验导读与课程思政】

物理学在古代被称为自然哲学，物理学作为一门精密的学科进行研究是从 1687 年牛顿发表的《自然哲学的数学原理》开始的。牛顿在这本书中提出了非常著名的牛顿运动三定律，概括了宏观低速条件下各种机械运动的规律，牛顿用简单的方程和定律概括了错综复杂的宏观低速条件下的力学规律，这是物理学中的简单深刻的美。法国科学家彭加勒曾说："科学家研究自然，是因为他从中能得到乐趣，他之所以能得到乐趣，是因为她美。"追溯人类科学源头，科学美始终被作为一种人文理想而追求，成为科学家们献身科学、潜心研究的直接动力之一。

牛顿三定律中最为核心的是第二定律，第二定律作为核心的原因是它的基础性和普适性。当物体受到外力作用时，物体产生的加速度与外力的大小成正比，加速的方向与外力的方向相同。牛顿第二定律还可用动量定理来表述：

$$\int_{t_1}^{t_2} \boldsymbol{F} \mathrm{d}t = \int_{p_1}^{p_2} \mathrm{d}\boldsymbol{p} = \boldsymbol{p}_2 - \boldsymbol{p}_1 \qquad (2.4\text{-}1)$$

如果合外力作用的时间趋于一个无限小量，量变很小，不足以引起物体运动状态发生质的改变；但外力经过长时间积累后，会导致质点的运动状态发生改变，引起质变。这正是马克思唯物辩证法中质、量互变的思想，量变和质变是相互依存和相互渗透的，由此可见，物理学和哲学互为佐证，哲学可以促进对自然科学的理解和学习。

【课前预习】

1. 预习目标

通过认真阅读教材及查阅相关资料，达到下列目标：

（1）熟悉数字毫秒计的使用方法。

（2）熟悉气垫导轨的结构和使用方法。

（3）预习气垫导轨的调平方法。

（4）认真阅读注意事项。

2. 预习思考题

（1）在验证牛顿第二定律实验中，如果未将导轨调平，得到的 $F\text{-}a$ 图像会有什么变化，对验证牛顿第二定律产生什么影响？（分上倾和下倾两种情况考虑）

（2）实验过程中，怎样保证运动系统质量一定？

（3）如何判断气垫导轨喷气孔是否堵塞？

（4）如何计算黏性阻尼常量？

【实验目的】

（1）掌握气垫导轨和数字毫秒计的使用方法。

（2）学会利用气垫导轨和数字毫秒计测量滑块速度和加速度的方法。

（3）掌握在气垫导轨上验证牛顿第二定律的方法。

【实验仪器】

气垫导轨、气泵、滑块、光电门、数字毫秒计、砝码、砝码盘、电子天平、细绳。

【实验原理】

按牛顿第二定律，对于一定质量（m）的物体，其所受的合外力 F 和物体所获得的加速度 a 之间存在如下关系：

$$F = ma \tag{2.4-2}$$

本实验就是测量在不同的 F 作用下，运动系统的加速度 a，检验二者之间是否符合上述关系。

如图 2.4-1 所示，将细线的一端接在滑块上，另一端绕过滑轮挂上砝码盘和砝码 m_0（单位：kg）。此时合外力（将滑块、滑轮和砝码作为运动系统）为：

$$F = m_0 g - b\bar{v} - m_0(g - a)c \tag{2.4-3}$$

式中，平均速度 $\bar{v}$（单位：m/s）与黏性阻尼常量 b 之积为滑块与导轨间的黏性阻力；$m_0(g - a)c$ 为滑轮的摩擦阻力，阻力系数 c 可由实验室技术人员预先测出。

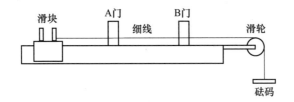

图 2.4-1　气垫导轨示意图

在此方法中运动系统的质量 m，应是滑块的质量 m_1、全部砝码质量（包括砝码盘）m_0 以及滑轮转动惯量的换算质量 I/r^2（I 为滑轮转动惯量，r 为轮的半径）之和，即：

$$m = m_1 + m_0 + \frac{I}{r^2} \tag{2.4-4}$$

式中，I/r^2 可由实验室技术人员预先求出标在仪器说明书上。另外在实验之中应将未挂在线上的砝码放在滑块上，保持运动系统质量一定。

【实验内容】

（1）用纱布沾少许酒精擦拭轨面（在供气时）和滑块内表面，用薄纸片小条检查气孔是否堵塞。

（2）调节光电计时系统。将气垫导轨上的两个光电门引线接入数字毫秒计后面板插口上，打开数字毫秒计电源开关。将气垫导轨气源接通，用适当的力推动一下滑块，使它依次通过两个光电门，看数字毫秒计是否能正常记录时间；若不正常，请检查挡光片是否挡光以及光电管照明是否充分。

（3）调平气垫导轨。调平气垫导轨本应是将平直的导轨调成水平方向，但是实验室现有的导轨存在一定的弯曲，因此"调平"的意义是指将光电门 A、B 所在两点，调到同一水平线上。

假设导轨上 A、B 所在两点已在同一水平线上，则对于在 A、B 间运动的滑块，因导轨弯曲对它运动的影响可以抵消，但是滑块与导轨间还存在少许阻力，所以以速度 v_A 通过 A 门的滑块，到达 B 门时的速度 v_B 将是 $v_B < v_A$。由于阻力产生的速度损失 Δv 如下

$$\Delta v = \frac{bs}{m} \tag{2.4-5}$$

式中，b 为黏性阻尼常量；s 为电门 A、B 的距离；m 为滑块的质量。参照上述讨论，按照下述方法进行调平：

1）利用数字毫秒计测量经过 A、B 光电门和 B、A 光电门的速度，并填入数据表格。如果滑块从 A 向 B 运动时，速度 $v_A > v_B$；从 B 向 A 时，$v_A < v_B$，则气垫导轨已经初步水平。

2）接下来计算由 A 向 B 运动时的速度损失 Δv_{AB}，和相反运动时的速度损失 Δv_{BA}，两者应尽量接近。

（4）求黏性阻尼常量。

计算两个方向的速度损失 Δv_{AB} 和 Δv_{BA} 后，根据式（2.4-5）可得

$$b = \frac{m}{s} \frac{\Delta v_{AB} + \Delta v_{BA}}{2} \tag{2.4-6}$$

测量 Δv 时，滑块速度要小些，并且在推动时注意使之运动平稳（最好在滑块后尾轻轻向前平推）。

（5）电子天平测量并记录 m_0（砝码 + 砝码盘质量）和 m_1（滑块质量）的数值。

（6）加速度的测量。

1）数字毫秒计选择"加速度"挡，将细绳的一端接在滑块上，另一端绕过滑轮后悬挂砝码盘和一个砝码，把剩下将要使用的砝码都放在滑块上，保持运动系统质量一定；将滑块置于第一个光电门外侧，使遮光片距离第一个光电门约 20 cm，打开气源后松开滑块，当滑块通过第二个光电门后，按数字毫秒计面板的转换键，分别记录 v_A、v_B 和加速度 a，并填入数据表格中。

2）逐次从滑块上取下砝码放入砝码盘中，重复上述实验步骤，分别记录 v_A、v_B 和加速度 a，并填入数据表格中。

【数据处理】

（1）利用所测量的数据，根据式（2.4-6）计算黏性阻尼常量 b。

（2）利用所测量的数据，根据式（2.4-3）计算作用力 F。

（3）从数据表格中取加速度数据，作 F-a 图像，验证加速度与外力之间的正比关系。

【注意事项】

（1）防止碰伤轨面和滑块，滑块与轨面之间只有不到 0.2 mm 的间隙，如果轨面和滑块内表面被碰伤或变形，则可能出现接触摩擦使阻力显著增大。

（2）检查轨面喷气孔是否堵塞，气轨供气后，用薄的小纸条逐一检查气孔，发现堵塞要用细钢丝通一下。

（3）用纱布沾少许酒精擦拭轨面及滑块内表面。

（4）气轨未供气时，不要在轨上推动滑块。

（5）实验后取下滑块，盖上布罩。

【思考与讨论】

（1）根据自己的测量记录和计算结果，评论所做的实验。

（2）分析本实验产生误差的原因。

（3）欲利用气垫导轨测滑块的质量，实验应如何安排？

【附录】

1. 气垫导轨

气垫导轨（图2.4-2）是由1.5~2.0 m的三角形中空铝材制成。轨面上两侧各有两排直径为0.4~0.6 mm的喷气孔。导轨一端装有进气嘴，当压缩空气进入管腔后，从小孔喷出，在轨面与轨上滑块之间形成很薄的空气膜（气垫），将滑块从导轨面上托起（约0.15 mm），从而把滑块与导轨之间接触的滑动摩擦变成空气层之间的气体内摩擦，极大地减小了摩擦力的影响。导轨两端有缓冲弹簧，一端安有滑论，整个导轨安在钢梁上，其下有三个用以调节导轨水平的底角螺丝。

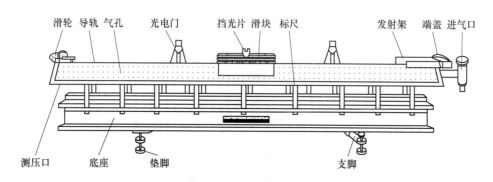

图 2.4-2　气垫导轨装置图

2. 滑块

用角形铝材制成，其两侧内表面和导轨面精密吻合。滑块两端装有缓冲器，其上面可安置挡光片或附加重物。

3. 光电门

光电门由聚光灯泡和光电管组成，立在导轨的一侧。光电管与数字毫秒计相接。当有光照到光电管上时，光电管电路导通，这时如挡住光路，光电管为断路，通过数字毫秒计门控电路，输出一脉冲使数字毫秒计开始或停止计时，滑块上的挡光片在光电门中通过一次，数字毫秒计将显示出从开始计时到停止计时相应的时间 t。如相应的挡光片宽度为 d，则可得出滑块通过光电门的平均速度：

$$\bar{v} = \frac{d}{t} \tag{2.4-7}$$

4. 挡光片

挡光片由金属片制成，如图2.4-3所示为U字形，d是挡光片第一前沿到第二前沿的距离。使用小的挡光片可以使测出的平均速度接近瞬间速度，即减小系统误差；但是 d 比较小时，相应的 t 也将变小，这时 t 的相对误差将增大，所以测量速度时，不宜于用 d 很小的挡光片。至于平均速度和瞬间速度的差异可以另行设法补正。

5. 数字毫秒计

在用气垫导轨验证牛顿第二定律实验中，利用数字毫秒计（图2.4-4）的测速度和加速度程序，可以同时测量出滑块通过两个光电门的速度及滑块通过两个光电门之间的加速度。

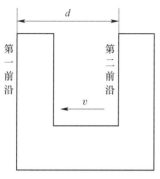

图 2.4-3　挡光片示意图

图 2.4-4　数字毫秒计示意图

使用时首先将电源开关打开（后面板），连续按功能键，使得所需功能旁的灯亮，气垫导轨通入压缩空气后，使装有挡光片的滑块依次通过气垫导轨上的两个光电门计数器，按表 2.4-1 中顺序显示测量的速度和加速度。

表 2.4-1　数字毫秒计显示

显示字符	含　义	单　位
1 ×× · ××	通过第一个光电门的速度	cm/s（亮）
2 ×× · ××	通过第二个光电门的速度	cm/s（亮）
1—2 ×× · ××	在第一和第二个光电门之间运动的加速度	cm/s² （亮）

若不是要求的单位亮，则按转换键即可显示要求的单位。

实验五　测　声　速

【实验导读与课程思政】

声学是古老又年轻的学科，声速又称音速，指声波在介质中的传播速度，是描述声波现象和声学研究中的重要参量之一。从声源发出的声波将以一定的声速向周围传播，意味着声波的能量也是以一定的速度向周围传播。目前所知，声波能够在物质世界的所有物质（除真空外）中传播，其传播速度由该传声媒质的某些物理性质，主要是其力学性质所决定，并且一般都是把该传声媒质看作宏观连续的媒质。由于声波可能以不同的振动方式在同一媒质中存在（尤其在固体中），故声波的传播速度还与其振动方式有关（如纵波声速、横波声速等）。此外，如果传声媒质的尺寸不够大，则其边界对声波传播过程的影响也会表现为对声速的影响，形成各种导波的声速。因此，为了使声速的量值确切地表征为该传声媒质的一个声学特性，不受其几何形状的影响，一般须规定该传声媒质的尺寸为足够大（理论上为无限大）。

声波在空气中的传播速度因温度的不同而不同，一般取空气的温度为 15 ℃，此时声波的传播速度是 340 m/s。历史上第一次测出空气中的声速，是在公元 1708 年。当时一位英国人德罕姆站在一座教堂的顶楼，注视着 19 km 外正在发射的大炮，他计算大炮发出闪光后到听见轰隆声之间的时间，经过多次测量后取平均值，得到与现在相当接近的声速数据（在 20 ℃时为 343 m/s）。近些年，随着科学技术的发展和测量设备的完善，已有很多针对各种状况下的声速测量方法，如梅克尔法、多普勒效应法、电磁法、共振干涉法、相位法、时差法等。近代声学研究已经广泛渗入科学研究、国民经济以及国防建设等领域，并形成一些新的交叉学科。本实验利用三种方法测量声速，培养不同的思维方法和做事方法，条条大路通罗马，但也各有利弊。因此，在生活和工作学习过程中，遇到问题，可以多加尝试，选择最好的解决方法。

【课前预习】

1. 预习目标

通过认真阅读教材及查阅相关资料，达到下列目标：

（1）复习有关共振、振动合成、波的干涉等理论知识。

（2）阅读三种测量方法的主要实验原理。

（3）阅读压电陶瓷换能器的工作原理。

（4）复习逐差法。

2. 预习思考题

（1）为什么选择超声波进行测量？

（2）为什么要在谐振频率条件下进行声速测量，如何调节和判断测量系统是否处于谐振状态？

（3）为什么发射换能器的发射面与接收换能器的接收面要保持互相平行？

【实验目的】

（1）了解压电陶瓷换能器。

（2）学会用驻波法、相位法和时差法等方法测量声速。

（3）加深对有关共振、振动合成、波的干涉等理论知识的理解。

【实验仪器】

SV-DH 声速测试仪、示波器。

【实验原理】

1. 超声波与压电陶瓷换能器

频率 20 Hz～20 kHz 的机械振动在弹性介质中传播形成声波，高于 20 kHz 称为超声波，超声波的传播速度就是声波的传播速度，而超声波具有波长短、易于定向发射等优点，声速实验所采用的声波频率一般都在 20～60 kHz。在此频率范围内，采用压电陶瓷换能器作为声波的发射器、接收器效果最佳。

压电陶瓷换能器根据它的工作方式，分为纵向振动换能器、径向振动换能器及弯曲振动换能器。声速教学实验中多数采用纵向换能器。图 2.5-1 为纵向换能器的结构简图。

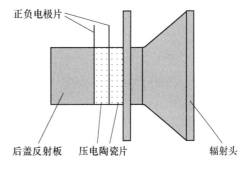

图 2.5-1 纵向换能器的结构简图

2. 共振干涉法（驻波法）测量原理

假设在无限声场中，仅有一个点声源（发射换能器 S_1）和一个接收平面（接收换能器 S_2）。当点声源发出声波后，在此声场中只有一个反射面（接收换能器平面），并且只产生一次反射。

在上述假设条件下，发射波 $\xi_1 = A\cos(\omega t - 2\pi x/\lambda)$。在 S_2 处产生反射，反射波 $\xi_2 = A_1\cos(\omega t + 2\pi x/\lambda)$，信号相位与 ξ_1 相反，幅度 $A_1 < A$。ξ_1 与 ξ_2 在反射平面相交叠加，合成波束 ξ_3：

$$\xi_3 = \xi_1 + \xi_2 = (A_1 + A_2)\cos(\omega t - 2\pi x/\lambda) + A_1\cos(\omega t + 2\pi x/\lambda)$$
$$= A_1\cos(2\pi x/\lambda)\cos\omega t + A_2\cos(\omega t - 2\pi x/\lambda) \tag{2.5-1}$$

由此可见，合成后的波束 ξ_3 在幅度上，具有随 $\cos(2\pi x/\lambda)$ 呈周期变化的特性；在相位上，具有随 $(2\pi x/\lambda)$ 呈周期变化的特性。

图 2.5-2 所示波形显示了叠加后的声波幅度随距离按 $\cos(2\pi x/\lambda)$ 变化的特征。

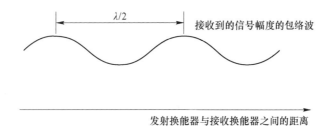

图 2.5-2 换能器间距与合成幅度

实验装置如图 2.5-3 所示，图中 S_1 和 S_2 为压电陶瓷换能器。S_1 作为声波发射器，它由信号源供给频率为数十千赫的交流电信号，由逆压电效应发出一平面超声波；而 S_2 则作为声波接收器，压电效应将接收到的声压转换成电信号。将它输入示波器，我们就可看到一组由声压信号产生的正弦波形，如图 2.5-4 所示。由于 S_2 在接收声波的同时还能反射一部分超声波，接收的声波、发射的声波振幅虽有差异，但二者周期相同且在同一线上沿相反方向传播，二者在 S_1 和 S_2 区域内产生了波的干涉，形成驻波。我们在示波器上观察到的实际上是这两个相干波合成后在声波接收器 S_2 处的振动情况。移动 S_2 位置（改变 S_1 和 S_2 之间的距离），从示波器显示窗口上会发现，当 S_2 在此位置时振幅有最小值。根据波的干涉理论可以知道：任何二相邻的振幅最大值的位置之间（或二相邻的振幅最小值的位置之间）的距离均为 $\lambda/2$。为了测量声波的波长，可以在观察示波器上声压振幅值的同时，缓慢地改变 S_1 和 S_2 之间的距离。示波器上就可以看到声振动幅值不断地由最大变到最小再变到最大，二相邻的振幅最大值之间的距离为 $\lambda/2$，S_2 移动过的距离亦为 $\lambda/2$。超声换能器 S_2 至 S_1 之间的距离的改变可通过转动鼓轮来实现，而超声波的频率又可由声速测试仪信号源频率显示窗口直接读出。

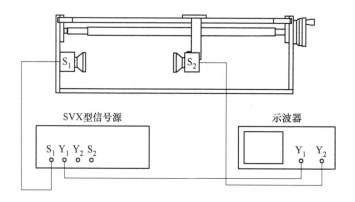

图 2.5-3　驻波法、相位法连线图

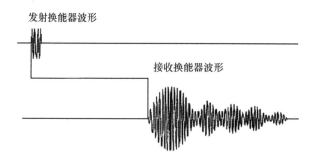

图 2.5-4　发射波与接收波

在连续多次测量相隔半波长的 S_2 的位置变化及声波频率 f 以后，我们可运用测量数据计算出声速，用逐差法处理测量的数据。

3. 相位法（李萨如图形法）测量原理

由前述可知入射波 ξ_1 与反射波 ξ_2 叠加，形成波束 ξ_3。

即 $\xi_3 = A_1 \cos(2\pi x/\lambda)\cos\omega t + A_2\cos(\omega t - 2\pi x/\lambda)$

即对于波束：$\xi_1 = A\cos(\omega t - 2\pi x/\lambda)$

由此可见，在经过 Δx 距离后，接收到的余弦波与原来位置处的相位差（相移）为 $\theta = 2\pi \Delta x / \lambda$，如图 2.5-5 所示。因此能通过示波器，用李萨如图形法观察测出声波的波长。

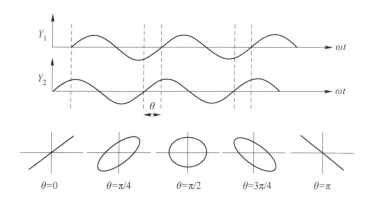

图 2.5-5　用李萨如图形法观察相位变化

4. 时差法测量原理

连续波经脉冲调制后由发射换能器发射至被测介质中，声波在介质中传播，经过 t 时间后，到达 L 距离处的接收换能器。由运动定律可知，声波在介质中传播的速度可由以下公式求出：

$$v = \frac{L}{t} \tag{2.5-2}$$

通过测量二换能器发射接收平面之间距离 L 和时间 t，就可以计算出当前介质下的声波传播速度。

【实验内容】

1. 仪器准备

仪器在使用之前，加电开机预热 15 min。在接通市电后，自动工作在连续波方式，选择的介质为空气的初始状态。

2. 共振干涉法（驻波法）测量声速

（1）测量装置的连接。如图 2.5-3 所示，信号源面板上的发射端换能器（S_1）接口，用于输出一定频率的功率信号，接至测试架的发射换能器（S_1）；信号源面板上的发射端的发射波形 Y_1，接至双踪示波器的 $CH_1(Y_1)$，用于观察发射波形；接收换能器（S_2）的输出接至示波器的 $CH_2(Y_2)$。

（2）测定压电陶瓷换能器的最佳工作点。只有当换能器 S_1 的发射面和 S_2 的接收面保持平行时才有较好的接收效果；为了得到较清晰的接收波形，应将外加的驱动信号频率调节到换能器 S_1、S_2 的谐振频率点处时，才能较好地进行声能与电能的相互转换（实际上有一个小的通频带），以得到较好的实验效果。按照调节到压电陶瓷换能器谐振点处的信号频率，估计一下示波器的扫描时基 t/div，并进行调节，使在示波器上获得稳定波形。

超声换能器工作状态的调节方法如下：各仪器都正常工作以后，首先调节发射强度旋钮，使声速测试仪信号源输出合适的电压（$8 \sim 10 V_{P-P}$），再调整信号频率（$25 \sim 45$ kHz），选择合适的示波器通道增益（一般 $0.2 \sim 1$ V/div 之间的位置），观察频率调整时接收波的电压幅度变化，在某一频率点处（$34.5 \sim 37.5$ kHz）电压幅度最大，此频率即是压电换能器 S_1、S_2 相匹配频率点，记录频率 FN；改变 S_1 和 S_2 间的距离，适当选择位置，重新调整，再次测定工作频率，共测 5 次，取平均频率 f。

（3）测量步骤。将测试方法设置到连续波方式，合适选择相应的测试介质。完成前述两步骤后，观察示波器，找到接收波形的最大值。然后转动距离调节鼓轮，这时波形的幅度会发生变化，记录下幅度为最大值时的距离 L_{i-1}，距离由数显尺或在机械刻度上读出。再向前或者向后（必须是一个方向）移动距离，当接收波经变小后再到最大时，记录下此时的距离 L_i。即有：波长 $\lambda_i = 2|L_i - L_{i-1}|$，多次测定用逐差法处理数据。

3. 相位法（李萨如图形法）测量波长的步骤

将测试方法设置到连续波方式，选择相应的测试介质。完成前述两个步骤后，将示波器打到"X-Y"方式，并选择合适的通道增益。转动距离调节鼓轮，观察波形为一定角度的斜线，记录下此时的距离 L_{i-1}，距离由数显尺或机械刻度尺上读出。再向前或者向后（必须是一个方向）移动距离，使观察到的波形又回到前面所说的特定角度的斜线，记录下此时的距离 L_i。即有：波长 $\lambda_i = |L_i - L_{i-1}|$。

已知波长 λ_i 和频率 f_i（频率由声速测试仪信号源频率显示窗口直接读出），则声速 $C_i = \lambda_i f_i$。因声速还与介质温度有关，所以必要时请记下介质温度 t（℃）。

4. 时差法测量声速步骤

按图 2.5-6 所示进行接线。将测试方法设置到脉冲波方式，并选择相应的测试介质。将 S_1 和 S_2 之间的距离调到一定距离（$50 \sim 80$ mm），再调节接收增益（一般取较小的幅度），使显示的时间差值读数稳定，此时仪器内置的计时器工作在最佳状态。然后记录此时的距离值 L_{i-1} 和信号源计时器显示的时间值 t_{i-1}。移动 S_2，如果计时器读数有跳字，则微调（距离增大时，顺时针调节；距离减小时，逆时针调节）接收增益，使计时器读数连续准确变化。记录下这时的距离值 L_i 和显示的时间值 t_i。则声速 $C_i = (L_i - L_{i-1})/(t_i - t_{i-1})$。

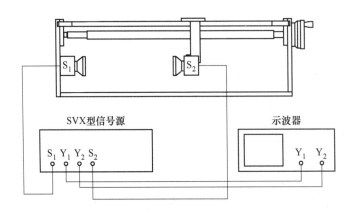

图 2.5-6 时差法测量声速接线图

当以液体为介质测试声速时，先在测试槽中注入液体，直至把换能器完全浸没，但不能超过液面线；然后将信号源面板上的介质选择键切换至"液体"，即可进行测试，步骤相同。

【数据处理】

（1）自拟表格记录所有的实验数据，表格要便于用逐差法求相应位置的差值和计算 λ。

（2）以空气介质为例，计算出共振干涉法和相位法测得的波长平均值 λ，两种方法测量的声速 v，并计算结果的标准不确定度，规范表述结果。

（3）按理论值公式 $v_S = v_0 T / T_0$，算出理论值 v_S。式中，$v_0 = 331.45$ m/s 为 $T_0 = 273.15$ K 时的声速；$T = (t + 273.15)$ K，t 为介质温度，℃。或按经验公式 $v_S = (331.45 + 0.59t)$ m/s，计算 v_S。将实验结果与理论值比较，分析误差产生的原因。

【注意事项】

（1）实验前要认真阅读实验仪器操作说明，并清楚各个仪器的操作规程，合理正确地使用。

（2）实验中应使声波频率与压电陶瓷换能器的共振频率一致，这时得到的电信号最强，压电陶瓷换能器作为接收器的灵敏度也最高。

（3）实验中要时刻注意示波器上图形的变化，不能因图形变化过度而使丝杆回转。

【思考与讨论】

（1）声速测量中共振干涉法、相位法、时差法有何异同？

（2）为什么要在谐振频率条件下进行声速测量，如何调节和判断测量系统是否处于谐振状态？

（3）为什么发射换能器的发射面与接收换能器的接收面要保持互相平行？

【附录】

1. 仪器简介

声速测试仪是由声速测试仪（测试架）和声速测试仪信号源两个部分组成。图 2.5-7 所示为声速测试仪信号源面板，图 2.5-8 所示为声速测试仪外形示意图。

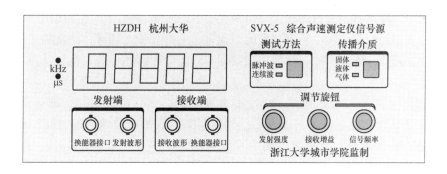

图 2.5-7 声速测试仪信号源面板

调节旋钮的作用如下：

（1）信号频率：用于调节输出信号的频率；

（2）发射强度：用于调节输出信号电功率（输出电压）；

（3）接收增益：用于调节仪器内部的接收增益。

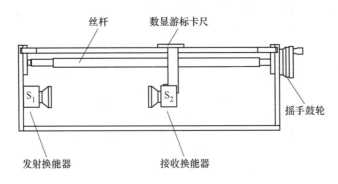

图 2.5-8　声速测试仪外形示意图

2. 简析三种测量声速的方法

（1）共振干涉法（驻波法）。由测试架上发射换能器发射出的声波经介质传播到接收换能器时，在接收换能器表面（是一个平面）产生反射。此时反射波与入射波在换能器表面叠加，叠加后的波形具有驻波特性。从声波理论可知，当二个声波幅度相同，方向相反进行传播时，在它们的相交处产生声波干涉现象，出现驻波。而声强在波幅处最小，在波节处最大。所以调节接收换能器的位置，通过示波器看到的波形幅度也随位置的变化而出现起伏，因为是靠目测幅度的变化来知道它的波长，所以难以得到很精确的结果。特别是在液体中传播时，由于声波在液体中衰减较小，发射出的声波在很多因素影响下产生多次反射叠加，在接收换能器表面已经是多个回波的叠加（混响），叠加后的波形的驻波特性较为复杂，并不是根据单纯的两束波叠加来观察它的幅度变化，来求出波长。因此用通常的两束波叠加的公式来求速度，其精确性大为下降，导致测量结果不确定性的增大。通过在测试槽中的左、中、右三处进行测量，可以明确看出用通常的计算公式，在不同的地方计算得到的声速是不一样的。

（2）相位法（李萨如图形法）。声速在传播途中的各个点的相位是不同的，当发射点与接收点的距离变化时，二者的相位差也变化了。通过示波器用李萨如图法进行波长的测量。与驻波法相同的是均通过目测波形的变化来求它的波长，同样，测量结果存在着一定的不确定性。同样，因为声波在液体中传播存在着多个回波的干涉影响，从而导致测量结果的不确定性的增大。

（3）时差法。在实际工程中，时差法测量声速得到广泛的应用。时差法测量声速的基本原理是基于速度 $v = L/t$，通过在已知的距离内计测声波传播的时间，从而计算出声波的传播速度。在一定的距离之间由控制电路定时发出一个声脉冲波，经过一段距离的传播后到达接收换能器。接收到的信号经放大、滤波后由高精度计时电路求出声波从发出到接收在介质传播中经过的时间，从而计算出在某一介质中的传播速度。因为不用目测的方法，而由仪器本身来计测，所以其测量精度相对于前述两种方法要高。同样，在液体中传播时，由于只检测首先到达的声波的时间，而与其他回波无关，这样回波的影响可以忽略不计，因此测量的结果较为准确，所以工程中往往采用时差法来测量声速。

综上所述，通过分析三种测量方法，我们得出了用驻波法和相位法这两种方法测量声速，存在相对较大的测量误差，建议学生带着比对、加深印象的目的使用这三种方法测量声速，并对三种方法的优点、缺点进行比较。若课时允许，建议学生对在水中用相位法、驻波法测量产生误差的原因，从声传播过程中混响现象出发展开讨论和分析，进一步了解声波在不同介质中传播的知识。

实验六　测量薄透镜焦距

【实验导读与课程思政】

如果一个透明物体的两个界面都是球面，或者一个界面是球面，另一个界面是平面，则称此物体为透镜。中央部分比边缘厚的透镜叫凸透镜，从截面形状来分，有双凸、平凸、凹凸三种；中央部分比边缘薄的透镜叫凹透镜，根据截面形状不同，可以分为双凹、平凹和凸凹三种。由于凸透镜具有会聚光线的作用，所以也叫会聚透镜；射向凹透镜的光，经凹透镜后变得发散，由于凹透镜具有发散光线的作用，所以也叫发散透镜。

早在我国西汉时期就有关于冰透镜的记载："削冰令圆，举以向日，以艾承其影，则生火。"即我们今天所说的削冰取火。阿尔哈金（Alhazen，965—1038 年）研究过球面镜和抛物面镜，首先发明了凸透镜并描绘了人眼的构造。1266 年，培根（R. Bacon，1214—1294 年）首次提出用透镜矫正视力和采用透镜组构成望远镜的可能性，并描绘过透镜焦点的位置。1299 年佛罗伦萨人阿玛蒂（Armati）发明了眼镜，从而解决了视力矫正问题。波特（Porta，1535—1615 年）研究了附有凸透镜的暗箱成像，讨论了透镜组合，发明了简易照相机。1609 年，伽利略（GalileoGaliei，1564—1642 年）展出了人类历史上第一架按照科学理论制造出来的望远镜。第一架显微镜是荷兰人詹森（Janssen，1588—1632 年）发明的。后来，意大利人冯特纳（Fontana，1580—1656 年）对此做了重大改进，把显微镜的目镜从凹透镜改为凸透镜，使之具有近代显微镜的基本形式。目前，透镜已经用到电子显微镜、投影仪和照相机等设备的物镜上。

其实，最早发现望远镜奥秘的不是伽利略，而是一位叫李普塞（Lippershey，1587—1619 年）的荷兰商人。他在制造镜片时，把一块凸透镜和一块凹透镜组合在一起往外看，远处的景物就变近了。伽利略对此发现很感兴趣，他用数学计算研究了用什么样的镜片组合在一起效果比较好，经过反复的实验，终于在 1909 年发明了世界上第一架能放大 32 倍的望远镜。他用自己发明的望远镜进行天文观测，进而做出了许多有重大意义的发现。人生不可能一帆风顺，勇于尝试并拥有失败后重新再来的勇气，无论在求知求学的道路中，还是在以后的工作生活中，都是非常重要的精神品质。

【课前预习】

（1）什么是透镜？凸透镜和凹透镜外观上有何区别？

（2）凸透镜和凹透镜成像时的三条特殊光线都有哪些？

（3）凸透镜和凹透镜的成像特点是什么？

【实验目的】

（1）熟悉光学仪器的操作规则，学习各光学元件等高共轴的调节方法。

（2）了解薄透镜成像的原理和规律。

（3）掌握几种测量薄透镜焦距的方法。

【实验仪器】

光具座、凸透镜、凹透镜、光屏、光源、物屏、平面反射镜。

【实验原理】

1. 凸透镜焦距的测定

（1）自准法。如图 2.6-1 所示，当发光物体 AB 正好位于凸透镜的焦平面时，它发出的光经过凸透镜后成为一束平行光，然后被平面反射镜反射回来。再经透镜折射后，会聚在它的焦平面上，即原物屏平面上，形成一个与原物大小相等方向相反的倒立实像 $A'B'$。此时物屏到透镜之间的距离，就是待测透镜的焦距，即 $f = s$。

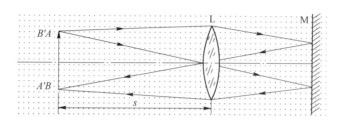

图 2.6-1　凸透镜自准法成像

（2）公式法。在近轴光线条件下，将薄透镜置于空气中时，薄透镜成像的公式为

$$\frac{1}{s} + \frac{1}{s'} = \frac{1}{f} \tag{2.6-1}$$

式中，s 为物距，实物为正，虚物为负；s' 为像距，实像为正，虚像为负；f 为焦距，凸透镜为正，凹透镜为负。

（3）共轭法（二次成像法）。当物屏和像屏之间的距离 D 大于 4 倍焦距（$4f$）时，若保持 D 不变，沿光轴方向移动透镜，则可在像屏上二次成像。如图 2.6-2 所示，设物距为 s_1 时，得放大的倒立实像，即

$$\frac{1}{s_1} + \frac{1}{D - s_1} = \frac{1}{f} \tag{2.6-2}$$

当物距为 s_2 时，得缩小的倒立实像，即

$$\frac{1}{s_2} + \frac{1}{D - s_2} = \frac{1}{f} \tag{2.6-3}$$

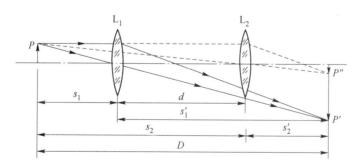

图 2.6-2　共轭法光路图

透镜两次成像之间的位移为 d，由图 2.6-2 可知 $s_2 = s_1 + d$，结合上式，可得

$$f = \frac{D^2 - d^2}{4D} \tag{2.6-4}$$

因此，只要测量出物屏与像屏之间的距离 D 及两次成像时透镜位置之间的距离 d，便可以求出焦距 f。由于这种方法无须考虑透镜本身的厚度，所以测量误差比前面两种方法相对较小。

2. 凹透镜焦距的测定

（1）成像法。凹透镜只能产生虚像，所以需要借助凸透镜来测定焦距。如图 2.6-3 所示，先使物 AB 经凸透镜 L_1 后形成一大小适中的实像 $A'B'$，将像 $A'B'$ 作为凹透镜 L_2 的虚物，然后在 L_1 和 $A'B'$ 之间的适当位置放入待测凹透镜 L_2，就能使虚物 $A'B'$ 产生一实像 $A''B''$。分别测出 L_2 到 $A'B'$ 之间的距离 s_2（虚物距，为负）和 L_2 到 $A''B''$ 之间的距离 s_2'（像距），根据式（2.6-1）即可求出凹透镜的焦距。

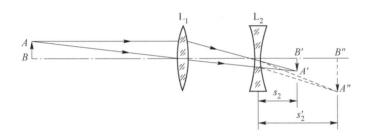

图 2.6-3　凹透镜成像法光路图

（2）自准法。如图 2.6-4 所示，在光路共轴的条件下，L_2 在适当位置不动，移动凸透镜 L_1，使物屏上物 AB 发出的光经凸透镜 L_1 成缩小的实像 $A'B'$，然后放置并移动凹透镜 L_2，在物屏上得到一个与物大小相等的倒立实像。由光的可逆性原理可知，由 L_2 射向平面镜的光线是平行光线，点 B' 是凹透镜 L_2 的焦点。记录凹透镜 L_2 和实像 $A'B'$ 的位置，可直接测出凹透镜的焦距。

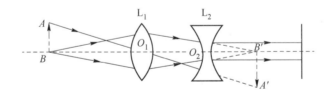

图 2.6-4　凹透镜自准法光路图

【实验内容】

1. 估测凸透镜焦距

用会聚法粗略估测凸透镜的焦距。

2. 光具座上各光学元件等高共轴的调节

（1）目测粗调。将光源、凸透镜、物屏等依次安装到光具座上，将它们靠拢，调节高低左右位置，使各元件中心大致在同一高度和同一直线上。

（2）细调。用共轭原理进行调整，使物屏与像屏之间的距离满足 $D \geq 4f$，在物屏和像屏之间移动凸透镜，可得一大一小两次成像，若所成的大像与小像的中心重合，则等高共轴已调节好。若大像中心在小像中心的下方，说明凸透镜位置偏低，应将位置调高；反之，则将透镜调低。左右亦然。直到各光学元件的光轴共轴，并与光具座导轨平行为止。

3. 测量凸透镜的焦距

（1）自准法。按照图 2.6-1，在光具座依次安装被光源照明的"1"字物屏、凸透镜和平面镜，然后移动透镜即改变凸透镜到物屏的距离，直至物屏上出现清晰的等大倒立的"1"字像，测出此时的物距，即为透镜的焦距。在实际测量时，由于眼睛对成像的清晰程度的判断难免有些误差，故常采用左右逼近法读数：先将凸透镜自左向右移动，当像刚清晰时停止，记下透镜位置的读数；再将凸透镜自右向左移动，在像刚清晰时又可读得一数，取两次读数的平均值作为成像清晰时凸透镜的位置。

（2）公式法。在靠近光源处固定物屏，再放入像屏，使物屏和像屏之间的距离大于 $4f$，然后在两者之间放入待测凸透镜，移动透镜，直至像屏上得到清晰的实像，利用公式计算凸透镜焦距。

（3）共轭法。固定物屏和像屏的位置，使物屏和像屏之间的距离大于 $4f$（注意：间距 D 不要取得太大，否则像太小难以确定清晰程度），移动凸透镜，使像屏上分别出现一大一小清晰的像，记录两次凸透镜的位置（可用左右逼近读数法）。

（4）二倍焦距法。利用凸透镜成像特点，当物距在二倍焦距处时，像距也在二倍焦距处，此时呈倒立等大实像。

【数据处理】

（1）自准法：记录物屏的位置 x_0 与凸透镜的位置 x，利用 $f = x - x_0$ 计算凸透镜的焦距，测量 10 次取平均值，并算出 A 类不确定度。

（2）公式法：记录物屏的位置 x_0、凸透镜的位置 x 和像屏的位置 x_1，求得物距 s 和像距 s'，利用式（2.6-1）计算凸透镜的焦距 f，测量 10 次取平均值，并算出 A 类不确定度。

（3）共轭法：记录物屏位置 x_0、像屏位置 x 和两次成像时凸透镜的位置 x_1 及 x_2，计算出物屏与像屏之间的距离 D 及两次成像时透镜位置之间的距离 d，利用式（2.6-4）计算凸透镜的焦距 f，测量 10 次取平均值，并算出 A 类不确定度。

（4）二倍焦距法：记录物屏的位置 x_0、凸透镜的位置 x 和像屏的位置 x_1，计算凸透镜的焦距 f，测量 10 次取平均值，并算出 A 类不确定度。

【注意事项】

（1）为了减少仪器损耗，不能用手触摸透镜，光学元件要轻拿轻放。

（2）为了减小误差，测量数值时应使用左右逼近的方法。

【思考与讨论】

（1）为什么要调节光学系统共轴，共轴调节有哪些要求，不满足要求对测量产生什么影响？

（2）为什么实验中常用白屏作为成像的光屏，可否用黑屏、透明平玻璃、毛玻璃，为什么？

（3）试分析比较各种测量凸透镜焦距方法的误差来源，提出各种方法的优缺点。

实验七　牛顿环测量平凸透镜的曲率半径

【实验导读与课程思政】

　　"牛顿环"是一种光的干涉图样，是牛顿在 1675 年首先观察到的。将一块曲率半径较大的平凸透镜放在一块玻璃平板上，用单色光照射透镜与玻璃板，用显微镜就可以观察到一些明暗相间的同心圆环。圆环分布是中间疏、边缘密，圆心在接触点 O。从反射光看到的牛顿环中心是暗的，从透射光看到的牛顿环中心是明的。若用白光入射，将观察到彩色圆环。牛顿环是典型的等厚薄膜干涉。凸透镜的凸球面和玻璃平板之间形成一个厚度均匀变化的圆尖劈形空气薄膜，当平行光垂直射向平凸透镜时，从尖劈形空气膜上下表面反射的两束光相互叠加而产生干涉。同一半径的圆环处空气膜厚度相同，上下表面反射光程差相同，因此使干涉图样呈圆环状。这种由同一厚度薄膜产生同一干涉条纹的干涉称作等厚干涉。

　　牛顿从苹果落地的物质现象出发，考虑现象背后的本质，进而得出地球引力，地球引力的发现指导牛顿进行更进一步的实践，从而成就了伟大的事业。牛顿的故事告诉我们在生活中要多思考多总结多实践，这样才能离目标越来越近。

【课前预习】

　　（1）读数显微镜测微鼓轮一个小格代表多少？

　　（2）何为等厚干涉？

　　（3）牛顿环干涉条纹的特点是什么？

【实验目的】

　　（1）观察和研究等厚干涉现象和特点。

　　（2）学习用等厚干涉法测量平凸透镜曲率半径和薄膜厚度。

　　（3）熟练使用读数显微镜。

　　（4）学习用逐差法处理实验数据。

【实验仪器】

　　测量显微镜、钠光光源、牛顿环仪。

【实验原理】

　　牛顿环装置如图 2.7-1 所示，在平面玻璃板上放置一曲率半径为 R 的平凸透镜，二者接触点为 O，在它们之间形成厚度不均匀的空气膜，与接触点 O 相距 r 处的膜厚为 e。当单色的平行光垂直照射时，进入透镜的光束，一部分先被透镜的凸面反射回去，另一部分透入空气层后被平面玻璃板上表面反射，这两束反射光发生干涉。光线垂直入射时，几何光程差为 $2e$，考虑光波在平凸镜上反射会有半波损失，所以总光程差为：

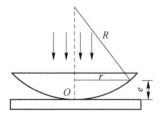

图 2.7-1　牛顿环装置示意图

$$\delta = 2e + \lambda/2 \qquad\qquad (2.7\text{-}1)$$

当上式等于 $k\lambda$ 时对应明条纹，等于 $(2k+1)\dfrac{\lambda}{2}$ 时对应暗条纹。因为该薄膜上厚度相同的点

是以 O 为圆心的 r 为半径的圆环，故其干涉图样是以 O 为圆心的明暗相间的同心圆环，称为牛顿环。

在接触点 O，由于膜的厚度为零，由上面的暗纹条件知，牛顿环的中心是一暗斑，由中心沿半径向外，由于空气膜厚度变化的非线性，条纹将呈内疏外密分布。由图 2.7-1 可以看出

$$r^2 = R^2 - (R - e)^2 = 2Re - e^2 \approx 2Re$$

因此

$$e = \frac{r^2}{2R}$$

把上式代入式（2.7-1）得牛顿环明纹和暗纹的半径分别为

$$r = \sqrt{\frac{(2k - 1)R\lambda}{2}} \quad k = 1, 2, 3, \cdots \quad \text{明纹} \tag{2.7-2}$$

$$r = \sqrt{kR\lambda} \quad k = 0, 1, 2, \cdots \quad \text{暗纹} \tag{2.7-3}$$

则第 m 级暗环半径

$$r_m = \sqrt{mR\lambda} \tag{2.7-4}$$

在实际观察干涉图样时，发现牛顿环的中心不是确定的一点，而是一个不甚清晰的或暗或明的圆斑，这是由于平凸透镜和平板玻璃接触时，接触压力引起的玻璃形变，因此接触点不可能是一个点，而是扩大成一个接触面。另外接触点之间难免存在细微的尘埃，将产生附加光程差，这给干涉级数带来某种程度的不确定性。

通常测量中，取两个暗环半径的平方差值来消除附加光程差带来的误差，于是有 $r_m^2 - r_n^2 = R(m - n)\lambda$，所以

$$R = \frac{r_m^2 - r_n^2}{(m - n)\lambda} \tag{2.7-5}$$

因 m 和 n 有着相同的不确定程度，利用 $m - n$ 这一相对性测量恰好消除了由绝对测量的不确定性带来的误差。

由于中心是一暗环，圆心又不能确定，以致暗环半径不能确定，故用暗环直径代替暗环半径，得到

$$R = \frac{D_m^2 - D_n^2}{4(m - n)\lambda} \tag{2.7-6}$$

【实验内容】

（1）预热光源，先打开钠灯，约 5 min 后待灯泡发出较强较稳定的钠黄光方可进行实验。

（2）观察牛顿环，了解牛顿环装置结构，并调节牛顿环底部三个旋钮，使气泡大小不大于绿豆粒大小且位于视野中心。

（3）将调整好的牛顿环放置在读数显微镜工作台毛玻璃中央，并使显微镜镜筒正对牛顿环装置中心，使其正对读数显微镜物镜的 45°反射镜。

（4）调节读数显微镜。

1）调节目镜：使分划板上的"＋"字刻线清晰可见，并转动目镜，使"＋"字刻线的横刻线与显微镜镜筒的移动方向平行。

2）调节 45°反射镜：使显微镜视场中亮度最大，这时基本满足入射光垂直于待测透镜的要求。

3）转动测微鼓轮：使显微镜镜筒平移至标尺中部，并调节调焦手轮，使物镜接近牛顿环装置表面。

4）对读数显微镜调焦：缓缓转动调焦手轮，使显微镜镜筒由下而上移动进行调焦，直至从目镜视场中清楚地看到牛顿环干涉条纹且无视差为止；然后再移动牛顿环装置，使目镜中"＋"字刻线交点与牛顿环中心大致重合。

（5）观察条纹的分布特征：各级条纹的粗细是否一致，条纹间隔是否一样，并做出解释。观察牛顿环中心是亮斑还是暗斑，若为亮斑，如何解释。

（6）测量暗环的直径：转动读数显微镜读数鼓轮，同时在目镜中观察，使"＋"字刻线由牛顿环中央缓慢向一侧移动至第 27 环然后退回第 25 环，自第 25 环开始单方向移动"＋"字刻线，每移动一环记下相应的读数直到第 16 环，然后再继续沿该方向调节读数鼓轮穿过干涉中心的暗斑到另一侧的第 16 环开始测量直到第 25 环。并将所测数据记入数据表格中。

（7）重复步骤（6），测量 3 次并将数据记入表格中。

【数据处理】

（1）测出第 16 环至第 20 环的直径作为 D_{ni}，再将第 21 环至第 25 环的直径作为 D_{mi}。取 $(m-n)=5$，用逐差法求出直径平方差 $D_{mi}^2 - D_{ni}^2$ 及其平均值 $\overline{D_{mi}^2 - D_{ni}^2}$。

（2）根据已知入射光波长 λ，根据式（2.7-6）求出透镜曲率半径的平均值 $\overline{R}$。

（3）由各组 $D_{mi}^2 - D_{ni}^2$ 的数值与 $\overline{D_{mi}^2 - D_{ni}^2}$ 的偏离求得 $\Delta D_{mi}^2 - D_{ni}^2$。由式（2.7-6）推出误差传导公式，计算出绝对误差 ΔR 和相对误差 $\dfrac{\Delta R}{R}$。

（4）将实验结果表示为 $R = \overline{R} \pm \Delta R$。

【注意事项】

（1）牛顿环仪、劈尖、透镜和显微镜的光学表面不清洁，要用专门的擦镜纸轻轻揩拭。仪器不使用时，应擦拭干净，放入干燥剂，罩上防护罩。

（2）读数显微镜的测微鼓轮在每一次测量过程中只能向一个方向旋转，中途不能反转。

（3）当用镜筒对待测物聚焦时，为防止损坏显微镜物镜，正确的调节方法是使镜筒移离待测物（提升镜筒）。

（4）为延长钠光灯使用寿命，在实验中不要随意开关钠光灯，实验结束后及时关闭。

（5）测量显微镜调节时，先将物镜筒调到离牛顿环较近位置，然后自下而上调节镜筒，以免物镜镜头与牛顿环碰撞损坏。

（6）调节劈尖或牛顿环上的调节螺钉时，不能用力过大，否则影响测量精度或损坏器件。

（7）牛顿环使用完毕后要将底部螺丝拧松，防止长期受力损坏仪器。

【思考与讨论】

（1）牛顿环干涉条纹产生的条件是什么？

（2）牛顿环干涉条纹的中心在什么情况下是暗的，什么情况下是亮的？

（3）分析牛顿环相邻暗（或亮）环之间的距离。

【附录】

实验仪器介绍

1. 仪器的主要技术参数介绍

仪器组成如图2.7-2所示，其技术参数如下：

（1）测量范围：50 mm；

（2）显微镜物镜放大率3×，显微镜总放大率30×；

（3）分划板：测量范围8 mm，测量精度0.01 mm；

（4）观察方式：45°斜视，可调式45°半反镜，目镜筒可360°旋转；

（5）镜筒部分内有磁性防打滑装置，故障率低；

（6）牛顿环平凸透镜曲率半径：1 m；

（7）载物台移动范围：25 mm；

（8）钠灯：功率20 W，电源220 V，50 Hz；

（9）低压钠灯和显微镜装置一体化设计，保证进光口高度，方便开展实验。

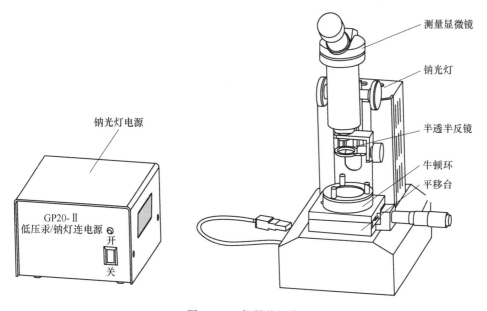

图2.7-2　仪器的组成

2. 读数显微镜介绍

如图2.7-3所示，读数显微镜的主要部分为放大待测物体用的显微镜和读数用的主尺及副尺。转动测微鼓轮，能使显微镜左右移动。显微镜由物镜、目镜和"＋"字叉丝组成。使用时，被测量的物体放在工作台上，用压片固定。调节目镜进行视度调节，使叉丝清晰。转动调焦手轮，从目镜中观察，使被测量的物体成像清晰，调整被测量的物体，使其被测量部分的横面和显微镜的移动方向平行。转动测微鼓轮，使"＋"字叉丝的纵线对准被测量物体的起点，进行读数（读数为主尺和测微鼓轮的读数之和）。读数标尺上为0～50 mm刻线，每一格的值为1 mm，读数鼓轮圆周等分为100 格，鼓轮转一周，标尺就移动一格，即1 mm，所以鼓轮上每一格的值为0.01 mm。为了避免回程误差，应采用单方向移动测量。

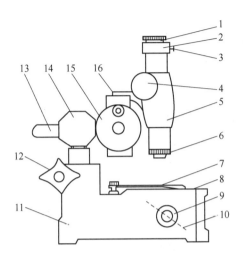

图 2.7-3　读数显微镜结构图

1—目镜；2—锁紧圈；3—锁紧螺丝；4—调焦手轮；5—镜筒支架；6—物镜；

7—弹簧压片；8—台面玻璃；9—旋转手轮；10—反光镜；11—底座；

12—旋手；13—方轴；14—接头轴；15—测微鼓轮；16—标尺

3. 钠光光源介绍

灯管内有两层玻璃泡，装有少量氩气和钠，通电时灯丝被加热，氩气即发出淡紫色光，钠受热后汽化，渐渐放出两条强谱线 589.0 nm 和 589.3 nm，通常称为钠双线，因两条谱线很接近，实验中可认为是比较好的单色光源，通常取平均值 589.3 nm 作为该单色光源的波长。由于它的强度大，光色单纯，是最常用的单色光源。

使用钠光灯时应注意：

（1）钠光灯必须与扼流线圈串接起来使用，否则即被烧坏。

（2）灯点燃后，须等待一段时间才能正常使用（起燃时间 5～6 min）。

（3）每开关一次对灯的寿命有影响，因此不要轻易开关。灯在正常使用下也有一定消耗，使用寿命只有 500 h，因此应作好准备工作，使用时间集中。

（4）灯打开时应垂直放置，不得受冲击或振动。使用完毕，须等冷却后才能颠倒摇动，避免金属钠流动，影响灯的性能。

实验八　分光计的调节及使用

【实验导读与课程思政】

20 世纪 50 年代，德国物理学家保尔（W. Paul，1913—1993 年）开发了保尔阱，利用射频电流维持交变电场，将带电的粒子和原子孤立并限制在 1 h 内。保尔阱帮助物理学家研究原子性质并以高精确度检验物理学理论，它还是现代光谱学的重要工具。保尔还发明了分离不同质量的离子并将它们储存在保尔阱中的方法，所用原理后被广泛地用于现代分光计中。分光计是一种测量角度的仪器，其基本原理是让光线通过狭缝和聚焦透镜形成一束平行光线，经过反射或折射后进入望远镜物镜并成像在望远镜的焦平面上，通过目镜进行观察和测量各种光线的偏转角度，从而得到光学参量等。

保尔因开发保尔阱——一种俘获带电原子的电磁学设备，使带电原子在其中停留足够长时间，以便准确测量它们的性质而和德国物理学家德默尔特合获 1989 年的诺贝尔物理学奖。保尔的成功告诉我们任何一件事情的成功都不是一蹴而就，都是在反复失败反复尝试中摸索出来的，只要有遇到困难不放弃和勇于不断尝试的勇气，一定会距离心目中的理想目标越来越近。

【课前预习】

（1）分光计光学游标盘读数原理是什么？

（2）JJY 型分光计游标的分度值是多少？

（3）一架已调整好的分光计应具备哪三个条件？

（4）如何判断调整分光计时望远镜已经聚集于无限远处？

【实验目的】

（1）了解分光计的结构。

（2）掌握调节和使用分光计的方法。

（3）掌握测定棱镜顶角的方法。

（4）学会用最小偏向角法测定棱镜玻璃的折射率。

【实验仪器】

分光计、钠灯、三棱镜。

【实验原理】

光线在传播过程中，遇到不同介质的分界面时，会发生反射和折射，光线将改变传播的方向，结果在入射光与反射光或折射光之间就存在一定的夹角。通过对某些角度的测量，进而可以测定折射率、光栅常数、光波波长、色散率等许多物理量。分光计是一种能精确测量上述要求角度的典型光学仪器。由于该装置比较精密，控制部件较多而且操作复杂，所以使用时必须严格按照一定的规则和程序进行调整，方能获得较高精度的测量结果。

【实验内容】

1. 分光计的调节

分光计在用于测量前必须进行严格的调整，否则将会引入很大的系统误差。一架已调整好的分光计应具备下列三个条件：（1）望远镜聚集于无穷远处；（2）望远镜和平行光管的光轴与分光计的主轴相互垂直；（3）平行光管射出的光是平行光。具体调节步骤如下所述。

注意：在进行调整前，应先熟悉所使用的分光计中下列螺丝的位置。（1）目镜调焦（看清分划板准线）手轮；（2）望远镜调焦（看清物体）调节手轮（或螺丝）；（3）调节望远镜高低倾斜度的螺丝；（4）控制望远镜（连同刻度盘）转动的制动螺丝；（5）调整载物台水平状态的螺丝；（6）控制载物台转动的制动螺丝；（7）调整平行光管上狭缝宽度的螺丝；（8）调整平行光管高低倾斜度的螺丝；（9）平行光管调焦的狭缝套筒制动螺丝。

目测粗调

将望远镜、载物台、平行光管用目测粗调成水平，并与中心轴垂直（粗调是后面进行细调的前提和细调成功的保证）。

具体做法如下：先松开望远镜和平行光管倾角锁紧螺钉 3 和 18，调节平行光管倾角调节螺钉 19 与望远镜倾角调节螺钉 4，使两者目测呈水平；再调节载物台倾角调节螺钉 23，使载物台呈水平，或者使载物台上层圆盘 24 和下层圆盘 25 之间有 3 mm 左右的等间隔，且两者平行（编号见图 2.8-10）。

自准直法调节望远镜聚集于无限远处

（1）目镜调节（目标：通过目镜看清放置三棱镜后 AB/AC 后的"＋"字）。调节望远镜调焦螺母 5，使在目镜视场中看清分划板上的双"＋"字准线及下部小棱镜上的"＋"字，如图 2.8-1 所示。

按图 2.8-2 所示的位置将三棱镜放在载物台上，三棱镜的三条边对着平台的三个支撑螺钉 a_1、a_2 和 a_3。将望远镜对准三棱镜的一个光学平面（如 AB 面），由于望远镜中光源已照亮了目镜中的 45° 棱上的"＋"字，所以该"＋"字发出的光从望远镜物镜中射出，到达三棱镜的光学表面时，只要三棱镜的 AB 面与望远镜光轴垂直，则反射后的反射光就会重新回到望远镜中，那么在望远镜的目镜视场中除了看到原来棱镜上的"＋"字像外，还能看到经棱镜表面反射回来的"＋"字像。若看不到该像，可将望远镜绕主轴左右慢慢旋转仔细寻找该像；如果仔细搜寻后仍找不到"＋"字像，这表明反射光线根本没进入望远镜，此时需要重新目测粗调，或沿望远镜镜筒外壁观察三棱镜表面，在望远镜外寻找反射的"＋"字像，以判断反射光的方位，再调整望远镜倾角（螺钉 4）及载物台倾角（螺钉 23），使反射光线进入望远镜。

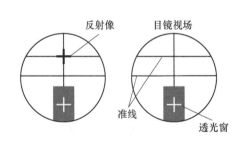

图 2.8-1　目镜视场（1）

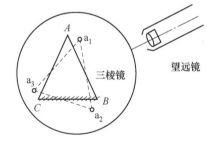

图 2.8-2　三棱镜摆放示意图

转动载物台，使望远镜对准三棱镜的另一光学平面（如 AC 面），这时也应在目镜视场中看到反射回来的"＋"字像，如图 2.8-3 所示，否则再调整望远镜倾角和平台倾角。

（2）望远镜聚焦于无限远处。调节物镜，在望远镜中看到"＋"后，调节望远镜调焦螺钉 6，使"＋"字像清晰且与双"＋"字准线间无视差，此时望远镜已聚焦在无限远处。

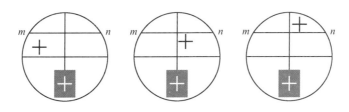

图 2.8-3　目镜视场（2）

调整望远镜的光轴与分光计主轴垂直

平行光管与望远镜的光轴各代表入射光和出射光的方向。为了测准角度，必须分别使它们的光轴与刻度盘平行。刻度盘在制造时已垂直于分光计的中心轴。因此，当望远镜与分光计的中心轴垂直时，就达到了与刻度盘平行的要求。望远镜的光轴与分光计主轴垂直的标志是望远镜旋转平面应与分度盘平面平行、载物台平面与分光计光轴垂直。因此调节时要根据在目镜中观察到的现象，同时调节望远镜倾角和载物台平面的倾角，一般采用二分之一逐次逼近法来调整，如图 2.8-4 所示。

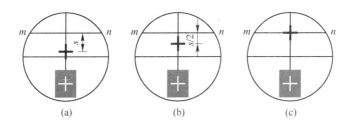

图 2.8-4　目镜视场（3）

经过上述的调节，在目镜视场中已可看到三棱镜的两个光学平面反射回来的小 " + " 字像都在准线 mn 上，但一般开始时该像并不在线 mn 上。如由三棱镜 AB 面反射回来的 " + " 字像一般在 mn 线下方，距 mn 线 s 的距离，现在分别调节望远镜的倾角螺钉 4，使 " + " 字像向 mn 线靠拢一半，如图 2.8-4(b) 所示，再调节载物台的倾角螺钉 23（调 AB 面所对的螺钉 a_1）使 " + " 字像落到 mn 线上。再转动平台，使棱镜的另一个面 AC 对准望远镜，这时 AC 面反射回来的 " + " 字像又不在 mn 线上了，而可能又距 mn 线 s'，可能在 mn 线上方，也可能在下方，这时再调节望远镜的倾角螺钉 4，使 " + " 字像向 mn 线靠拢一半，即它距离 mn 线为 $s'/2$，再调节载物台的倾角螺钉 23（调 AC 面所对的螺钉 a_2），使 " + " 字像回到 mn 线上。然后再转动平台，使棱镜 AB 面重新对准望远镜，原来已把 AB 面反射回来的 " + " 字像调到 mn 线上，现在可能又偏离 mn 线，因此再调节望远镜的倾斜螺钉 4，使 " + " 字像向 mn 线靠拢一半，再调载物台的倾角螺钉 23，使 " + " 字像再度与 mn 线重合。然后再让棱镜 AC 面对着望远镜，如果 " + " 字像又偏离 mn 线，则再按上述方法调节，使 " + " 字像再回到 mn 线，这样把 AB、AC 面轮流对准望远镜，反复调节，使这两个面反射回来的 " + " 字像都在 mn 线上，才表明调整完毕。

注意：调整完毕后，望远镜与平台的倾斜调节螺钉不可再作任何调整，否则，已调整好的垂直状态将被破坏，必须重新调节。上述调整完成后，我们转动望远镜可以看到小

"＋"字像始终在 mn 线上移动，如果转动望远镜，使"＋"字像移到 mn 线中央竖线处，则表明望远镜光轴与棱镜的反射面垂直。

调整平行光管

（1）点亮光源预热移去载物台上的三棱镜，将已调好的望远镜对准平行光管，用光源照亮平行光管的狭缝，旋动狭缝调节螺钉 16 使狭缝宽度适中（一般为 0.5～1 mm），调节平行光管的倾角螺钉 19 并旋转望远镜使它对准狭缝，在望远镜中看到窄的像，松开螺钉 15，前后移动狭缝，使在望远镜中清晰地看到狭缝的像且无视差。

（2）调整平行光管的光轴与分光计的主轴垂直。转动平行光管的狭缝，使狭缝呈水平，调节平行光管倾角螺钉 19，使狭缝像与中央水平准线重合，如图 2.8-5（a）所示。转动望远镜狭缝像与中央竖直准线重合，再调节平行光管倾角螺钉 19，使处于竖直位置的狭缝像被中央水平准线平分，如图 2.8-5（b）所示。如此反复调几次，使狭缝呈水平时，狭缝像与中央水平准线重合；狭缝呈竖直时，狭缝的像位于中央竖直准线处，被中央水平准线平分，这样才表明平行光管的光轴与分光计的主轴垂直。

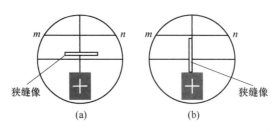

图 2.8-5　狭缝像

至此分光计已全部调整好，使用时必须注意分光计上除刻度圆盘制动螺丝及其微调螺丝外，其他螺丝不能任意转动，否则将破坏分光计的工作条件，需要重新调节。

2. 三棱镜顶角、折射率测量原理

自准法测量三棱镜顶角的原理

三棱镜如图 2.8-6 所示，AB 和 AC 是透光的光学表面，又称折射面，其夹角 α 称为三棱镜的顶角；BC 为毛玻璃面，称为三棱镜的底面。

如图 2.8-7 所示，只要测量三棱镜两个光学面的法线之间的夹角等于 φ，即可求得顶角 $A = \alpha = 180° - \varphi$。

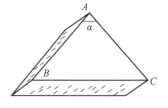

图 2.8-6　三棱镜示意图

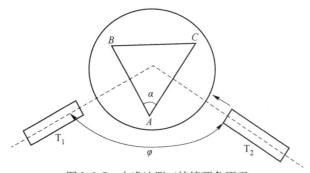

图 2.8-7　自准法测三棱镜顶角原理

最小偏向角法测三棱镜玻璃的折射率原理

假设有一束单色平行光 LD 入射到棱镜上，经过两次折射后沿 ER 方向射出，则入射光线 LD 与出射光线 ER 间的夹角 δ 称为偏向角，如图 2.8-8 所示。

转动三棱镜，改变入射光对光学面 AC 的入射角 i_1，出射光线的方向 ER 也随之改变，即偏向角 δ 发生变化。沿偏向角减小的方向继续缓慢转动三棱镜，使偏向角逐渐减小；当转到某个位置（图中入射角为 i_0）时，若再继续沿此方向转动，偏向角又将逐渐增大，此位置时偏向角达到最小值，此时可测出最小偏向角 $\delta_{\min}$。可以证明棱镜材料的折射率 n 与顶角 A 及最小偏向角 $\delta_{\min}$ 的关系式为

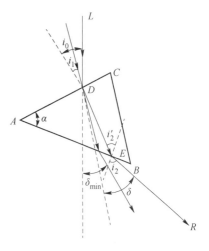

图 2.8-8 最小偏向角的测定

$$n = \frac{\sin \dfrac{A + \delta_{\min}}{2}}{\sin \dfrac{A}{2}} \qquad (2.8\text{-}1)$$

3. 测量三棱镜顶角及折射率

自准法测量三棱镜顶角

将待测棱镜置于棱镜台上。固定望远镜，点亮小灯照亮目镜中的叉丝，放置镜台，使棱镜的一个折射面对准望远镜，用自准直法调节望远镜的光轴与此折射面严格垂直，即使"＋"字叉丝的反射像和调整叉丝完全重合，即调成如图 2.8-4（c）所示。转动游标盘，使棱镜 AB 正对望远镜，记下游标 1 的读数 θ_1 和游标 2 的读数 θ_2。再转动游标盘联带载物平台，用同样方法使望远镜光轴垂直于棱镜第二折射面 AC，记录此时游标 1 的读数 θ'_1 和游标 2 的读数 θ'_2。同一游标两次读数之差 $|\theta_1 - \theta'_1|$ 或者 $|\theta_2 - \theta'_2|$ 等于棱镜顶角 A 的补角 θ。为减小误差，本实验取

$$\theta = \frac{1}{2}\left(|\theta_1 - \theta'_1| + |\theta_2 - \theta'_2| \right) \qquad (2.8\text{-}2)$$

即棱镜顶角 $A = 180° - \theta$。重复测量三次取平均值，计算棱镜顶角 A 的平均值和标准不确定度。

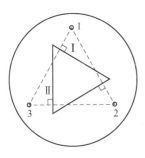

图 2.8-9 三棱镜在小平台上的位置

棱镜玻璃折射率的测定

（1）用钠灯照亮狭缝，使准直管射出平行光束。

（2）测定最小偏向角。

1）将待测棱镜按图 2.8-9 所示放置在棱镜台上，转动望远镜至 T_1 位置，便能清楚地看见钠光经棱镜折射后形成的黄色谱线。

2）将刻度内盘（游标盘）固定。慢慢转动棱镜台，改变入射角 i_1，使谱线往偏向角 δ 减小的方向移动，同时转动望远镜跟踪该谱线。

3）当棱镜转到某一位置，该谱线不再移动，这时无

论棱镜台向何方向转动，该谱线均向相反方向移动，即偏向角都变大。这个谱线反向移动的极限位置就是棱镜对该谱线的最小偏向角的位置。

4）左右慢慢转动棱镜台，同时操纵望远镜装置，使竖直叉丝对准黄色谱线的极限位置（中心），记录望远镜在 T_1 位置的刻度盘游标 1 的读数 θ_1 和游标 2 的读数 θ_2。

5）将棱镜转到对称位置，使光线向另一侧偏转，同步骤 4）寻找黄色谱线的极限位置，记录此时游标 1 的读数 θ_1' 和游标 2 的读数 θ_2'。

同一游标左、右两次数值之差 $|\theta_1 - \theta_1'|$、$|\theta_2 - \theta_2'|$ 是最小偏向角的 2 倍，即

$$\delta_{\min} = \frac{1}{4}(|\theta_1 - \theta_1'| + |\theta_2 - \theta_2'|) \tag{2.8-3}$$

【数据处理】

（1）测量三棱镜顶角 A，并计算其不确定度。

（2）测量最小偏向角 $\delta_{\min}$，并计算其不确定度。

（3）用测得的顶角 A 及最小偏向角 $\delta_{\min}$ 计算棱镜玻璃的折射率 n 及其不确定度。

注意：有关表示角度误差的数值要以弧度为单位。

【注意事项】

（1）望远镜、平行光管上的镜头，三棱镜、平面镜的镜面不能用手摸、揩。如发现有尘埃时，应该用镜头纸轻轻揩擦。三棱镜、平面镜不准磕碰或跌落，以免损坏。

（2）分光计是较精密的光学仪器，要加倍爱护，不应在制动螺丝锁紧时强行转动望远镜，也不要随意拧动狭缝。

（3）在测量数据前务必检查分光计的几个制动螺丝是否锁紧，若未锁紧，取得的数据会不可靠。

（4）测量中应正确使用负责望远镜转动的微调螺丝，以便提高工作效率和测量准确度。

（5）在游标读数过程中，由于望远镜可能位于任何方位，故应注意望远镜转动过程中是否过了刻度的零点。

（6）调整时应事先设计好调整方向，这时部分已调好的螺丝不能再随便拧动，否则会前功尽弃。

（7）望远镜的调整是一个重点。首先转动目镜手轮看清分划板上的"＋"字线，而后伸缩目镜筒看清亮"＋"字。

【思考与讨论】

设计一种不测量最小偏向角而能测棱镜玻璃折射率的方案（使用分光计去测）。

【附录】

1. 分光计的构造与读数（以 FGY-01 型分光计为例）

FGY、JJY 两种型号分光计的结构、调整方法基本相同。以 FGY-01 型分光计为例来说明。FGY-01 型分光计由平行光管、自准值望远镜、载物台和光学游标盘（读数装置）等组成。其外形结构如图 2.8-10 所示。

（1）底座。底座中心有一竖轴，为仪器的公共轴（主轴）。

（2）平行光管。平行光管的作用是产生一束平行光，它由会聚透镜和宽度可调的狭缝组成，内部结构图如 2.8-11 所示。当狭缝位于透镜的焦平面时，就能使照射在狭缝上的光通过该透镜后成为平行光射出。

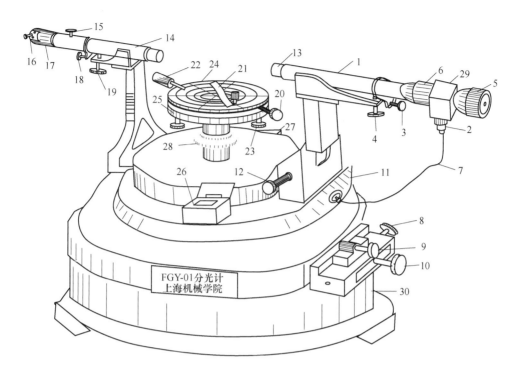

图 2.8-10 分光计结构图

1—望远镜；2—照明灯；3—望远镜倾角锁紧螺钉；4—望远镜倾角调节螺钉；5—望远镜目镜调焦螺钉；
6—望远镜物镜调焦螺钉；7—照明灯线；8—度盘转动微调螺钉；9—望远镜转动锁紧螺钉；10—度盘
转动锁紧螺钉；11—分光计转动主平台；12—望远镜转动微调螺钉；13—望远镜物镜；14—平行
光管；15—狭缝锁紧螺钉；16—狭缝宽度调节螺钉；17—狭缝；18—平行光管倾角锁紧螺钉；
19—平行光管倾角调节螺钉；20—压簧升降锁紧螺钉；21—压簧；22—载物台锁紧螺钉；
23—载物台倾角调节螺钉；24—载物台上层圆盘；25—载物台下层圆盘；26—读数 A 窗；
27—读数 B 窗；28—载物台升降锁紧螺母；29—望远镜分划板组件；30—底座

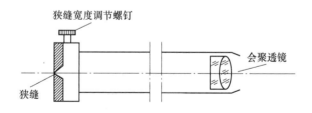

图 2.8-11 狭缝结构

（3）自准直望远镜（阿贝式）。自准直望远镜用于观察。它由阿贝式目镜、物镜、分划板及分划板照明系统构成，内部结构如图 2.8-12 所示。分划板照明系统由分划板边缘处的 45°全反射小棱镜（表面镀了薄膜）和照明光源组成。薄膜上刻画出了一个透光的小"＋"字，照明光源便照亮了此小"＋"字。

（4）载物台。载物台用于放置三棱镜、光栅等元件，其外形如图 2.8-13 所示。载物台分上、下两片圆形铁板，它们用拉簧连接。上面一块圆板的上部有压住光学零件的压簧

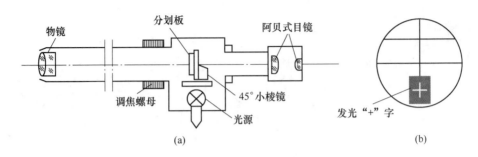

图 2.8-12　望远镜结构

（a）自准直望远镜；（b）分划板

片，下部有三个等距设置的螺钉，把上圆板支撑在下圆板上，用于调节上圆板台面（载物台表面）的倾斜度。载物台可以独立地并且可以跟随游标盘一起绕中心轴转动，还可以沿竖直方向做上下升降。

（5）光学游标盘及读数原理。光学游标盘用于观察望远镜光轴方位角。它由一个分度盘和沿分度盘边缘对称放置的两个游标盘及照明光源构成，如图 2.8-14 所示。分度盘上均匀地刻有透光的分划线，共分成 360 大格，每大格代表 $1°$；每一大格又分成 3 小格，每小格代表 $20'$。游标上沿圆弧

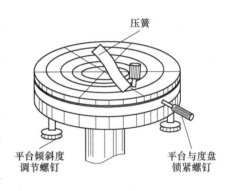

图 2.8-13　载物台

$13°$，均匀地分成 20 大格，每一大格又分为 2 小格，共 40 小格，因此每一小格格值为 $19'$ $30''$，当分度盘和游标盘的亮线重叠时，每一对准线条格值为 $30''$，也为游标的分度值。在游标盘与分度盘之间的缝隙中有一条发光的亮线（有时该亮线两旁还有两条较暗的线），

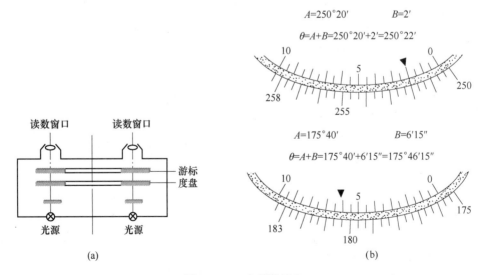

图 2.8-14　光学游标盘

（a）读数窗口；（b）读数举例

该亮线用于确定游标读数。

分度盘上有两个相隔180°的读数窗口，分度盘上的读数以游标盘上的"0"线所对的分度盘上的角度值为准。游标盘的读数取亮线所对应的角度值；有时缝隙中出现两条亮线，则游标盘的读数可取两条亮线所指两值的平均值；如果出现三条亮线，则以中间亮线的读数为准。分光计的计数值最小可读到15″，不必再估读。

JJY 型分光计的读数原理：它也由一个分度盘和沿分度盘边缘对称（间距180°）放置的两个游标构成，无照明系统。分度盘上均匀地刻有分划线，共分360大格，即每大格为1°，每一大格又分成2小格，每小格30′。游标盘上沿圆弧共划分为6大格，每大格又分成5小格，共30小格，每一小格值为29′，当分度盘和游标盘的刻度线重叠时，每一对准线条格值为1′，为 JJY 型分光计游标的分度值。

2. 式（2.8-1）证明过程

由图 2.8-8 可知

$$\frac{\sin i_1}{\sin i_1'} = n, \quad \frac{\sin i_2'}{\sin i_2} = n$$

又因为 $\delta = i_1 - i_1' + i_2' - i_2 = i_1 + i_2' - A$，$A = i_1' + i_2$，可求出 i_1 和 i_2'。

则 $\delta = \arcsin(n\sin i_1') + \arcsin[n\sin(A - i_1')] - A$。

当 $\dfrac{\mathrm{d}\delta}{\mathrm{d}i_1'} = \dfrac{n\cos i_1'}{\sqrt{1 - n^2\sin^2 i_1'}} - \dfrac{n\cos(A - i_1')}{\sqrt{1 - n^2\sin^2(A - i_1')}} = 0$ 时，δ 取极小值 $\delta_{\min}$，亦即对于 $\delta_{\min}$，必定 $i_1' = A - i_1'$，则 $i_1' = A/2$。又从光的可逆性考虑，亦当 $i_2 = A/2$ 成立时，进而 $i_1' = i_2$，$i_1 = i_2'$ 成立，则 $i_1 = (A + \delta_{\min})/2$，所以

$$n = \frac{\sin i_1}{\sin i_1'} = \frac{\sin\dfrac{A + \delta_{\min}}{2}}{\sin\dfrac{A}{2}} \quad （证毕）$$

实验九　电磁学实验基本知识

【实验导读与课程思政】

电磁学是现代科学技术的主要基础之一，在此基础上发展起来的电工技术和电子技术广泛应用于各个领域，对国计民生有着十分重要的意义，掌握电磁学实验研究的基本知识和方法已成为各学科领域的基本要求。通过本实验的学习，使学生初步掌握用电安全常识、电磁学实验常用的基本实验仪器的性能及使用方法、实验操作规范以及连接电路的方法及注意事项，为以后的电磁学实验学习打下坚实的基础。

【课前预习】

（1）电阻箱如何接线？如何读数？

（2）0.5 级、3 V 的电压表的最大读数误差如何计算？

（3）额定功率为 0.25 W 的电阻箱使用 ×1000 挡的电阻时，允许通过的最大电流为多少？

（4）电路连线时需要注意哪些问题？

（5）使用数字万用表的几点注意事项是什么？

【实验目的】

（1）熟悉电磁学实验基本仪器的性能和使用方法。

（2）练习连接电路以及测量直流、交流电压和电流。

（3）掌握电磁学实验操作基本规程和安全知识。

【实验仪器】

电流表、电压表、数字万用表、滑线变阻器、电阻箱、直流稳压电源、开关、导线。

【实验原理】

1. 制流电路

如图 2.9-1 所示，A 端和 C 端连在电路中，B 端空着不用，当接触器 D 滑动到 B 端时，整个电阻串联入回路，电阻值 $R_{AC} = R_{AB}$，阻值最大，这时回路电流最小；当接触器 D 滑动到 A 端时，回路电阻值 $R_{AC} = 0$，回路电流最大。

为了保证安全，在接通电源前，一般应将接触器 D 滑动到 B 端，使 R_{AC} 最大，电流最小，以后逐步减小电阻，使电流增至所需值。

2. 分压电路

如图 2.9-2 所示，滑线变阻器的两个固定端 A 和 B 分别与电源两极相连，滑动端 C 和

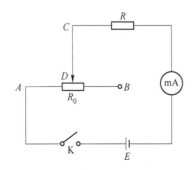

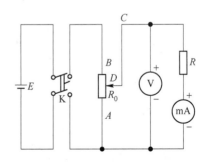

图 2.9-1　制流电路接线图　　　　　图 2.9-2　分压电路接线图

一个固定端 A（或 B）相连到用电部分，当接触器 D 滑到 A 端，输出电压 $U=0$；接触器 D 滑到 B 端，输出电压 $U=E$，即改变接触器 D 的位置可以使输出电压在零到电源电压之间任意调节。

【电磁学实验操作规程】

1. 准备

到实验室前通过预习准备好预习报告和数据表格。实验时，先把本组实验仪器的参数弄清楚，然后根据电路图要求摆好元器件位置（基本按电路图排列次序，但也要考虑到读数和操作方便）。

2. 连线

要在理解电路的基础上连线。例如，图 2.9-2 的电路应当这样理解：分压器先把电源电压分为两部分：U_{AC} 和 U_{BC}。用电压表测出 U_{AC} 部分电压，再把这部分电压送到用电的电阻 R 上，并由毫安表测出通过 R 的电流。连线时的次序及思路：以连接图 2.9-2 电路为例，可以从电源开始（但绝对不可先接通电源），用两根导线连到开关的两个接线柱上，再由开关引出两根线。连到滑线变阻器的两个固定端 A 和 B 上。从 AC 两端引线到电压表上使其测量分压 U_{AC}，再从电压表两端引出分压送到电阻 R 与毫安表串联的电路上。

在连接时还应注意利用不同颜色的导线，这样可以表现出电路电位高低，也便于检查。一般用红色或浅色导线接正极，或高电位；用黑色或深色导线接负极，或低电位。最后，应特别指出，在连线过程中，电源要在所有开关打开的情况下最后连入电路。

3. 检查

接好电路后，先复查电路连接正确与否，再检查其他的要求是否都做妥。如开关是否全部打开，电表和电源正负极是否连接正确，量程是否正确，电阻箱数值是否正确设置，变阻器的接触器 D（或电阻箱各挡旋钮）位置是否正确等。直到一切都做好，再请教师检查，检查合格经同意后，方可接通电源。

4. 通电

在闭合开关时，要事先想好通电瞬间各仪表的正常反应是怎样的（如电表指针是指零不动还是应偏转到什么位置）。开关闭合时要密切注意仪表反应是否正常，并随时准备在出现不正常情况时断开开关，即采用试触法接通电源，以防因电路接错，造成仪器损坏。若需要更换电路元件时，应将电路中各个仪器的有关旋钮拨到安全位置，然后断开开关，再改接电路，经教师重新检查合格后才可接通电源继续做实验。

5. 安全

不管电路中有无高压，要养成避免用手或身体直接接触电路中裸体导体的习惯。

6. 整理

实验完毕，应将电路中仪器旋钮拨到安全位置，断开开关，经教师检查数据后再拆线。拆线时应最先断开电源，依次拆下电路中的其他元件，最后将所有仪器放回原处，清理实验区域内卫生，摆好桌椅，经教师允许方可离开实验室。

【实验内容】

（1）详细地考察电表、电阻箱、滑线变阻器、开关的结构，以利于掌握它们的使用方法和读数方法。

（2）记录本组仪器的主要参数。

（3）严格按照电磁学实验操作规程，连接图 2.9-1 所示的电路。接通电源，改变 C 的位置，观察 C 的位置和输出电流的关系，并做相应的记录。

（4）按图 2.9-2 所示连接电路。接通电源，改变 C 的位置，观察 C 的位置和输出电压的关系，并做相应的记录。

【数据处理】

（1）根据实验内容（4）的数据记录，画出 U-I 曲线。

（2）计算电阻 R 的阻值及不确定度。

（3）正确表述出 R 的测量结果。

【注意事项】

（1）实验连接的电路经教师确认无误后才能接通电源！实验结束后，先断电，再拆线！这是电磁学实验必须养成的习惯，以确保实验过程中的人身安全。

（2）对于指针式仪表，为了减少视差，读数时必须使视线与刻度表面垂直。精密的电表刻度尺下方附有镜面，当指针在镜中的像与指针重合时，所对准的刻度才是电表的准确读数。

（3）仪表的量程要根据待测电流或电压的大小适当选择。使用时应事先估计待测量的大小，一般按照"使测量值不小于量程的三分之二"的原则去选择量程；如果不知道待测量的大小，则必须从最大量程开始试测，如不合适，再根据具体情况改用合适的量程。

（4）一般电阻箱额定功率为 0.25 W，可以由它计算各电阻钮的额定电流。电阻值越大的挡，容许电流越小，过大电流会使电阻发热，致使电阻值不准确，甚至灼毁。

【思考与讨论】

（1）当电阻箱的阻值为 500 Ω 时，绝对误差是多少？允许通过的最大电流是多少？

（2）本实验所用电压表各个量程的内阻怎么计算，值是多少？

（3）图 2.9-2 所示的电路，如果输出电压不从 AC 端引出，从 BC 端引出可以吗，这时输出电压的正极是哪端？

【附录】

常用电学仪器简介

1. 电阻箱

如图 2.9-3（a）所示，它的内部有一由铜线绕成的标准化电阻，是按图 2.9-3（b）连接的。调节电阻箱上的旋钮，可以得到不同的电阻值。

如在图 2.9-3（b）中，×10000 挡指示 2，代表电阻为 20000 Ω；×1000 挡指示 3，代表电阻为 3000 Ω；×100 挡指示 6，代表电阻为 600 Ω；×10 挡指示 0，代表电阻为 0 Ω；×1 挡指示 2，代表电阻为 2 Ω；×0.1 挡指示 6，代表电阻为 0.6 Ω，这时 AD 间总电阻为：

$$(2 \times 10000 + 3 \times 1000 + 6 \times 100 + 0 \times 10 + 2 \times 1 + 6 \times 0.1)\Omega = 23602.6\ \Omega$$

电阻箱的参数如下：

（1）总电阻：即最大电阻值，如图 2.9-3 所示的电阻箱为 99999.9 Ω。

（2）额定功率：指电阻箱上每个电阻挡的功率额定值，一般电阻箱额定功率为 0.25 W，

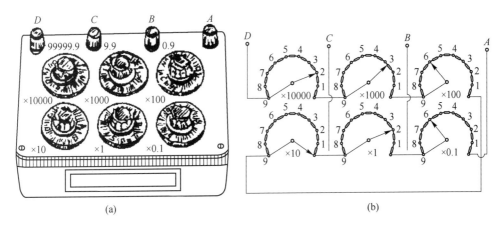

图 2.9-3　ZX-21 型六钮四接线柱电阻箱

（a）外观示意图；（b）内部接线示意图

可以由它计算各电阻钮的额定电流，如用 ×1000 挡的电阻时，允许的电流为

$$I = (P/R)^{1/2} = (0.25/1000)^{1/2} \approx 0.016 \text{ A} = 16 \text{ mA}$$

当使用 ×1 挡时，允许电流为

$$I = (P/R)^{1/2} = (0.25/1)^{1/2} = 0.5 \text{ A}$$

（3）电阻箱的误差：自从 1989 年我国制定了新的直流电阻箱检测规程后，不再给出电阻箱的整体准确度等级，而是给出各个十进盘电阻的等级和残余电阻（亦称零电阻）的阻值 $R_0 = (20 \pm 5)\text{m}\Omega$，见表 2.9-1。

表 2.9-1　电阻箱各个十进盘电阻的等级表（室温 20 ℃）

十进电阻盘	×10000 Ω	×1000 Ω	×100 Ω	×10 Ω	×1 Ω	×0.1 Ω
准确度等级	0.1%	0.1%	0.5%	1%	2%	5%

例如，若一个 ZX-21 型六钮电阻箱输出的电阻值是 5236 Ω，由表 2.9-1 可知其基本误差为

$$e = (5000 \times 0.1\% + 200 \times 0.5\% + 30 \times 1\% + 6 \times 2\% + 0.02)\Omega = 6.44 \ \Omega \approx 6 \ \Omega$$

再考虑到有关十进盘钮的接触电阻和附加误差，通常这种误差可达到基本误差的 2～3 倍。可见，在使用电阻箱时要尽量少用小阻值旋钮。

2. 滑线变阻器

滑线变阻器一般用于大电流的电路中，其额定功率在几瓦到几百瓦，可以用来控制电路中的电压和电流，它的构造如图 2.9-4（a）所示，电阻丝密绕在绝缘瓷管上，两端分别与固定在瓷管上的接线柱 A、B 相接；电阻丝上涂有绝缘物，使匝与匝之间相互绝缘，瓷管上方装有一根和瓷管平行的金属棒，一端连接接线柱 C，棒上套有滑动接触器 D，它紧压在电阻丝匝圈上，接触器与线圈接触处的绝缘已被刮掉，所以接触器 D 沿金属棒滑动就可以改变 AC 或 BC 之间的电阻。

了解变阻器的结构很重要，为此把图 2.9-4(a) 和 (b) 中的 A、B、C 三点相互对照。

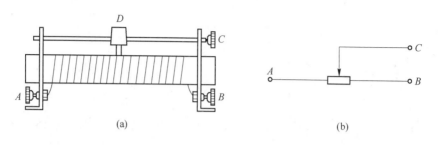

图 2.9-4　滑线变阻器

（a）外观示意图；（b）线路中的接线符号

3. 电表

实验电表按其用途可分为直流电表和交流电表；按其结构可分为指针式电表和数字式电表，为讨论方便，以下按结构分类讨论。

指针式直流电表

指针式直流电表大部分是磁电式。它的内部构造可简单地表示为图 2.9-5 所示，永久磁铁的两个极上连着带圆筒孔腔的极掌，极掌之间装着圆柱形软铁心，其作用是使极掌和铁心间的空隙中磁场较强，且使磁力线以圆柱的轴为中心呈均匀辐射状。在圆柱形铁心上支撑有一个可在铁心和极掌间的空隙处运动的矩形线圈，线圈上固定一根指针或光指针。当有电流流通时，线圈受电磁力矩作用而偏转，直到跟游丝的反扭力矩平衡而静止不动。线圈偏转角度的大小与所通过的电流大小成正比，这是磁电式电表的基本特征。

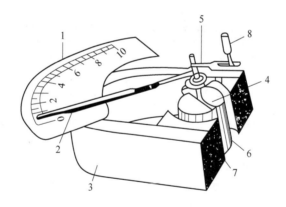

图 2.9-5　指针式直流电表的结构示意图

1—度盘；2—指针；3—永久磁铁；4—线圈；5—游丝；
6—软铁心；7—极掌；8—零点调节螺丝

电表两端的电阻即为其内阻。电压表内阻可以用单位电压的电阻大小来计算（俗称每伏欧姆数）。如一个"0 – 2.5 V – 5 V – 10 V"电压表，每伏欧姆数是 1 kΩ/V，可用下式计算某量程的内阻：内阻 = 量程 × 每伏欧姆数。一般电流表内阻都是 1 Ω 以下，毫安表、微安计内阻可达一两百欧姆到一两千欧姆。

指针式直流电表按准确度分为七级：0.1、0.2、0.5、1.0、1.5、2.5、5.0。电表的准确度等级是用电表基本误差的百分数值表示的。如一个 0.5 级的电表,其基本误差为 $\pm 0.5\%$。用电表的准确度等级 α 及电表的量程 X_m 可以求出电表的最大允许误差 $e = \alpha\% \times X_m$,即电表标度尺上所有分度线的基本误差都不超过 e。

上述七种级别的电表的基本误差在标度尺工作部分的所有分度线上不应超过表 2.9-2 中的规定值。

表 2.9-2　电表的准确度等级及相应的基本误差

电表的准确度等级	0.1	0.2	0.5	1.0	1.5	2.0	5.0
基本误差/%	±0.1	±0.2	±0.5	±1.0	±1.5	±2.0	±5.0

指针式交流电表

指针式交流电表有电动式、整流式、铁动式、电子管式和晶体管式等多种类型。现在随着数字电压表的普及,电动式、铁动式和电子管式等因其内阻小、频率响应范围较小、携带不便等诸多缺点而被数字电压表所取代。目前尚在较广泛使用的是整流式电表,在此不做详细介绍。

电表的最大相对误差

可由电表的准确度等级求出测量值 X 的最大相对误差为

$$e/X = \alpha\% \times (X_m/X) \tag{2.9-1}$$

由上式看出测量值 X 越接近电表量程 X_m,相对误差越小;反之,当被测量值比选用的电表量程小得多时,测量误差将会很大。这点在使用指针式电表时要特别注意。

例如,一个 0.5 级,3 V 量程的电压表其基本误差为 0.5%。每个读数的最大误差不超过

$$e = 3 \text{ V} \times 0.5\% = 0.015 \text{ V}$$

用其测量电压,当电表的读数为 3 V 时,测量的相对误差为

$$0.015 \text{ V}/3 \text{ V} = 0.5\%$$

而当电压表读数为 2 V 时,测量的相对误差为

$$0.015 \text{ V}/2 \text{ V} = 0.75\%$$

在选用电表时不应片面追求准确度越高越好,而应根据被测量的大小及对误差的要求,对电表准确度的等级及量程进行合理选择。一般按照"使测量值不小于量程的三分之二"的原则去选择量程,这样电表可能出现的最大相对误差为

$$e/X = \alpha\% \times [X_m/(2X_m/3)] = 1.5\alpha\%$$

即测量误差不会超过准确度等级百分数的 1.5 倍。

使用电表时,由于正常的工作条件得不到满足(如温度、湿度、工作位置等)而引起仪表指示值的误差,称为附加误差。因此在使用电表时特别是比较精密的电表要注意工作条件,以减少附加误差。

实验十　示波器的使用

【实验导读与课程思政】

示波器是一种综合性的电信号测试仪器,它能把看不见的电信号转换成能直接观察的波形,展现于显示屏上。示波器实际上是一种时域测量仪器,可以观察信号随时间的变化情况,也可以测量电信号波形的形状、幅度、频率和相位等。凡是能转化为电信号的物理量,都可以用示波器来观察。示波器用途十分广泛,是电子工程师用来测试和验证电子设计的主要仪器。因此,学习使用示波器在物理实验中具有非常重要的意义,有助于培养学生基本的实验分析能力和动手能力,无论其将来是从事工业生产制造还是科学研究都将受益匪浅。

【课前预习】

（1）扫描时间旋钮读数和单位怎么确定?

（2）被测信号的周期怎么计算?

（3）被测信号的电压峰-峰值怎么计算?

（4）如何调出李萨如图形?

（5）如何测量两个交流信号相位差?

【实验目的】

（1）了解通用示波器的结构和工作原理。

（2）初步掌握通用示波器各个旋钮的作用和使用方法。

（3）学习利用示波器观察电信号的波形,测量电压、频率和相位。

【实验仪器】

V-252 示波器、SIGLENT SDG1025 交流信号发生器、ZX38A/11 型交直流电阻箱、RX7/0 型十进式电容箱。

【实验原理】

示波器可显示电信号变化过程的图形（又称波形）,又可显示两个相关量的函数图形。由于电学量、磁学量和各种非电量转换来的电信号均可利用示波器进行观察和测量,所以示波器是现代各科学技术领域中应用非常广泛的测量工具。

1. 示波器的构造和工作原理

最简单的示波器应包括五个部分:示波管、扫描发生器、同步（整步）电路、水平轴和垂直轴放大器、电源供给。以下分别加以简单说明。

（1）示波管。示波管是示波器进行图形显示的核心部分,如图 2.10-1 所示,在一个抽成高真空的玻璃泡中,电子枪（包括热阴极、控制栅极和阳极）产生定向运动的高速电子束,通过两对互相垂直的偏转极板打在涂有荧光物质的屏面上,就可产生细小的光点。当偏转板上加交变电压时,电子束穿过时将上下（或左右）摆动,屏上光点则出现振动。由于屏上荧光余辉和人眼的视觉残留,当振动较快时,我们看到屏上出现一亮线,亮线的长度则和交变电压的峰-峰值成正比。

（2）扫描发生器。在示波器的 X 偏转板上,加上和时间成正比变化的锯齿形电压信号（图 2.10-2(b)）。开始 $X_1 X_2$ 间电压为 $-E$,屏上光点被推到最左侧,以后 $X_1 X_2$ 间的电

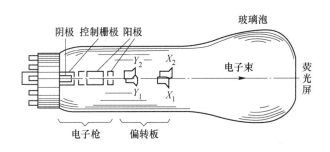

图 2.10-1 示波管

压匀速增加（类似于沙斗实验中匀速推动纸板，图 2.10-2（a）），屏上光点在沿 Y 轴振动的同时，匀速向右移动，留下了亮的图线——亮点的径迹（相当于纸板上的沙的径迹），当 X_1X_2 间的电压达最大值 $+E$ 时，亮点移到最右侧，与此同时 X_1X_2 间电压迅速降到 $-E$，又将亮点移到最左侧，再重复上述过程。

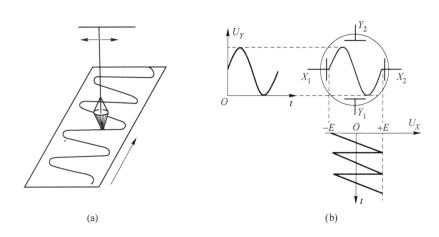

图 2.10-2 扫描发生器

（a）沙斗实验；（b）扫描电路

将加到 Y 偏转板上的电压信号，在屏上展开成为函数曲线图形的过程称为扫描，所加的锯齿形电压称为扫描电压，示波器由扫描发生器提供扫描电压。

（3）同步电路。为了观察到稳定的波形，要求每次扫描起点的相位应等于前次扫描终点的相位，或简单讲，要求扫描电压周期 T_X 为被测电压周期 T_Y 的 n 倍（$n = 1$、2、3、$\cdots$），同步电路就是为了实现以上目的而设计的。

（4）水平轴与垂直轴放大器。为了观察电压幅度不同的电信号波形，示波器内设有衰减器和放大器。对观察的小信号放大，大信号衰减，因此能在荧光屏上显示出适中的波形。

（5）电源供给保障了示波器各部件的正常工作。

2. 示波器的应用

示波器能够正确地显示各种波形的特性，因而可用来监视各种信号及跟踪其变化规律。利用示波器还可将待测的波形与已知的波形进行比较，粗略地测量波形的幅度、频率和相位等各种参量。

观察波形

示波器的种类很多，性能上差异也较大，以下的讨论均以通用示波器 V-252 双踪通用示波器前面板图为准进行，如图 2.10-3 所示，在操作上和实验室提供的仪器可能不同，但基本思想是相同的。

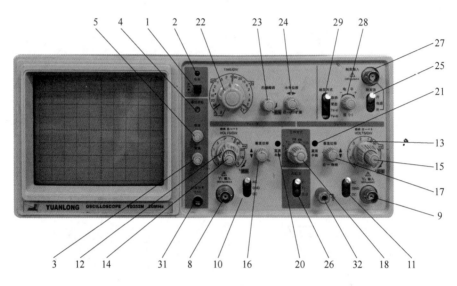

图 2.10-3　V-252 双踪通用示波器前面板图示意图

（面板标号说明见附录，6、7、19 和 30 位于示波器后面板）

先按要求将示波器上各旋钮放在初始位置（详见实验内容（2）），然后接通电源，预热 1 min。调节辉度旋钮 5 和聚焦旋钮 3，待屏幕上出现的扫描亮线最细时，将待测信号接到 X 输入 8 或 Y 输入 9，这样在屏幕上就能显现相应的波形。调节扫描时间 22、扫描电压 12、水平位移 24 及垂直位移 16 或 17，使得波形大小和位置适中，并出现 4～5 个完整波形。此时，波形可能"走动"，调节"电平"旋钮就能使波形静止下来。以上是粗调示波器的几个重要步骤。为了使显示的波形清晰、稳定和幅度适中，再重新仔细调节示波器各旋钮，边调边观察，反复练习后就能比较熟练地掌握用示波器观察待测信号波形的方法。

测量电压

用示波器可以测量输入信号的电压。如图 2.10-4 所示，图中的方波幅度占据了四个分度，如果扫描电压⑫所对应的数值为 2.5 V/div（每分度 2.5 V），则此方波的峰-峰值电压为：$U_{P-P} = 2.5\ \text{V/div} \times 4.0\ \text{div} = 10.0\ \text{V}$，而其有效值可以按照公式 $U = \dfrac{U_{P-P}}{4}$ 计算出来。

注意：在测量电压幅度时，可以调节扫描电压 12 使信号波形的高度适中，但是切记不能调节电压"微

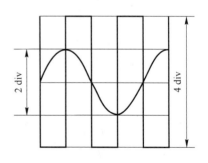

图 2.10-4　方波、正弦波图形

调"旋钮⑭，要置于向右旋到底的位置。

测量周期和频率

用示波器测量周期或频率必须知道 X 轴的扫描速率，即 X 轴方向每分度相当于多少秒或者微秒，这一数值可以在扫描时间旋钮 22 上读取。如图 2.10-4 所示，正弦波一个周期在 X 轴方向占了 4 个分度，假定扫描时间为 10 ms/div，则此正弦波的周期为 $T = 10$ ms/div × 4.0 div = 40 ms，因此频率就可由下式计算出来 $f = \dfrac{1}{40 \text{ ms}} = \dfrac{1}{40 \times 10^{-3} \text{ s}} = 25$ Hz。

注意：当显示波形的个数较多时，周期可根据测量 n 个周期的时间除以 n 来计算，以保证周期有较高的精度。

李萨如图形

将已知频率 f_Y 的正弦信号作为标准信号接在"Y 输入"端，将待测频率为 f_X 的正弦信号接在"X 输入"端，工作方式选择开关 18 置于"ALT"位置，屏幕上将出现两个正弦波图形。两个图形的高度和位置调节适中后，将扫描时间旋钮向右旋到底（X-Y 方式位置），示波器屏幕上将显示合成图形（李萨如图形）。

注意：由于两种信号的频率不会非常稳定和严格相等。因此得到的李萨如图形不会很稳定，经常会出现上下左右来回地或定向地滚动现象。如果是比较稳定的翻转，则测出翻转一次的时间为 $t(\text{s})$，可知 f_X 与 f_Y 之差为 $1/t(\text{Hz})$。

（1）测量正弦信号频率。如图 2.10-5 所示，由李萨如图形在 X 轴和 Y 轴上的切点数（在相位差 90° 的图形外周引水平和垂直切线，而水平、垂直切线与图形切点的数目分别为 m 和 n），利用比值 f_X/f_Y 的计算公式

$$\frac{f_X}{f_Y} = \frac{\text{垂直切线与图形切点数}}{\text{水平切线与图形切点数}} = \frac{n}{m} \tag{2.10-1}$$

即 $f_X = \dfrac{n}{m} f_Y$，则图 2.10-5 中，① $f_X = f_Y$，② $f_X = 2f_Y$，③ $f_X = 3f_Y$。

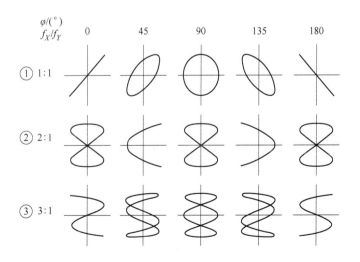

图 2.10-5　几种相位和频比的李萨如图形

（2）计算两个正弦波的相位差。如图 2.10-6 所示的图形，令 Y 轴和 X 轴所接入的正弦信号分别为

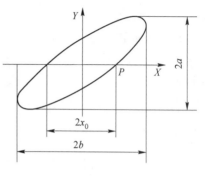

$$y = a\sin\omega t \tag{2.10-2}$$

$$x = b\sin(\omega t + \varphi) \tag{2.10-3}$$

则 y 与 x 的相位差为 φ。假定波形在 X 轴线上的截距为 $2x_0$，则对 X 轴上的 P 点 $y = a\sin\omega t = 0$，因而 $\omega t = 0$。所以 $x_0 = b\sin(\omega t + \varphi) = b\sin\varphi$，则

$$\varphi = \arcsin\frac{x_0}{b} \quad \text{或} \quad \pi - \arcsin\frac{x_0}{b} \tag{2.10-4}$$

图 2.10-6　相位差的计算

【实验内容】

（1）熟悉示波器面板各旋钮的名称、使用方法。

（2）示波器通电前，调节主要旋钮至表 2.10-1 所列位置。

表 2.10-1　示波器主要旋钮初始位置

电源开关 1	关
辉度 5	向左旋到底
聚焦 3	居中
水平位移 24	居中
垂直位移 16、17	居中
工作方式选择开关 18	CH1（或 CH2）
触发方式 29	自动（AUTO）
触发源 25	内（INT）
触发源 26	CH1（或 CH2）
扫描时间 TIME/DIV 22	0.5 ms/div
扫描电压 VOLTS/DIV 12、13	0.5V/div
扫描电压微调 14、15	向右旋到底
扫描时间微调 23	向右旋到底
AC-GND-DC 10、11	AC

（3）打开示波器电源开关，待其预热 1 min。调节辉度旋钮使屏幕上出现一条水平亮线，再调节聚焦旋钮，使扫描亮线最细。

（4）将校正方波（由示波器面板上标号 31 处输出）接至 CH1，观察并测量波形。

（5）用低频信号发生器输出不同频率正弦波和三角波，由示波器观察并测量信号的周期、频率、电压峰-峰值及电压有效值。

（6）将频率为 1000 Hz 的正弦波信号作为标准信号接在"Y 输入"端，观察频率比 $f_X : f_Y$ 分别为 $1:1$、$2:1$、$3:1$、$3:2$ 时的李萨如图形。

（7）测量两个正弦波的相位差，用电阻和电容组成一个 RC 串联电路（图 2.10-7），示波器 X 轴加电阻 R 两端电压，Y 轴加 RC 两端电压，则 $\Delta\varphi = \arcsin(2b/2a)$。

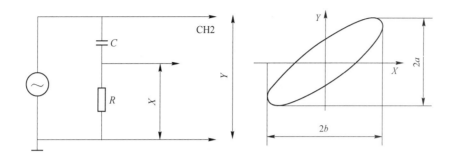

图 2.10-7　RC 串联电路图

其中：$R = 500\ \Omega$，$C = 0.5\ \mu F$，$U = 1.00\ V$，f 为 600 Hz、800 Hz、1000 Hz、1200 Hz。

【数据处理】

（1）计算出所测量信号的周期、频率、电压峰-峰值及电压有效值。

有效值公式：$U_{方波} = \dfrac{U_{P\text{-}P}}{2}\dfrac{1}{2}$，$U_{正弦} = \dfrac{U_{P\text{-}P}}{2}\dfrac{1}{\sqrt{2}}$，$U_{三角} = \dfrac{U_{P\text{-}P}}{2}\dfrac{1}{\sqrt{3}}$

（2）观察李萨如图形，并记录。

（3）测量两个正弦信号的相位差并记录。

【注意事项】

（1）示波器开机之前主要旋钮位置要按要求放好，不然容易损坏仪器。

（2）示波器屏幕上的分度值为每个小格 0.2。

（3）观察李萨如图形实验结束后，一定先关电，再拆线，否则屏幕中心出现的高亮圆点容易灼伤屏幕。

【思考与讨论】

（1）观察波形的几个重要步骤是什么？

（2）怎样用李萨如图形法测量正弦波的频率？

（3）怎样根据李萨如图形来计算两个正弦信号的相位差？

【附录】

图 2.10-3 所示 V-252 双踪通用示波器标号说明如下：

1—电源开关：按进去为电源开，按出为电源断。

2—电源指示灯：电源接通后该指示灯亮。

3—聚焦控制：左右调节可改变扫描线的聚焦程度，扫描线最细的时候聚焦最好。

4—基线旋转控制：调节扫描线和水平刻度线平行。

5—辉度控制：顺时针方向旋转，辉度（亮度）增加；反之，辉度减小。

6—电源保险丝插座（位于机器后面板）：放置整机电源保险丝，对机器进行过流保护。

7—电源插座（位于机器后面板）：插入电源线插头。

8—CH1 输入端口：用于接入信号，当示波器工作于 X-Y 方式时，此端口的信号为 X 轴信号。

9—CH2 输入端口：用于接入信号，当示波器工作于 X-Y 方式时，此端口的信号为 Y 轴信号。

10，11—输入耦合开关（AC-GND-DC），选择输入信号送至垂直轴放大器的耦合方式。AC：只有交流分量被显示；GND：接地；DC：包含信号的直流成分。

12，13—扫描电压（VOLTS/DIV）选择开关：选择垂直偏转因数，可以改变波形垂直方向显示的幅度（波形的高度），在此旋钮上读取数据的单位为 V/div（伏特/格）或者 mV/div（毫伏/格）。

14，15—扫描电压（VOLTS/DIV）微调控制：旋转此旋钮可小范围连续改变波形垂直幅度（波形的高度），顺时针到底为校准位置。

16，17—垂直位移旋钮：改变波形在屏幕上的位置，顺时针旋转波形向上移动，反之向下移动。

18—工作方式选择开关（CH1，CH2，ALT，CHOP，ADD）：选择垂直偏转系统的工作方式。CH1：只显示 CH1 通道的信号；CH2：只显示 CH2 通道的信号；ALT：同时显示 CH1、CH2 通道的信号；CHOP：同时显示扫描时间较长的 CH1 和 CH2 通道的信号；ADD：显示 CH1、CH2 通道的信号的代数和。

19—CH1 输出端（位于机器后面板）：输出 CH1 通道信号的取样信号。

20，21—直流平衡调节控制：用于直流平衡调节控制。

22—扫描时间（TIME/DIV）选择开关：扫描时间范围从 0.2 μs/div 到 0.2 s/div，按 1-2-5 进制共分 19 挡和 X-Y 工作方式。在此旋钮上读取数据的单位为 ms/div（毫秒/格）或者 μs/div（微秒/格）。

23—扫描时间（TIME/DIV）微调控制：旋转此旋钮可小范围连续改变水平偏转因数（波形水平宽度），顺时针到底为校准位置。

24—水平位移旋钮：改变波形在屏幕上的位置，顺时针旋转波形向右移动；反之向左移动。

25—触发源选择开关：选择扫描触发信号源。INT（内触发）：CH1 或 CH2 的信号作为触发源；LINE（电源触发）：电源频率作为触发源；EXT（外触发）：外触发输入端作为触发源。

26—内触发选择开关：选择扫描的内触发信号源。CH1：加到 CH1 的信号作为触发信号；CH2：加到 CH2 的信号作为触发信号；VERT MODE（组合方式）：用于同时观察两个波形，触发信号交替取自 CH1 和 CH2。

27—外触发输入：输入外触发信号。

28—触发电平控制旋钮：通过调节触发电平来确定扫描波形的起始点，并且当屏幕上的波形不稳定时，调节触发电平旋钮可令波形静止。

29—触发方式选择开关。自动：本状态仪器始终自动触发，显示扫描线。有触发信号时，获得正常触发扫描，波形稳定显示；无触发信号时，扫描线将自动出现。常态：当触发信号产生，获得触发扫描信号，实现扫描；无触发信号时，应当不出现扫描线。

TV-V：此状态用于观察电视信号的全场波形。

TV-H：此状态用于观察电视信号的全行波形。

注：只有当电视同步信号是负极性时，YV-V，TV-H 才能正常工作。

30—外调辉输入插座（位于机器后面板）：通过输入外部直流信号调节辉度，加入正信号辉度降低，加入负信号辉度增加。

31—校正 0.5 V 端子：输出频率为 1 kHz，电压峰-峰值为 0.5 V 的校正方波，用于校正探头的电容补偿。

32—接地端子：示波器的接地端子。

实验十一　静电场的描绘

【实验导读与课程思政】

在一些科学研究和生产实践中，往往需要了解带电体周围静电场的分布情况。一般来说带电体的形状比较复杂，很难用理论方法计算其周围的电场。由于静电场中没有电流流过，不能用磁电式仪表直接测量，导致用实验手段直接研究或测绘静电场遇到困难。为了解决这一难题，通常用"模拟法"（用稳恒电流场模拟静电场）来实现对静电场分布的间接测绘。通过本实验的学习，使学生更直观地理解无限长带电直导线以及无限长带电直同轴电缆周围的静电场分布特点，以及电场线与等势线（等势面）的位置关系等理论知识，有助于培养学生理论与实践相结合的能力。

【课前预习】

（1）什么是模拟法，为什么要用模拟法研究静电场?

（2）无限长带电直导线的电场强度和电势分布规律。

（3）无限长带电直同轴电缆的电场强度和电势分布规律。

（4）熟悉 FD-EFL-C 型静电场描绘实验仪各部分结构及使用方法。

（5）实验操作过程中的注意事项。

【实验目的】

（1）学习用模拟法研究静电场。

（2）加深对电场强度和电势概念的理解。

（3）描绘平行导线电极和同轴电缆电极的等位线和电场线。

【实验仪器】

FD-EFL-C 型静电场描绘实验仪、直流稳压电源、直尺、卡尺、圆规、铅笔、导线等。

【实验原理】

1. 静电场与稳恒电流场

带电体在它周围的空间产生电场，可以用电场强度 E 或电势 U 的空间分布来描述，现在讨论的静电场的描绘是探索其电势 U 的空间分布，因为电势是标量，在测量上要简便些。但是直接测量静电场中各点的电势是很困难的，这是因为静电场中不会有电流，不能用直流电表直接测量，除非用静电式仪表测量，但用静电式仪表测量就要用到金属制的探头，而深入静电场中的金属探头将使静电场发生显著的变化。

用稳恒电流场模拟静电场的实验设计，使静电场的实验研究比较容易进行。静电场和电流场本是不同的场，但是可以看到它们的相似性，如它们都引入电势 U，而电场强调 $E = -\nabla U$；它们都遵守高斯定理。对一静电场有

$$\oiint_{(S)} E \cdot \mathrm{d}S = 0 \quad （闭合曲面 S 内无电荷）$$

对一稳恒电流场，则有

$$\oiint_{(S)} j \cdot \mathrm{d}S = 0 \quad （闭合曲面 S 内无电源）$$

上述两种场的电位分布在介质（媒质）内服从相同的偏微分方程，这给人们一个

启示。

　　如图 2.11-1 所示，电极通常由良导体制成，同电极上各点电位相等，因而这两种场在边界面上也满足相同类型的边界条件。当导体 A、B 间的电位差等于电极 A、B 的电位差时，运用电磁场的理论可以证明：像这样具有相同边界条件的相同方程，其解也相同（两个电位的解可能相差一个常数）。因此，我们可以用稳恒电流场来模拟静电场，通过测量稳恒电流场的电位来求得所模拟的电位分布。这种利用规律形式上的相似，由一种测量代替另一种测量的方法就是模拟法。

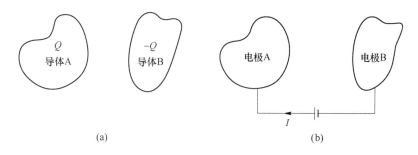

(a)　　　　　　　　　　　　　　　　(b)

图 2.11-1　静电场(a)和稳恒电流场的(b)的比较

2. 无限长带电直导线的静电场

　　用稳恒电流场模拟两根无限长平行直导线所产生的静电场，如图 2.11-2 所示。在导电玻璃上相距一定距离 l，用螺钉将两个半径为 R_A 和 R_B 的带孔柱形电极分别固定到导电玻璃上，并使电极与导电玻璃保持良好的接触，用导线将电极与直流电源相连，接通电源后，则在两个电极间形成了一个稳恒电流场。

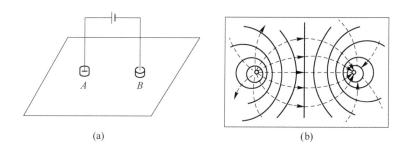

(a)　　　　　　　　　　　　　　　　(b)

图 2.11-2　稳恒电流场模拟两根无限长平行直导线产生的静电场
（a）无限长平行直导线模拟电极；（b）电力线及等位线分布

　　两根无限长带电直导线相距 $AB = l$，其半径分别为 R_A 和 R_B，在它们形成的静电场中，在线段 AB 上，距 A 为 r 的一点上的场强为

$$E = \left(\frac{K}{r} - \frac{K}{l-r} \right) e_r \tag{2.11-1}$$

式中，e_r 是沿 AB 方向的单位矢量；K 的值由柱形电极上线电荷密度决定。此点的电势为

$$V_r - V_{R_B} = \int_r^{l-R_B} E \cdot \mathrm{d}l = K\ln \frac{(l-R_B)(l-r)}{R_B r} \tag{2.11-2}$$

当 $r = R_A$ 时，可得

$$K = \frac{V_{R_A} - V_{R_B}}{\ln \dfrac{(l - R_B)(l - R_A)}{R_B R_A}} \tag{2.11-3}$$

如果 $V_{R_B} = 0$，$V_{R_A} - V_{R_B} = V_0$，则可以得到

$$K = \frac{V_0}{\ln \dfrac{(l - R_B)(l - R_A)}{R_B R_A}} \tag{2.11-4}$$

3. 无限长带电直同轴电缆的静电场

图 2.11-3 所示为长直同轴圆柱形电极的横截面图。设内圆柱的半径为 r_a，电位为 U_a，外圆柱的内半径为 r_b，电位为 U_b，则两极间电场中距离轴心为 r 处的电位 U_r 可表示为

$$U_r = U_a - \int_{r_a}^{r} E \mathrm{d}r \tag{2.11-5}$$

根据高斯定理，圆柱内 r 处的场强为

$$E = \frac{K}{r} \quad (r_a < r < r_b) \tag{2.11-6}$$

式中，K 的值由圆柱体上线电荷密度决定。

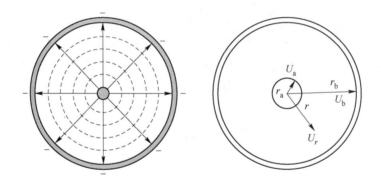

图 2.11-3　长直同轴圆柱形电极的横截面图及电势分布图

将式（2.11-6）代入式（2.11-5），得

$$U_r = U_a - \int_{r_a}^{r} \frac{K}{r} \mathrm{d}r = U_a - K\ln \frac{r}{r_a} \tag{2.11-7}$$

在 $r = r_b$ 处应有

$$U_b = U_a - K\ln \frac{r_b}{r_a}$$

所以

$$K = \frac{U_a - U_b}{\ln \dfrac{r_b}{r_a}} \tag{2.11-8}$$

取 $U_b = U_0$，$U_a = 0$，将式（2.5-8）代入式（2.5-7），得

$$U_r = U_0 \frac{\ln\left(\dfrac{r_b}{r}\right)}{\ln\left(\dfrac{r_b}{r_a}\right)} \quad\quad (2.11\text{-}9)$$

上式表明，两圆柱面电极间的等位面是同轴的圆柱面。用模拟法亦可验证这一计算结果。

令 $\dfrac{1}{\ln\dfrac{r_b}{r_a}}$ = 常数 C，上式又可以写成

$$\frac{U_r}{U_0} = -C(\ln r - \ln r_b) = C_1 \ln r + C_2 \quad\quad (2.11\text{-}10)$$

式中，C_1、C_2 均为常数。

【实验内容】

1. 仪器连接

把待测导电玻璃平放于导电玻璃支架下层，实验主机直流电源的正负极"输出"端通过手枪插线分别与导电玻璃"电极电压"的正负极相连；实验主机"测量"端的正极与探针支架上的手枪插座相连，"测量"端的负极直接与"输出"端的负极相连使两者处于同一电位。插上电源线，打开电源开关。

2. 调整输出

将直流电压表下方的波段开关拨至"输出"挡，此时直流电压表显示的是输出电压，调整输出电压至某一特定值（建议调整至 8~15 V）。

3. 定位测量

将波段开关拨至"测量"挡，在导电玻璃支架上层的有机玻璃板上平铺一张 A4 大小的白纸或者坐标纸。放置探针支架使下层探针与导电玻璃相接触，此时直流电压表即显示接触点的电压值。上层探针离开白纸或坐标纸 2~5 mm（若达不到可稍微调整一下与探针相连的横梁），在上层探针与白纸或坐标纸之间插入一张复写纸，轻探针便可在纸上同步记录下与下层探针相对应的点，从而便能够描绘出数个等电压点（测量过程中不可再调整直流电源输出电压）。

4. 描绘等势线和电场线

寻找等势线的最简单的办法是测出对同一电极电压相等之点。根据电压值和定位点，以描点连线的方式绘制出不同电压值的等势线，并依照等势线与电场线相垂直的关系画出电场线。

【数据处理】

（1）要求描绘 5 条不同电势的等势线，每条等势线应由至少 8 个等势点连接而成，连成的等势线不要忘记标明它的电势值。注意等势线分布的规律，试解释其物理意义。

（2）根据式（2.11-9），以 $y = \dfrac{U_r}{U_0}$ 为纵坐标，$x = \ln r$ 为横坐标作图，如果得到的是一条直线，就验证了圆柱形电容器中 $E = \dfrac{c}{r}$ 的关系式。

【注意事项】

（1）坐标纸要放对位置、放平，未打完所有点前，不能把坐标纸取下来。

（2）按上面的探针时，一定要把立柱按住，避免产生偏移。

（3）注意保护导电玻璃，请勿用特别尖锐的物体在导电玻璃上划动。

（4）注意直流电源正负极不要短路。

（5）请勿用力弯折连接探针的横梁。

【思考与讨论】

（1）怎样求等势线的半径？

（2）根据上述数据处理中（2）所画直线的半径和截距，如何计算出无限长带电直同轴电缆内外电极的半径？

（3）如何根据等势线画出电场线？

【附录】

实验记录装置

图 2.11-4 所示为等臂记录法描绘静电场的实验装置，C 是探测棒，D 是记录棒，它们的横梁是一块较薄的弹簧片，各有一端与支架相连，另一端可以上下扳动，当下压探棒时，探针即与导电玻璃接触可测量电势。当找到等电势点后，按下记录棒进行记录。

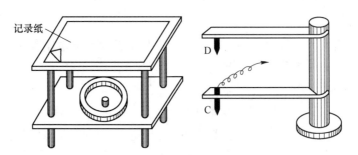

图 2.11-4　等臂记录法描绘静电场的实验装置

实验十二　磁场的描绘

【实验导读与课程思政】

在工业生产和科学研究的诸多领域，都涉及磁场测量，如地质勘探、磁性材料研制、同位素分离、磁导航、电子加速器以及人造卫星等。近些年来，磁场测量技术发展很快，目前常用的方法有电磁感应法、核磁共振法、霍尔效应法、磁光效应法以及超导量子干涉器法等。本实验采用电磁感应法测量通电线圈产生的磁场，通过此实验掌握磁场测量方法，加深对法拉第电磁感应定律和毕奥-萨伐尔定律的理解，并验证矢量叠加原理。

【课前预习】

（1）毕奥-萨伐尔定律内容及公式。

（2）载流圆线圈轴线上磁场分布规律。

（3）矢量叠加原理内容。

（4）亥姆霍兹线圈磁场测定仪测定磁场的具体步骤。

（5）磁感应强度及其误差的计算。

【实验目的】

（1）研究载流圆线圈轴线上磁场的分布，加深对毕奥-萨伐尔定律的理解。

（2）掌握弱磁场的测量方法。

（3）考查亥姆霍兹线圈所产生磁场的均匀区。

【实验仪器】

新型圆线圈、亥姆霍兹线圈磁场测定仪、直板尺、单刀开关、导线等。

【实验原理】

1. 载流圆线圈轴线上的磁场分布

设圆线圈的半径为 R，匝数为 N，在通以电流 I 时，则线圈轴线上一点 P 的磁感应强度 B 的大小等于

$$B = \frac{\mu_0 I R^2 N}{2\left(R^2 + x^2\right)^{3/2}} = \frac{\mu_0 I N}{2R\left(1 + \frac{x^2}{R^2}\right)^{3/2}} \qquad (2.12\text{-}1)$$

式中，$\mu_0 = 4\pi \times 10^{-7}\ \text{N/A}^2$ 为真空磁导率；x 为 P 点坐标，原点在线圈中心 O。线圈轴线上磁场 B 的大小与 x 的关系，如图 2.12-1 所示。

2. 亥姆霍兹线圈轴线上的磁场分布

亥姆霍兹线圈是由一对半径 R、匝数 N 均相等的圆线圈组成，两线圈彼此平行而且共轴，线圈间距离正好等于半径 R。如图 2.12-2 所示，坐标原点取在两线圈中心连线的中点 O。

给两线圈通以同方向、同大小的电流 I，它们对轴上任一点 P 产生的磁场的方向将一致。A 线圈对 P 点的磁感应强度 B_A 等于

$$B_A = \frac{\mu_0 I R^2 N}{2\left[R^2 + \left(\frac{R}{2} - x\right)^2\right]^{3/2}} \qquad (2.12\text{-}2)$$

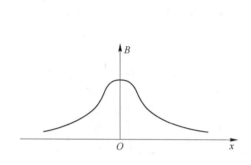

图 2.12-1　B-x 曲线图

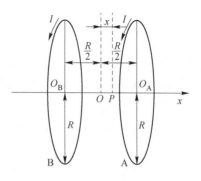

图 2.12-2　亥姆霍兹线圈

B 线圈对 P 点的磁感应强度 B_B 等于

$$B_B = \frac{\mu_0 I R^2 N}{2\left[R^2 + \left(\dfrac{R}{2} + x\right)^2\right]^{3/2}} \tag{2.12-3}$$

在 P 点处 A、B 的合场强 B_x 等于

$$B_x = \frac{\mu_0 I R^2 N}{2\left[R^2 + \left(\dfrac{R}{2} - x\right)^2\right]^{3/2}} + \frac{\mu_0 I R^2 N}{2\left[R^2 + \left(\dfrac{R}{2} + x\right)^2\right]^{3/2}} \tag{2.12-4}$$

从式（2.12-4）可以看出，B 是 x 的函数，公共轴线中点 $x = 0$ 处 B 值为

$$B(0) = \frac{\mu_0 N I}{R} \cdot \frac{8}{5^{3/2}}$$

很容易算出在 $x = 0$ 处和 $x = R/10$ 处两点 B_x 值的相对差异约为 0.012%，在理论上可以证明，当两线圈的距离等于半径时，在原点 O 附近的磁场非常均匀，图 2.12-3 所示为 B_x-x/R 曲线。

3. 利用亥姆霍兹线圈验证磁感应强度的矢量叠加原理

根据矢量叠加原理，空间某一点的合磁场应强度为各分磁场的矢量和。如图 2.12-4 所示。

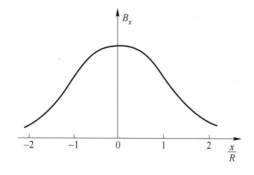

图 2.12-3　B_x-x/R 曲线图

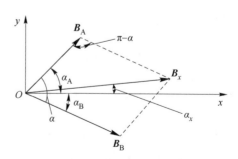

图 2.12-4　磁感应矢量叠加原理

设空间的任一点 P，由 A 线圈单独产生的磁场为 $\boldsymbol{B}_A$，其与 x 轴夹角为 α_A；由 B 线圈

单独产生的磁场为 $\boldsymbol{B}_B$，其与 x 轴夹角为 α_B，则二线圈同时作用下的磁场为 $\boldsymbol{B}_x$，其与 x 轴夹角为 α_x，根据矢量叠加原理

$$\boldsymbol{B}_x = \boldsymbol{B}_A + \boldsymbol{B}_B$$

当然在这三种情况下，线圈中的电流应保持不变。则合矢量的大小等于

$$B_x^2 = B_A^2 + B_B^2 + 2B_A B_B \cos(\alpha_A + \alpha_B) \tag{2.12-5}$$

为了方便起见，本实验中通过测量轴线上的磁感应强度来验证磁场的矢量叠加原理。由于亥姆霍兹线圈轴线上的磁场方向沿着轴线方向，即式（2.12-5）中的夹角 α_A、α_B 均为零，所以若本实验测得 $B_A + B_B = B_x$，则认为磁场的矢量叠加原理得以验证。

【实验内容】

1. 测量单个载流线圈在轴线上各点的磁感应强度

（1）调节线圈，使大理石台面位于线圈轴线上并与线圈垂直，用直尺辅助找到线圈轴线及中心点，以轴线为 x 轴，将线圈中心点为坐标原点 O。

（2）测量轴线上各点磁感应强度。

2. 测亥姆霍兹线圈轴线上磁感应强度来验证矢量叠加原理

（1）如图 2.12-5 所示，调节好两线圈的距离，$d = R = 10.00 \text{ cm}$，以两线圈的共同轴线为 x 轴，选择两线圈中心连线的中点为坐标原点 O。

（2）分别测量单个线圈在轴线上产生的磁感应强度 B_A 和 B_B，并求出 $B_A + B_B$，电流 $I = 100 \text{ mA}$。

（3）将两线圈组成亥姆霍兹线圈（两线圈平行且共轴，$d = R$，线圈中电流等大同向），若两线圈串联电源电流取 $I = 100 \text{ mA}$，若两线圈并联则电源电流取 $I = 200 \text{ mA}$。

【数据处理】

（1）用 $I = 100 \text{ mA}$，$R = 10.00 \text{ cm}$，$N = 500$ 匝，$\mu_0 = 4\pi \times 10^{-7}$ 计算出 $x = 0.00 \text{ cm}$ 和 5.00 cm 的磁感应强度，与实验值进行比较，并计算两者的相对误差（相对误差公式为 $\alpha = \dfrac{|测量值 - 理论值|}{理论值} \times 100\%$）。

（2）计算 $x = 0.00 \text{ cm}$ 时亥姆霍兹线圈的磁感应强度，与实验值 $B_A + B_B$、B_x 进行比较，计算百分误差。

（3）作 B_x-x 曲线图，观察磁场的均匀区域。

【注意事项】

（1）正确选择坐标原点。

（2）多次测量时，保证电流恒定。

（3）在每测一次 B 时，应先将显示器调零（将探测器放到测试点）。

（4）若 B 的测量值为负值，应通过改变线圈中电流方向将测量值变成正值。

【思考与讨论】

（1）怎样利用探测器测量磁场的大小、方向？

（2）圆电流的磁场分布规律是什么？如何验证毕奥-萨伐尔定律的正确性？

（3）亥姆霍兹线圈能产生强磁场吗，为什么？

【附录】

仪器简介

磁感应强度是一个矢量，对它的测量既要测大小，又要测方向。测磁场的方法很多，在此实验中利用亥姆霍兹线圈磁场测定仪来测量，其使用方法如下：

（1）两个线圈和固定架按图2.12-5所示安装。大理石台面应处于线圈组轴线位置，方法如下：根据线圈内外半径及沿半径方向支架厚度，用不锈钢尺测量台面至线圈平均半径端点距离约11.2 cm，并进行固定架适当调整，直至满足台面通过两线圈的轴心位置。

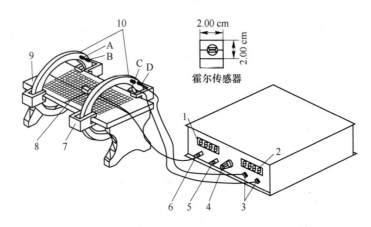

图2.12-5　新型圆线圈及亥姆霍兹线圈磁场测定仪简图

1—磁感应强度显示屏；2—电流显示屏；3—电源插口；4—电流调节旋钮；5—调零旋钮；
6—探测器接入端口；7—线圈加固转置；8—探头盒；9—大理石台面；10—线圈

（2）开机后应预热10 min，再进行测量。

（3）可以调节和移动图2.12-5左侧的四个固定架（图2.12-5中7），改变两线圈之间的距离，用不锈钢尺测量两线圈间距等于线圈的半径10 cm。

（4）线圈上A、C接线柱表示电流输入，B、D接线柱表示电流输出。可以根据电流方向相同的两线圈串联或并联时，在轴线中心上产生的磁场比单线圈的磁场大，来鉴别两个线圈通电方向是否相同。

（5）测量时，应将探头盒底部的霍尔传感器对准台面上被测量点，且在两线圈断电情况下，调节调零旋钮（图2.12-5中5），使毫特计显示为零，然后再通电读数。

（6）本毫特计为高灵敏度仪器，可显示1×10^{-6} T磁感应强度变化。因而在线圈断电情况下，对台面上不同的位置，毫特计显示最后一位略有区别，这主要是由于地磁场影响（台面并非水平）和其他杂散信号影响。因此，在每次测量不同位置磁感应强度时，均须调零。实验时，最好在线圈通电回路中接一单刀双掷开关以方便电流通断，也可插拔电流插头。

第三章 综合性实验

实验一 金属线胀系数的测量

【实验导读与课程思政】

由于物体内的分子运动会随着温度改变，多数物体都具有热胀冷缩的现象。因此，在建筑、航空、航天、汽车和电子等领域的材料选择、设计和制造过程中，为了确保所选材料在各种环境下性能的稳定性和安全性，尤其是在高温、低温和极端环境下的应用，就需要对各种材料的热膨胀进行深入了解和研究。热膨胀分为线膨胀、面膨胀和体膨胀三种。物体受热后在一维方向上的长度变化称为线膨胀，长度的变化与温度的变化之比，即为线胀系数。

膨胀系数的测量研究已经发展了近 300 年，各种测量方法已趋于成熟。随着科学技术不断发展和测量手段不断完善，科学家们还在不断改善各种装置，一代又一代的新型测量系统相继出现，线胀系数的测量范围不断扩大，测量精度不断提高。物体受热膨胀后的长度变化属于微小变化量，因此，测量线胀系数的关键就在于如何精确测量长度的微小变化量，在普通实验室中常见的方法有顶杆法、光杠杆法、显微位移法、电子散斑法、光声法和干涉法等。本实验应用千分表顶杆法测量铜或铁材料在 30 ~ 75 ℃ 范围内的长度微小变化量，旨在亲历基础实验项目的过程中，结合已做过的其他实验进行综合思考，如迈克尔逊干涉实验劈尖干涉实验等，是否可以用来测量本实验中的微小伸长量，这是科学发展和改善测量方法的基本思路，各学科和专业之间融会贯通，相辅相成，即可获得更高效、更精准的测量方法和装置。

【课前预习】

1. 预习目标

通过认真阅读教材及查阅相关资料，达到下列目标：

（1）掌握千分表和温控仪的使用方法。

（2）熟悉线胀系数测量设备的基本结构和操作方法。

（3）掌握测量线胀系数的原理式。

（4）练习最小二乘法的数据处理方法。

2. 预习思考题

（1）如何使用温控仪设定温度？

（2）千分表的分度值是多少？如何调零？如何读数？

（3）如何计算线胀系数？

（4）最小二乘法处理数据后得到的 A、B 和 r 分别表示什么？

【实验目的】

（1）掌握测量固体线胀系数的基本原理。

（2）掌握千分表、温控仪和电加热恒温箱的操作方法。

（3）测量铁或铜棒的线胀系数。

（4）练习最小二乘法的数据处理方法。

（5）探究微小伸长量的其他测量方法。

【实验仪器】

恒温控制仪、电加热恒温箱、千分表、铁棒、铜棒、扳手。

【实验原理】

物质在一定温度范围内，原长为 l 的物体受热后伸长量 Δl 与其温度的增加量 Δt 近似成正比，与原长 l 也成正比，即：$\Delta l = \alpha l \Delta t$。式中 α 为固体的线胀系数。实验证明：不同材料的线胀系数是不同的。本实验对已配备的实验铁棒、铜棒进行测量并计算其线胀系数。

该温控仪的恒温控制由高精度数字温度传感器与单片电脑设定，读数精度为 ± 0.1 ℃，可加热温度控制范围为 $0 \sim 80$ ℃。

【实验内容】

（1）接通电加热器与温控仪输入输出接口和温度传感器的航空插头。

（2）旋松千分表固定架螺栓，转动固定架至被测样品（$\phi 8 \times 400$ mm 金属棒）能插入紫铜管内，再插入低导热体（不锈钢）用力压紧后转动固定架，在安装千分表架时注意被测物体与千分表测量头保持在同一直线。

（3）安装千分表在固定架上，并且扭紧螺栓，不使千分表转动，再向前移动固定架，使千分表读数值在 $0.2 \sim 0.4$ mm 处，固定架给予固定，然后稍用力压一下千分表滑络端，使它能与绝热体有良好的接触，再转动千分表圆盘读数为零。

（4）接通温控仪的电源，设定需加热的值，一般可分别增加温度为 20 ℃、30 ℃、40 ℃、50 ℃，按确定键开始加热。

（5）当显示值上升到大于设定值，电脑自动控制到设定值，正常情况下在 ± 0.30 ℃左右波动一两次，记录 Δt 和 Δl。

【数据处理】

（1）整理数据表格中数据。

（2）根据公式 $\Delta l = \alpha l \Delta t$，利用最小二乘法计算线胀系数及线性回归系数，考查其线性情况。

【注意事项】

（1）线胀系数测定装置上的金属筒不要固定紧，否则金属筒受热膨胀将引起整个仪器变形，产生较大误差。

（2）在安装待测金属杆时，要注意安装到位。

（3）实验前不要按"加热"开关，以免为恢复加热前温度而延误实验时间，或因短时间内温度忽升忽降而影响实验测量的准确度。

（4）在测量前不要用手摸金属棒，以免棒与室温不一致。

【思考与讨论】

（1）该实验的误差来源主要有哪些？

（2）利用千分表读数时应注意哪些问题？如何消除误差？

（3）千分表的读数应保留多少位有效数据？

【附录】

1. 电加热恒温箱的结构和使用要求

电加热恒温箱结构如图 3.1-1 所示，其使用要求：

（1）被测物体控制在 $\phi 8 \times 400$ mm 尺寸。

（2）整体要求平稳，因伸长量极小，故仪器不应有振动。

（3）千分表安装须适当固定（以表头无转动为准）且与被测物体有良好的接触（读数在 0.2~0.3 mm 处较为适宜，然后再转动表壳校零）。

（4）被测物体与千分表探头需保持在同一直线。

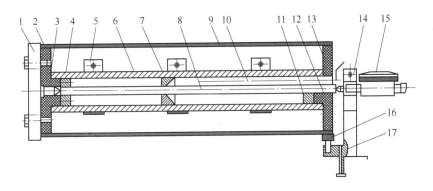

图 3.1-1 电加热恒温箱结构图

1—托架；2—隔热盘 A；3—隔热顶尖；4—导热衬托 A；5—加热器；6—导热均匀管；7—导向块；
8—被测材料；9—隔热罩；10—温度传感器；11—导热衬托 B；12—隔热棒；
13—隔热盘 B；14—固定架；15—千分表；16—支撑螺钉；17—坚固螺钉

2. 恒温控制仪使用方法

恒温控制仪操作面板如图 3.1-2 所示，其使用方法：

（1）当电源接通，面板数字显示为 FdHc，表示本公司符号产品，随即自动转向。A××.× 表示当时传感器温度，b = =.= 表示等待设定温度。

（2）按升温键，数字即由零逐渐增大至用户所需的设定值，最高可选 80 ℃。

（3）如果数字显示值高于用户所需要的温度值，可按降温键，直至达到用户所需设定值。

（4）当数字设定值达到用户所需的值时，即可按确定键，开始对样品加热，同时指示灯亮，发光频闪与加热速率成正比。

（5）确定键的另一用途为可作选择键，可选择观察当时的温度值和先前设定值。

（6）用户如果需要改变设定值可按复位键，重新设置。

3. 千分表的使用方法和注意事项

千分表是通过齿轮或杠杆将被测尺寸引起的测杆微小直线移动，经过齿轮传动放大，

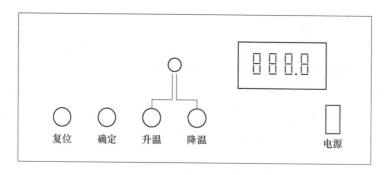

图 3.1-2　恒温控制仪操作面板示意图

转换成大指针在刻度盘上的转动，然后在刻度盘上进行读数的长度测量仪器。千分表的测杆移动 1 mm 时，这一移动量通过齿轮传动，使刻度表盘的大指针转动一圈，如图 3.1-3 所示。若刻度盘沿圆周有 100 个等分刻度，每一分度值即相当于量杆移动 0.01 mm，则将它称为百分表。若增加齿轮放大机构的放大比，圆表盘上有 200 个或 100 个等分刻度，使圆表盘上的分度值为 0.001 mm 或 0.002 mm，则将它称为千分表，如图 3.1-4 所示。

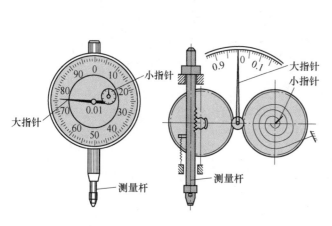

图 3.1-3　千分表结构和原理图

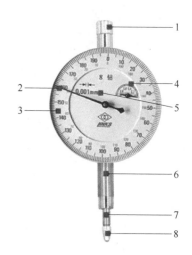

图 3.1-4　千分表示意图
1—上杆；2—大指针；3—刻度表盘；
4—内表；5—精度；6—固定杆；
7—测杆；8—测头

千分表的使用方法：

（1）首先检验千分表的灵敏度，左手托住表的背面，刻度表盘向前，用眼观察，右手拇指轻推表的测头，试验测杆的移动是否灵活。

（2）将千分表夹持在表座或表架上，所夹部位应尽量靠近下轴根部，但是不能影响表圈的转动，夹紧力不能过大，以免套筒变形卡住测杆。调整表的测杆轴线垂直于被测平面，对圆柱形工件，测杆的轴线要垂直于工件的轴线，否则会产生很大的误差并损坏指示表，之后反复几次提落上杆自由下落测头，观察指针是否指向原位。

（3）测量前调零位，旋转表盘的外圈，使刻度盘"0"位对准大指针。

（4）在测量过程中，可以看到大小指针都在转动。大指针转一圈，小指针转一格。测量时，先记住大小指针之和的初始值，测量后得到大小指针之和，作差值后即为测量值。读数视线要垂直于千分表的刻度盘。如果大指针停留在刻线之间，就进行估读。

使用千分表的注意事项：

（1）使千分表远离液体，不使冷却液、切削液、水或油与千分表接触。

（2）在不使用千分表时，要解除其所有负荷，让测杆处于自由状态。

（3）除长期不用外，测杆上不涂任何油脂，以免黏结。

（4）切勿敲击、碰撞、摔打千分表。

（5）不要使测杆突然撞落到工件上，也不可强烈震动、敲打千分表。

（6）测量时注意千分表的测量范围，不要使测头位移超出量程，以免过度伸长弹簧，损坏千分表。

（7）不使测头和测杆做过多无效的运动，否则会加快零件磨损，使表失去应有精度。

（8）当测杆移动发生阻滞时，不可强力推压测头，须交给教师维修。

实验二　液体表面张力系数的测定

【实验导读与课程思政】

　　液体的表面张力是液体表面的重要特性，是物理学和物理化学中重要的研究对象。在液体跟气体接触的表面存在一个极薄的表面层，表面层里的分子比液体内部稀疏，分子间的距离比液体内部大一些。液体内部每个分子都受到周围分子的作用，所受合力为零，而表面层的分子比液体内部的分子少了一部分能与之吸引的分子，因此出现了一个指向液体内部的吸引力，液体表面层的分子有从液面挤入液内的趋势，从而使液体有尽量缩小其表面的趋势，整个液面如同一张拉紧了的弹性薄膜，这种由于液面的收缩倾向造成的沿着液面切向的收缩张力称为表面张力，作用于液面单位长度上的表面张力称为液体的表面张力系数。表面张力系数是表征液体性质的重要参数，其与液面性质、液体温度、液体中的杂质及与液面上方相邻物质的性质有关。液体表面张力系数是一个广泛应用于各个行业领域的物理量，其在表面物理和化学、农业灌溉、材料浸润和染色、医疗、科研乃至日常生活中都具有独特的应用价值。

　　自1882年德国20岁的家庭主妇Agnes Pockels首次利用自己发明的一种测量肥皂薄膜表面张力的装置测定了液体表面张力开始，科学家们在理论和实验上不断改进和完善测定液体表面张力系数的方法，1917年，Langmuir在前人研究成果的基础上发明了测定表面压随膜面积变化的膜天平，并沿用至今，Langmuir于1932年因在表面化学上的成就获得诺贝尔化学奖。我国清华大学与中科院理化技术研究所的团队开辟了对液态金属表面精确调节的新局面。

　　实验室中，测量液体表面张力系数有多种方法，如毛细管法、脱拉法、最大泡压法等，本实验利用拉脱法测量液体表面张力系数。实验过程中，液膜拉断前后瞬间的电压难以捕捉，因此需要以小组为单位，合作完成实验的操作和数据测量记录，在合作的过程中，可以体会协作精神和团队力量，为未来工作和生活中的团队合作奠定基础。

【课前预习】

　　1. 预习目标

　　通过认真阅读教材及查阅相关资料，达到下列目标：

　　（1）熟悉表面张力测试仪各组成部件如力敏传感器、传感显示器、吊环等的作用。

　　（2）掌握表面张力测试仪调节要求及调节方法。

　　（3）掌握定标和拉膜的原理和方法，掌握测定表面张力系数的方法。

　　（4）掌握表面张力系数的数据处理方法。

　　（5）认真阅读注意事项。

　　2. 预习思考题

　　（1）定标和拉膜过程是否有顺序，可以先拉膜后定标吗？

　　（2）如果加减砝码时砝码盘摇晃，会对结果有什么影响？如果吊环的水平程度差，会对结果有什么影响？

　　（3）在观察水膜破裂前后电压变化的时候，如果吊环上升过快，传感器尚未显示出最大电压值时水膜已破裂，会对结果有什么影响？

（4）如果金属圆环不清洁、水不够纯净，将会给测量带来什么影响？所测结果偏大还是偏小，为什么？

【实验目的】

（1）学习传感器的定标方法。

（2）观察拉脱法测液体表面张力的物理过程和物理现象，加深对物理规律的认识。

（3）测量纯净水和其他液体的表面张力系数。

（4）测量液体的浓度与表面张力系数的关系（如酒精不同浓度时的表面张力系数）。

【实验仪器】

（1）硅压阻力敏传感器：

1）受力量程：0~0.098 N。

2）灵敏度：约3.00 V/N（用砝码质量作单位定标）。

3）非线性误差：≤0.2%。

4）供电电压：直流5~12 V。

（2）显示仪器：

1）读数显示：200 mV三位半数字电压表。

2）调零：手动多圈电位器。

（3）力敏传感器固定支架、升降台、底板及水平调节装置。

（4）铝合金吊环。

（5）直径12.00 cm玻璃器皿1套。

（6）砝码盘及0.5 g砝码7只。

【实验原理】

液体表面张力系数测定仪如图3.2-1所示。当硅压阻力敏传感器的力臂发生形变时，硅力敏传感芯片就会把这一形变转变为电压值，在数字电压表中显示出来。在弹性范围内，力臂的形变与挂钩所受的力成正比，而硅力敏传感芯片的输出电压与力臂的形变成正比，也就是说传感器的输出电压与挂钩上所受的力成正比，其比值称为传感器的灵敏度 B，单位为 V/N：

$$\Delta U = B\Delta F \tag{3.2-1}$$

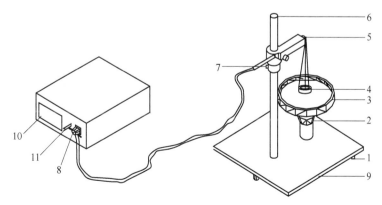

图3.2-1　液体表面张力系数测定仪装置图

1—调节螺丝；2—升降螺丝；3—玻璃器皿；4—吊环；5—力敏传感器；6—支架；

7—固定螺丝；8—航空插头；9—底座；10—数字电压表；11—调零

当一个金属圆环固定在传感器上，该环浸没于液体中，渐渐拉起圆环，它会受到液体表面膜的拉力作用，表面膜拉力的大小为：

$$f = \alpha \Delta l = \alpha \left(2\pi r_1 + 2\pi r_2 \right) = \pi \left(D_1 + D_2 \right) \alpha \qquad (3.2\text{-}2)$$

式中，D_1、D_2 分别为圆环外径和内径；α 为液体表面张力系数。在液面拉脱的瞬间，表面膜的拉力消失，因此，金属圆环拉脱瞬间前后传感器受到的拉力差为 f：

$$f = \pi \left(D_1 + D_2 \right) \alpha \qquad (3.2\text{-}3)$$

此时的数字式电压表输出显示为：

$$f = \left(U_1 - U_2 \right) / B \qquad (3.2\text{-}4)$$

式中，U_1 为吊环即将拉断液体柱前一瞬间数字电压表读数值；U_2 为拉断时瞬间数字电压表读数。由式（3.2-3）和式（3.2-4）可以得到液体表面张力系数为：

$$\alpha = \left(U_1 - U_2 \right) / \left[B\pi \left(D_1 + D_2 \right) \right] \qquad (3.2\text{-}5)$$

由式（3.2-5）可以看出，只要测量出电压差（$U_1 - U_2$）、灵敏度 B 及圆环内外半径 D_2、D_1，就能根据式（3.2-5）计算得到液体表面张力系数 α。

【实验内容】

1. 测量前的准备工作

（1）表面张力系数测定仪通电工作时会随着时间的延长而产生温度变化，在实验过程中，温度的变化所产生的技术参数变化的误差越小越好，而电子元件在通电工作一段时间后，它的各项参数基本可以稳定了，这时进行电子测量是最精确的。所以，测量前需要通电预热。

（2）利用游标卡尺测定吊环的内外直径。

2. 对力敏传感器定标

每个力敏传感器的灵敏度都有所不同，在实验前，应先将其定标。当整机已预热15 min 以上后，即可对力敏传感器定标。将砝码盘挂在力敏传感器的钩上，在加砝码前应首先对仪器调零，安放砝码时应尽量轻。力敏传感器上分别加各种质量砝码，测出相应的电压输出值，实验结果填入数据表格中。用最小二乘法对所测数据进行拟合得到力敏传感器的灵敏度 B，并计算 B 的标准不确定度，锦州地区重力加速度 $g = 9.803 \text{ m/s}^2$。

3. 水和其他液体表面张力系数的测量

（1）清洗玻璃器皿和吊环。

（2）在玻璃器皿内放入被测液体并安放在升降台上。

（3）调节吊环的水平。将金属环状吊片挂在传感器的钩上，调节升降台，将液体升至靠近环片的下沿，观察环状吊片下沿与待测液面是否平行。如果不平行，将金属环状吊片取下后，调节吊片上的细丝，使吊片与待测液面平行。

（4）顺时针转动升降台大螺帽，使液面渐渐上升，当环片的下沿部分全部浸没于待测液体中时，改为逆时针转动该螺帽，使液面逐渐下降。这时，金属环片和液面间形成一环形液膜，继续下降液面，测出环形液膜即将拉断前一瞬间数字电压表读数值 U_1 和液膜拉断后一瞬间数字电压表读数值 U_2，重复测量 6 次，实验结果填入数据表格中。

【数据处理】

（1）硅压阻力敏传感器定标：力敏传感器上分别加各种质量砝码，测出相应的电压输出值，填入表格，并计算仪器的灵敏度。

（2）水和其他液体表面张力系数的测量：用游标卡尺测量金属圆环的外径 D_1 和内径 D_2，调节上升架，记录环在即将拉断水柱时数字电压表读数 U_1 和拉断时数字电压表的读数 U_2，填入表格，计算各种液体表面张力系数并计算结果的标准不确定度。

【注意事项】

（1）吊环须严格处理干净。可用 NaOH 溶液洗净油污或杂质后，用清洁水冲洗干净，并用热吹风烘干。

（2）实验仪器应先预热，这样会减小仪器元件温度变化带来的误差。

（3）力敏传感器定标之前应先调零，待电压表输出稳定后再读数。

（4）砝码应轻拿轻放，避免砝码盘晃动，这样传感器受到的力才会等于砝码重力。

（5）吊环必须保持水平，缓慢旋转升降台，避免水晃动。这样可以使整个水膜一次性脱离吊环，得到水膜的最大张力。

（6）传感器电压示数从最大值开始减小时，应减慢升降台的下降速度，仔细观察水膜脱离那一瞬间的电压差，并记录下来。

（7）实验室中不宜风力较大，以免吊环摆动致使零点波动，所测系数不正确。

（8）若液体为纯净水，在使用过程中防止灰尘、油污及其他杂质污染，特别注意手指不要接触被测液体。

（9）力敏传感器使用时用力不宜大于 0.098 N，过大的拉力传感器容易损坏。

（10）实验结束须将吊环用清洁纸擦干，用清洁纸包好，放入干燥缸内。

【思考与讨论】

（1）拉脱法的物理本质是什么？

（2）若考虑液膜的重量，实验结果应该如何修正？

（3）对比纯净水的表面张力系数的理论值，分析测量结果，找出产生误差的可能原因。

实验三　霍尔位置传感器测量杨氏模量

【实验导读与课程思政】

杨氏模量是描述固体材料抵抗形变能力的物理量，它反应了材料弹性形变与内应力的关系，是物体弹性变形难易程度的表征，用 E 表示，在 1807 年因英国医生兼物理学家托马斯·杨所得到的结果而命名。固体材料在外力作用下发生形状变化，称为形变。当外力在一定限度内时，一旦外力停止作用，形变随之消失，这种形变称为弹性形变；如果外力过大，形变不能全部消失，留有剩余的形变，称为塑性形变，当塑性形变开始出现时，就表明材料达到了弹性限度。固体材料的弹性形变又可分为长变、切变、体变，杨氏模量描述材料沿纵向抵抗弹性形变的能力，其值越大，使材料沿纵向发生一定弹性变形的应力也越大，即材料刚度越大，亦即在一定应力作用下，发生弹性变形越小。

杨氏弹性模量是选定机械零件材料的依据之一，是工程技术设计中时常需涉及的重要参数之一，一般只与材料的性质和温度有关，与其几何形状无关。杨氏模量的测定对研究金属材料、光纤材料、半导体、纳米材料、聚合物、陶瓷、橡胶等各种材料的力学性质有着重要意义，还可用于机械零部件设计、生物力学、地质等领域。如日常生活中的所有的刀具，如果制作刀具的杨氏模量太大，刀具变脆容易折断，而杨氏模量太小刀具又不锋利，所以需要不断探索和创新，改良材料性能，才能获得既锋利又坚韧的高端刀具，才能拓宽市场乃至国际市场，增强核心竞争力。自新中国成立以来，我国在材料科学和技术领域取得了显著的成就。如钛合金材料的研发对于一个国家的国防来说起到至关重要的作用，我国院士曹春晓不断开创新型钛合金和钛-铝系金属间化合物，还创立了高低温交替热变形技术、BRCT 热处理技术和钛合金急冷式 β 热变形强韧化技术，使中国从技术落后的钛合金国家发展为世界上最大的钛合金国家之一。在改良和创新材料的过程中，杨氏模量的测定必不可少。测定杨氏模量的方法很多，如拉伸法、弯曲法和振动法（前两种方法可称为静态法，后一种可称为动态法）。本实验利用弯曲法，借助霍尔位置传感器测定金属的杨氏模量。

本实验可以复习巩固基本长度测量的方法，同时可以学习一种新的微小位移量的测量方法和手段，培养转化法的思想，提高实验技能。随着科学技术的发展，微小位移量的测量技术越来越先进。本实验仪器是在梁弯曲法测量固体材料杨氏模量的基础上，加装霍尔位置传感器而成的。通过霍尔位置传感器的输出电压与位移量线性关系的定标和微小位移量的测量，将先进科技成果用于经典实验中，有利于学生扩大知识面，转换思想，体会科技创新的重要性。

【课前预习】

1. 预习目标

通过认真阅读教材及查阅相关资料，达到下列目标：

（1）复习米尺、游标卡尺和螺旋测微器的使用方法。

（2）熟悉霍尔位置传感器的原理并明确本实验的主要内容。

（3）理解霍尔位置传感器测量微小位移量的原理。

（4）理解逐差法处理数据的原理。

（5）认真阅读注意事项。

2. 预习思考题

（1）对霍尔位置传感器定标所利用的公式是什么，定标需要测量哪些物理量？

（2）霍尔位置传感器测量微小位移量的原理是什么？

（3）利用霍尔位置传感器测量杨氏模量所用的原理是什么，原理公式中各物理量的意义是什么？

【实验目的】

（1）掌握霍尔位置传感器的工作原理。

（2）掌握利用黄铜对霍尔位置传感器定标的方法。

（3）掌握霍尔位置传感器测量微小位移量的方法，学会用霍尔位置传感器测量可锻铸铁的杨氏模量。

（4）学会逐差法处理实验数据。

【实验仪器】

霍尔位置传感器测杨氏模量装置（底座固定箱、读数显微镜、95 型集成霍尔位置传感器、两块磁铁等）、霍尔位置传感器输出信号测量仪（包括直流数字电压表）、读数显微镜、铜板、铁板、砝码、铜刀口等。

【实验原理】

固体、液体及气体在受外力作用时，形状与体积会发生或大或小的改变，这统称为形变。当外力不太大，因而引起的形变也不太大时，撤掉外力，形变就会消失，这种形变称为弹性形变。弹性形变分为长变、切变和体变三种。

一段固体棒，在其两端沿轴方向施加大小相等、方向相反的外力 F，其长度 l 发生改变 Δl，以 S 表示横截面面积，称 F/S 为应力，相对长变 $\Delta l/l$ 为应变。在弹性限度内，根据胡克定律有：

$$\frac{F}{S} = Y\frac{\Delta l}{l} \tag{3.3-1}$$

式中，Y 称为杨氏模量，其数值与材料性质有关。

实验过程中，当金属板横梁中心在砝码重力作用下发生微小弯曲时，梁中存在一个中性面，面上部分发生压缩，面下部分发生拉伸，所以整体说来，可以理解横梁发生长变，即可以用杨氏模量来描述材料的性质。

如图 3.3-1 所示，虚线表示弯曲梁的中性面，易知其既不拉伸也不压缩，取弯曲梁长为 dx 的一小段，设其曲率半径为 $R(x)$，所对应的张角为 dθ，再取中性面上部距 y 厚为 dy 的一层面为研究对象，那么，梁弯曲后其长变为 $(R(x) - y)$dθ，所以，变化量为：

$$dy = (R(x) - y)d\theta \tag{3.3-2}$$

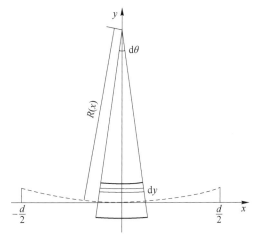

图 3.3-1 金属板横梁弯曲示意图

又

$$d\theta = \frac{dx}{R(x)} \tag{3.3-3}$$

所以有：

$$(R(x) - y)d\theta - dx = (R(x) - y)\frac{dx}{R(x)} - dx = -\frac{y}{R(x)}dx \tag{3.3-4}$$

又

$$\varepsilon = -\frac{y}{R(x)} \tag{3.3-5}$$

根据胡克定律有：

$$\frac{dF}{dS} = -Y\frac{y}{R(x)} \tag{3.3-6}$$

上式中

$$dS = bdy \tag{3.3-7}$$

所以得：

$$dF(x) = -\frac{Yby}{R(x)}dy \tag{3.3-8}$$

对中性面的转矩为：

$$d\mu(x) = |dF|y = \frac{Yb}{R(x)}y^2dy \tag{3.3-9}$$

积分得：

$$\mu(x) = \int_{-\frac{a}{2}}^{\frac{a}{2}} \frac{Yb}{R(x)}y^2dy = \frac{Yba^3}{12R(x)} \tag{3.3-10}$$

对梁上各点，有：

$$\frac{1}{R(x)} = \frac{y''(x)}{(1 + y'(x)^2)^{\frac{3}{2}}} \tag{3.3-11}$$

因梁的弯曲微小：

$$y'(x) = 0 \tag{3.3-12}$$

所以有：

$$R(x) = \frac{1}{y''(x)} \tag{3.3-13}$$

梁平衡时，梁在 x 处的转矩应与梁右端支撑力 $Mg/2$ 对 x 处的力矩平衡，所以有：

$$\mu(x) = \frac{Mg}{2}\left(\frac{d}{2} - x\right) \tag{3.3-14}$$

根据式（3.3-10）、式（3.3-13）和式（3.3-14）可以得到：

$$y''(x) = \frac{6Mg}{Yba^3}\left(\frac{d}{2} - x\right) \tag{3.3-15}$$

据所讨论的问题的性质有边界条件：

$$y(0) = 0, \; y'(x) = 0 \tag{3.3-16}$$

解上面的微分方程得到：

$$y(x) = \frac{3Mg}{Yba^3}\left(\frac{d}{2}x^2 - \frac{1}{3}x^3\right) \tag{3.3-17}$$

将 $x = d/2$ 代入上式，得右端点的 y 值为：

$$y = \frac{Mgd^3}{4Yba^3} \tag{3.3-18}$$

又 $y = \Delta Z$，所以杨氏模量为：

$$Y = \frac{d^3 Mg}{4a^3 b \Delta Z} \tag{3.3-19}$$

式中，d 为两刀口之间的距离；M 为所加砝码的质量；a 为梁的厚度；b 为梁的宽度；ΔZ 为梁中心由于外力作用而下降的距离；g 为重力加速度。

杨氏模量测定仪主体装置如图 3.3-2 所示，在横梁弯曲的情况下，杨氏模量可以用式（3.3-19）来表示。

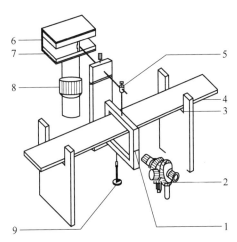

图 3.3-2 杨氏模量测定仪主体装置示意图

1—铜刀口上的基线；2—读数显微镜；3—刀口；4—横梁；5—铜杠杆（顶端装有集成霍尔传感器）；
6—磁铁盒；7—磁铁（极相对放置）；8—调节架；9—砝码

【实验内容】

1. 调节仪器

（1）将横梁穿在砝码铜刀口内，安放在两立柱刀口的正中央位置，挂砝码的刀口处于梁中间。接着装上铜杠杆，将有传感器一端插入两立柱刀口中间，该杠杆中间的铜刀口放在刀座上。圆柱形拖尖应在砝码刀口的小圆洞内，传感器若不在磁铁中间，可以松弛固定螺丝使磁铁上下移动，或者用调节架上的套筒螺母旋动使磁铁上下微动，再固定之。然后用水平仪观察磁铁是否在水平位置，可用底座螺杆调节，也应注意杠杆上霍尔传感器的水平位置（圆柱体有固定螺丝）。

（2）调节读数显微镜目镜，直到眼睛观察镜内的"＋"字刻线和数字清晰，然后移动读数显微镜使通过其能够清楚看到铜刀口上的基线，再转动读数旋钮使刀口点的基线与读数显微镜内"＋"字刻线吻合。

（3）调节霍尔位置传感器的电压表。磁铁盒下的调节螺丝可以使磁铁上下移动，当电压表数值很小时，停止调节磁铁盒下的调节螺丝，最后调节电压表上的调零电位器使电压表示数为零。

2. 霍尔位置传感器的定标（用铜板）

在进行测量之前，要求符合上述安装要求，并且检查杠杆的水平、刀口的垂直、挂砝码的刀口处于梁中间，要防止外加风的影响，杠杆安放在磁铁的中间，注意不要与金属外壳接触，一切正常后加砝码，逐次增加砝码 M（每次增加 20 g 砝码），相应从读数显微镜上读出梁的弯曲位移 Z_i，及电压表相应的读数值 U_i（单位 mV），填入数据表格，用逐差法再根据附录式（3.3-21）对霍尔位置传感器进行定标。

3. 测量铁板的杨氏模量

用直尺测量横梁的长度 d，游标卡尺测其宽度 b，千分尺测其厚度 a，填入数据表格。再次逐次增加砝码 M（每次增加 20g 砝码），从电压表读出相应的数值 U_i（单位 mV），填入数据表格。利用已经定标的数值，利用逐差法依据附录式（3.3-21）计算出铁板横梁中点在 60.00 g 的重物作用下的位移 ΔZ 的平均值，再根据式（3.3-19）计算出铁板的杨氏模量，并计算标准不确定度。

【数据处理】

（1）对霍尔位置传感器定标。

（2）测量铁板杨氏模量。

（3）计算标准不确定度。

【注意事项】

（1）实验开始前，必须检查横梁是否有弯曲，如有，应矫正。

（2）梁的厚度必须测准确。在用螺旋测微器测量黄铜厚度 a 时，旋转螺旋测微器，当将要与金属接触时，必须用微调轮。当听到哒哒哒三声时，停止旋转。有个别学生实验误差较大，其原因是螺旋测微器使用不当，将梁厚度测得偏小。

（3）读数显微镜的准丝对准铜挂件（有刀口）的标志刻度线时，注意要区别是黄铜梁的边沿，还是标志线。

（4）霍尔位置传感器定标前，应先将霍尔传感器调整到零输出位置，这时可调节电磁铁盒下的升降杆上的旋钮，达到零输出的目的，另外，应使霍尔位置传感器的探头处于两块磁铁的正中间稍偏下的位置，这样测量数据更可靠一些。

（5）加砝码时，应该轻拿轻放，尽量减小砝码架的晃动，这样可以使电压值在较短的时间内达到稳定值，节省了实验时间。

【思考与讨论】

（1）用逐差法处理数据有何优点？

（2）霍尔位置传感器的工作原理。

（3）除采用逐差法处理数据外，能否用作图法求杨氏模量，应该怎样作图？

【附录】

霍尔位置传感器

将一导电体（金属或半导体）薄片放在磁场中，并使薄片平面垂直于磁场方向。当薄片纵向端面有电流 I 流过时，在与电流 I 和磁场 B 垂直的薄片横向端面 a、b 间就会产生一电势差，这种现象称为霍尔效应，所产生的电势差称为霍尔电势差或霍尔电压，用

U_H 表示。实验表明，在外磁场不太强时，霍尔电压与工作电流和磁场强度成正比，与薄片厚度成反比，即：

$$U_H = R_H \frac{IB}{d} = KIB \qquad\qquad (3.3\text{-}20)$$

式中，R_H 为霍尔系数；$K = R_H/d$，为霍尔元件的霍尔灵敏度。如果保持霍尔元件的电流 I 不变，而使其在一个均匀梯度的磁场中移动时，则输出的霍尔电势差变化量为：

$$\Delta U_H = KI \frac{\mathrm{d}B}{\mathrm{d}Z} \Delta Z \qquad\qquad (3.3\text{-}21)$$

式中，ΔZ 为位移量。此式说明若 $\mathrm{d}B/\mathrm{d}Z$ 为常数时，ΔU_H 与 ΔZ 成正比。

为实现均匀梯度的磁场，可以如图 3.3-3 所示，将两块相同的磁铁（磁铁截面积及表面磁感应强度相同）相对放置，即 N 极与 N 极相对，两磁铁之间留一等间距间隙，霍尔元件平行于磁铁放在该间隙的中轴上。间隙大小要根据测量范围和测量灵敏度要求而定，间隙越小，磁场梯度就越大，灵敏度就越高。磁铁截面要远大于霍尔元件，以尽可能地减小边缘效应影响，提高测量精确度。

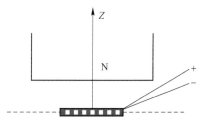

若磁铁间隙内中心截面处的磁感应强度为零，霍尔元件处于该处时，输出的霍尔电势差应该为零。当霍尔元件偏离中心沿 Z 轴发生位移时，由于磁感应强度不再为零，霍尔元件也就产生相应的电势差输出，其大小可以用数字电压表测量。由此可以将霍尔电势差为零时元件所处的位置作为位移参考零点。

图 3.3-3　霍尔位置传感器中磁场示意图

霍尔电势差与位移量之间存在一一对应关系，当位移量较小（小于 2 mm），这一对应关系具有良好的线性。

实验四　落球法测量液体的黏滞系数

【实验导读与课程思政】

　　液体流动时，平行于流动方向的各层流体速度都不相同，即存在着相对滑动，则任意两液层的接触面上将产生一对等值反向的力，阻碍液层间的相对滑动，于是在各层之间就有摩擦力产生，这一摩擦力称为黏滞力，它的方向平行于接触面，其大小与速度梯度及接触面积成正比，比例系数 η 称为黏滞系数（又称黏度）。它关系到流体在喷射泵浦、传送管道和滤器等设备上的流动行为，并影响着流体的聚合状态、表观密度以及物理化学性质。因此，正确测量黏滞系数非常重要。

　　测量液体黏度可用落球法、毛细管法、转筒法等方法，其中落球法适用于测量黏度较高的透明或半透明的液体，如蓖麻油、变压器油、甘油等。本实验利用落球法测量液体的黏滞系数。传统的落球法实验中，完全凭借人工秒表计时，这样存在不可避免的视觉误差与实验者的反应时差，导致小球的下落时间误差较大。经过科研工作者不断探索和改进，现有的落球法测定仪以实验室里现有的光电门组合数字毫秒计进行计时，既可以有效弥补人工秒表计时的不足，提高测量结果的精度，又能够帮助节约实验成本。

【课前预习】

　　1. 预习目标

　　通过认真阅读教材及查阅相关资料，达到下列目标：

　　（1）巩固卷尺、游标卡尺、螺旋测微器和天平的使用方法。

　　（2）掌握测量黏滞系数的原理。

　　（3）熟悉测量仪器的使用方法。

　　（4）认真阅读注意事项。

　　2. 预习思考题

　　（1）为什么要对测量表达式（3.4-4）进行修正？

　　（2）本实验中如果钢球表面粗糙对实验会有影响吗？（请自查资料）

　　（3）激光束为什么一定要通过玻璃圆筒的中心轴？

　　（4）如何判断小球在做匀速运动？（请结合教材并自查资料思考）

【实验目的】

　　（1）学习和掌握一些基本物理量的测量。

　　（2）学习激光光电门的调准方法。

　　（3）用落球法测量蓖麻油的黏滞系数。

【实验仪器】

　　ZC1123 型落球法黏滞系数测定仪、卷尺、螺旋测微器、电子天平、游标卡尺、钢球若干。

【实验原理】

　　处在液体中的小球受到铅直方向的三个力的作用：小球的重力、液体作用于小球的浮力和黏滞阻力。如果液体无限深广，在小球下落速度 v 较小情况下，有

$$F = 6\pi\eta r v \tag{3.4-1}$$

上式称为斯托克斯公式，式中，r 为小球的半径；η 为液体的黏度，$Pa \cdot s$。

小球在起初下落时，由于速度较小，受到的阻力也就比较小，随着下落速度的增大，阻力也随之增大。最后，三个力达到平衡，即

$$mg = \rho g V + 6\pi \eta r v_0 \qquad (3.4\text{-}2)$$

此时，小球将以 v_0 做匀速直线运动，由式（3.4-2）可得：

$$\eta = \frac{(m - V\rho)g}{6\pi r v_0} \qquad (3.4\text{-}3)$$

令小球的直径为 d，并用 $m = \frac{\pi}{6}d^3\rho'$，$v_0 = \frac{l}{t}$，$r = \frac{d}{2}$ 代入式（3.4-3）得

$$\eta = \frac{(\rho' - \rho)g d^2 t}{18l} \qquad (3.4\text{-}4)$$

式中，ρ' 为小球材料的密度；l 为小球匀速下落的距离；t 为小球下落 l 距离所用的时间。

实验过程中，待测液体放置在容器中，故无法满足无限深广的条件，实验证明上式应进行如下修正方能符合实际情况：

$$\eta = \frac{(\rho' - \rho)g d^2 t}{18l} = \frac{1}{\left(1 + 2.4\dfrac{d}{D}\right)\left(1 + 1.6\dfrac{d}{H}\right)} \qquad (3.4\text{-}5)$$

式中，D 为容器内径；H 为液柱高度。

当小球的密度较大，直径不是太小，而液体的黏度值又较小时，小球在液体中的平衡速度 v_0 会达到较大的值，奥西思–果尔斯公式反映出了液体运动状态对斯托克斯公式的影响：

$$F = 6\pi \eta r v_0 \left(1 + \frac{3}{16}Re - \frac{19}{1080}Re^2 + \cdots\right) \qquad (3.4\text{-}6)$$

式中，Re 为雷诺数，是表征液体运动状态的无量纲参数。

$$Re = \frac{\rho d v_0}{\eta} \qquad (3.4\text{-}7)$$

当 $Re < 0.1$ 时，可认为式（3.4-1）、式（3.4-5）成立；当 $0.1 < Re < 1$ 时，应考虑式（3.4-6）中 1 级修正项的影响；当 $Re > 1$ 时，还须考虑高次修正项。

考虑式（3.4-6）中 1 级修正项的影响及玻璃管的影响后，黏度 η_1 可表为：

$$\eta_1 = \frac{(\rho' - \rho)g d^2}{1.8 v_0 (1 + 2.4d/D)(1 + 3Re/16)} = \eta \frac{1}{1 + 3Re/16} \qquad (3.4\text{-}8)$$

由于 $3Re/16$ 是远小于 1 的数，将 $1/(1 + 3Re/16)$ 按幂级数展开后近似为 $1 - 3Re/16$，式（3.4-8）又可表示为：

$$\eta_1 = \eta - \frac{3}{16}v_0 d\rho \qquad (3.4\text{-}9)$$

已知或测量得到 ρ'、ρ、D、d、v_0 等参数后，由式（3.4-5）计算黏度 η，再由式（3.4-7）计算 Re，若需计算 Re 的 1 级修正，则由式（3.4-9）计算经修正的黏度 η_1。在国际单位制中，η 的单位是 $Pa \cdot s$（帕斯卡·秒），在 cm、g、s 制中，η 的单位是 P（泊）或 cP（厘泊），它们之间的换算关系是：

$$1\ Pa \cdot s = 10\ P = 1000\ cP \qquad (3.4\text{-}10)$$

【实验内容】

落球法测量液体的黏滞系数，最重要步骤的是调整好光路，以使小球下落时能准确地挡光，从而顺利完成实验。

1. 调整黏滞系数测量装置及实验仪器

（1）将水准仪放置在仪器底板上，调整黏滞系数测定仪测试架上的三个水平调节螺钉，使测试架基本水平。

（2）测试架（图 3.4-1）上端装光电门Ⅰ，下端装光电门Ⅱ，且两发射端装在一侧，两接收端装在一侧，发射与接收光电门应水平对准。将测试架上的发射光电门Ⅰ、发射光电门Ⅱ接至测试仪前面板的"发射端Ⅰ""发射端Ⅱ"，将测试架上的接收光电门Ⅰ、接收光电门Ⅱ接至测试仪前面板的"接收端Ⅰ""接收端Ⅱ"。

（3）这时按下测试仪前面板上的"启动"开关，"s"指示灯点亮，此时可以看到两光电门的发射端发出红光线束。调节上下两个光电门发射端，

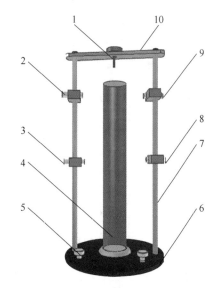

图 3.4-1　黏滞系数测试架
1—落球导管；2—发射光电门Ⅰ；3—发射光电门Ⅱ；4—量筒；5—水平调节螺钉；6—底盘；7—支撑柱；8—接收光电门Ⅱ；9—接收光电门Ⅰ；10—横梁

使两激光束刚好照在线锤的线上；当我们投下小球，下落小球经过上面的光电门（光电门Ⅰ）时开始计时；当小球经过光电门Ⅱ后将停止计时，并显示小球在两光电门之间的运行时间。重新按下"启动"开关后，计时清除，再放入第二个小球，经过两光电门后，将显示第二个小球的下落时间，依次类推。实验过程中，不要碰到光电门，使光电门偏离，否则需重新校准光电门。

（4）将装有测试液体的量筒放置于底盘上，并移动量筒使其处于底盘中央位置；将落球导管安放于横梁中心，两光电门接收端调整至正对发射光。待液体静止后，将小球用镊子从导管中放入，观察能否挡住两光电门光束（挡住两光束时会有时间值显示）；若不能，适当调整光电门的位置，必要时微调仪器底板上的三个旋钮。

如果经过上述调节方法，仍不能实现小球挡光，建议用以下方法细调：

1）先移开发射光电门Ⅰ，调节发射光电门Ⅱ的位置和量筒的位置，使得从落球导管上方通过 3 mm 小孔往下看，能观察到光线轨迹 2 位于小孔的中间位置，并且能对准接收光电门Ⅱ，使指示灯 L_2 熄灭。注意环境光不能太强。

2）调整发射光电门Ⅰ位置，使得从落球导管上方通过 3 mm 小孔往下看，能观察到光线轨迹 1 位于小孔的中间位置，并与光线轨迹 2 重合。同样也调节接收光电门Ⅰ，使指示灯 L_1 熄灭。

3）释放小球，从发射光电门一侧观察小球下落时位于光线轨迹的何方，再进行相应的细调，这时可以通过转动落球导管，利用落球导管的偏心度来调整小球的位置。

经过以上步骤的细调，小球均能顺利地实现两次挡光。

2. 测量待测液体温度

由于黏滞系数与温度密切相关，所以还需要测量待测液体的温度。将温度传感器专用

插头连接至测试仪，再将防油密封的温度传感器置于液体中的适当位置即可。仪器配置的数字温度计的测量范围为室温到 99.9 ℃，准确度为 1% ±0.2 ℃，分辨率为 0.1 ℃。也可以用精密玻璃水银温度计测温，一般使用范围为 0 ~ 50 ℃，或者 50 ~ 100 ℃，分辨率为 0.1 ℃ 的精密温度计。

开始测量时记录液体的温度。应注意从平行于横梁的方向放置小球，特别是更小尺寸的钢球，否则由于导管与小球的间隙而从一定程度上影响挡光的成功率。当全部小球投下后再测一次液体温度 T_1，求其平均温度 $\overline{T}$。

3. 其他参数测量

（1）用卷尺测量光电门的距离 L；测量 6 次小球下落的时间，并求其平均时间 $\overline{t}$。

（2）用电子天平测量多个小球的质量，求其平均质量 $\overline{m}$。

（3）用螺旋测微器测量多个小球的直径，求其平均值 $\overline{d}$，计算小球的密度 ρ'。

（4）用密度计测量待测液体密度 ρ。

（5）用游标卡尺测量量筒内径 D。

（6）相关量代入式（3.4-5），计算液体的黏滞系数 η，并与该温度 $\overline{T}$ 下的黏滞系数相比较。

参考：钢球平均密度 $\rho = 7.8 \times 10^3 \text{ kg/m}^3$；蓖麻油密度 $\rho = 0.97 \times 10^3 \text{ kg/m}^3$。

【数据处理】

（1）小球的直径测量。

（2）小球在待测液体中的时间测定。

【注意事项】

（1）测量时，将小球用酒精擦拭干净。

（2）等被测液体稳定无气泡后再投放小球。

（3）全部实验完毕后，将量筒轻移出底盘中心位置后用仪器配置的磁铁将钢球吸出，将钢球擦拭干净放置于酒精溶液中，以备下次实验用。

【思考与讨论】

（1）能否用落球法测量水的黏滞系数？

（2）下列因素造成的影响是使结果偏大还是偏小？

1）油筒不铅直；

2）油不静止；

3）油中有气泡；

4）小球不圆。

（3）测小球下落速度时，每次测量的时间间隔长好还是短好？

实验五　用气垫转盘验证刚体转动定律

【实验导读与课程思政】

很多情况下，物体的形状和大小对物体的运动规律起着重要作用，如宏观物体的转动，以及微观粒子如分子、原子的转动甚至电子的自转等，在这种情况下，物体就不能再被当作质点看待，而必须考虑物体的大小和形状，即把物体视为刚体。刚体转动定律是指刚体所受的对于某定轴的合外力矩等于刚体对此定轴的转动惯量与刚体在此合外力矩作用下所获得的角加速度的乘积。刚体转动定律是力学中非常重要的基本原理之一，对于理解和解决转动问题具有重要的指导意义。

在研究刚体的转动问题时，首先遇到的困难就是摩擦力矩的存在，人们基于气垫转动惯量测定仪拓展思路，利用气垫技术制成一种新型转动装置，由于采用了气垫悬浮与气垫滑轮相结合及气流定轴等独特设计，故该装置所有转动件间的摩擦均达到可以忽略的程度，它提供了一个较好的近乎"无摩擦"转动的理想模型，使对刚体转动问题的研究更接近于理想状态。用它可以测量多种物体的转动惯量，能够完成转动定律、平行轴定理及角动量守恒定律等许多实验。本实验就是通过新型气垫转动惯量测定仪测定刚体在力矩作用下转动的角加速度来验证刚体转动定律。在理论课中学习过刚体转动定律，本实验的意义在于体会用实践来检验理论课所学定律的真理性。

【课前预习】

1. 预习目标

通过认真阅读教材及查阅相关资料，达到下列目标：

（1）熟悉气垫转盘的结构特点、使用方法及维护知识。

（2）熟悉对立影响法消除零转引起的系统误差。

（3）了解一种角加速度的测量方法。

（4）复习最小二乘法。

（5）认真阅读注意事项。

2. 预习思考题

（1）为什么必须在两个砝码桶内加等量砝码？

（2）如何测定动盘的角加速度？

（3）怎样消除零转引起的系统误差？

【实验目的】

（1）掌握仪器的性能、结构特点、使用方法及维护知识。

（2）观察刚体的定轴转动，学会一种角加速度的测量方法。

（3）掌握对立影响法消除零转引起的系统误差。

（4）验证刚体转动定律。

【实验仪器】

气垫转动惯量测定仪、专用 CHJ 型数字毫秒计、DC 型微音气泵、砝码组（2 × 1 g、

4×2 g、2×5 g）、镊子及细线等。

【实验原理】

绕固定轴转动的刚体，其所受外力矩 N 与该力矩作用下产生的角加速度 β 成正比，即：

$$N = I\beta \qquad (3.5\text{-}1)$$

式中，比例系数 I 为刚体绕定轴转动的转动惯量，$\text{kg} \cdot \text{m}^2$。当刚体的转轴被确定后，其转动惯量为一常数。

如图 3.5-1 所示，由于砝码 m 的重力作用，使绕在动盘圆柱上的软细线产生张力 T，在张力作用下，动盘将产生一转动力矩 N。假定动盘圆柱直径为 D_1，则当气动阻力可忽略时，外力矩为

$$N = TD_1 \qquad (3.5\text{-}2)$$

在力矩 N 的作用下，动盘将做匀角加速运动，砝码 m 随之下落，由牛顿第二定律可知，张力 T 与砝码下落的加速度 $a = \beta D_1/2$ 之间满足如下关系：

$$T = m(g - \beta) = m\left(g - \frac{\beta D_1}{2}\right) \qquad (3.5\text{-}3)$$

将式（3.5-2）及式（3.5-3）代入式（3.5-1）中有：

$$N = mD_1\left(g - \frac{\beta D_1}{2}\right) = I\beta \qquad (3.5\text{-}4)$$

若式（3.5-4）得证，则刚体转动定律得以验证。当 m 及 D_1 与动盘质量及半径相比均很小时，有 $a \ll g$，于是式（3.5-4）可变为：

$$N = I\beta \approx mgD_1 \qquad (3.5\text{-}5)$$

设动盘转动的初角速度为 ω_0，其继续转过 $\theta_1 = 2\pi$ 及 $\theta_2 = 4\pi$ 角度所用的时间分别为 t_1 及 t_2，则由刚体运动学公式可得：

$$\theta_1 = 2\pi = \omega_0 t_1 + \beta t_1^2/2 \qquad (3.5\text{-}6)$$

$$\theta_2 = 4\pi = \omega_0 t_2 + \beta t_2^2/2 \qquad (3.5\text{-}7)$$

式（3.5-6）和式（3.5-7）中消去 ω_0，即可求出动盘在力矩 N 的作用下，绕固定轴转动的角加速度：

$$\beta = \frac{4\pi(2/t_2 - 1/t_1)}{t_2 - t_1} \qquad (3.5\text{-}8)$$

改变砝码质量 m，测出动盘在不同外力矩 $N_i = m_i g D_1$ 下绕定轴转动的角加速度 β_i，作 N-β 曲线，若该曲线为一直线，则证明刚体转动定律成立，且直线的斜率即为刚体绕固定轴的转动惯量。

【实验内容】

（1）气垫转动惯量测定仪使用前应调节水平。方法是：取下动盘，接通气源，将水平校准盘置于气室上表面中央，调节地脚螺丝，使校准盘稳定地飘浮于气室中央，或其各质点绕定盘内侧空腔四壁均匀而缓慢地做滚轮线运动，且改变旋轮方向时其运动方式不变。

（2）气垫滑轮的调节。气垫滑轮的调节包括两项内容：其一，使气垫滑轮在空载情

况下运动自如，且无附加力矩。方法是：先调节滑轮两端定位圈，使与滑轮间隙约为 0.5 mm；再调节滑轮高度及轴向水平，使细线与动盘平面水平；取下细线，在高度及水平程度不变的前提下，旋转滑轮的方向，使其气孔密集处位于外侧上方 45°左右，直至滑轮在负载情况下能正、反两个方向保持惯性运动状态或相对静止。其二，动盘顺时针或逆时针运动时，都应首先旋动滑轮支架，使细线与滑轮轴向垂直。

（3）为减少或消除动盘在没有外力矩的情况下发生的缓慢自转现象（零转矩），本装置利用压放开关在其顶部装有一个气流量及出气方向均可调节的出气嘴，使用时使嘴出气方向和零转矩方向相反，这就减少或消除了零转矩。

（4）将仪器其他部分均调到正常状态。主要包括：细线自然缠绕于动盘圆柱时，应与动盘平面平行，且细线应分别与气垫滑轮轴向垂直；两端砝码桶基本等高；聚光灯泡对准光敏二极管，且光控计时正常等。

（5）依次向两个砝码桶（其质量相等，为 5 g）内放入等量砝码，分别在不同力矩作用下以数字毫秒计测定动盘旋转一周（即 $\theta_1 = 2\pi$）及两周（$\theta_1 = 4\pi$）所需的时间 t_1 及 t_2 各 3 次，填入数据表格。

（6）采用对立影响法消除动盘可能产生的零转引起的系统误差，给动盘施加转动力矩的方向是逆时针，在动盘圆柱上绕线 3 周以上，并重复（5）中所述的测量，采用数字毫秒计测动盘旋转一周及两周的时间，填入数据表格。但测量前，应重新调整气垫滑轮轴线与细线垂直。

【数据处理】

（1）计算在不同力矩作用下动盘转动的角加速度。

（2）在直角坐标纸上，以 β 为横坐标，N 为纵坐标，作 N-β 曲线，验证刚体转动定律，并由直线斜率求动盘的转动惯量 I。

（3）用最小二乘原理验证刚体转动定律。

【注意事项】

（1）特别注意：未开气源时，动盘不得人为地在气室表面摩擦转动，气室、气垫滑轮及诸连接管道均不得漏气。

（2）每次使用前，应在接通气源的情况下，以蘸有酒精的软细布轻拭气室及动盘的上、下表面，以防气孔堵塞或被尘粒划伤表面。

（3）实验前，应调节气室上表面水平，使处于正常状态，且调好后不得随意挪动。

（4）整个实验过程中要求气压稳定不变。

（5）安装、调节及使用该装置时，操作应细心谨慎，严禁磕碰动盘、定盘、气垫滑轮、水平校准盘、金属球、圆柱式定位器、转动惯量接插座、铜圆柱、铝块及凹盘等，更不得使其坠落地面。

【思考与讨论】

（1）试分析本实验产生误差的主要原因。

（2）本实验中，挡光片的转动惯量是否会影响实验结果，为什么？

（3）气垫转盘装置采用了什么独特设计，使仪器所有转动件间的摩擦均可忽略？

【附录】

1. 气垫转动惯量测定仪

仪器主体结构如图 3.5-1 所示。当由微音气泵输出的气流通入进气口时，沿立柱进入气室及定盘，气室上表面均匀分布很多气孔可将动盘托起，其间由一层很薄的气膜润滑，定盘内侧径向均匀分布一周小孔，从它喷出的气体可使动盘自动定轴（气流定轴）；另一部分气体导入气垫滑轮，使滑轮与轴套间构成气膜。轴上气孔并非均匀分布，而是在某一方位上气孔较多，调节时应使气孔密集处位于外侧斜上方 45° 左右，以支撑砝码桶中的负重；动盘中央的小圆柱上有一水平窄槽，软细线从中穿过，并绕过气垫滑轮与质量已知的砝码桶相连；动盘边缘固定一挡光片，它与矩形框架一侧的光电门及另一侧的定位发放开关配合，可由数字毫秒计准确地测定动盘转动的角速度或角加速度；地脚螺丝用以调节定盘及气室上表面的水平。

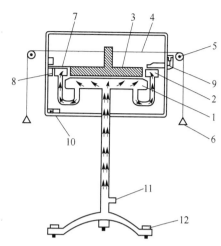

图 3.5-1　气垫转盘装置图

1—气室；2—定盘；3—动盘；4—细线；
5—气垫滑轮；6—砝码桶；7—挡光片；
8—光电门；9—定点发放开关；
10—按键开关；11—进气口；
12—地脚螺丝

2. 专用 CHJ 型数字毫秒计

数字毫秒计（图 3.5-2）与光电接收器相连接一起工作，通过记录动盘上挡光片经过光电门的次数来测量动盘转动一周和两周的时间。首先用"功能"键将"β"灯按亮，然后按"清零"键，当动盘上的挡光片每经过一次光电门，就记一次数，仪器显示依次为 0、1、2、3、…按"停止"键后，依次显示 0 与 1、0 与 2、0 与 3、…之间的时间间隔。

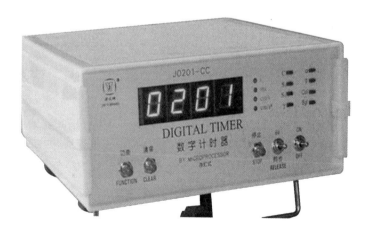

图 3.5-2　数字毫秒计示意图

实验六　热敏电阻温度特性的研究

【实验导读与课程思政】

热敏电阻是阻值对温度变化非常敏感的一种半导体电阻。热敏电阻通常分为两种类型，一种为电阻值会随温度上升而变大，称为正温度系数热敏电阻（PTC）；另一种为电阻值会随温度上升而变小，称为负温度系数热敏电阻（NTC）。

在 20 世纪 30 年代，人们对热敏电阻的温度特性有了初步认识，但由于稳定性差，且工艺复杂并没有得到广泛应用。但热敏电阻能感知环境温度变化，尤其在当温度高到一定程度时，可以用热敏电阻的温度特性测量温度和控制温度，因此在科研工作者们坚持不懈的努力下，于 1940 年，用过渡金属氧化物按照一定的比例混合成型烧结后获得负温度系数的半导体材料，性能稳定，能在空气中使用，可广泛用于测温、控温、温度补偿等方面。1954 年，又研发了以钛酸钡为主要材料的正温度系数热敏电阻，具有低电阻导电性，可广泛用于时间延迟、温度控制等领域。

本实验主要测量负温度系数热敏电阻的温度特性曲线，并能通过曲线描述热敏电阻的温度特性。本实验的重要意义不仅是通过测量掌握热敏电阻的温度特性，更在于体会物理学中热和电之间交叉融合，可以获得新的认知，培养对所学知识综合应用的能力。

【课前预习】

1. 预习目标

通过认真阅读教材及查阅相关资料，达到下列目标：

（1）复习惠斯通电桥测电阻的原理。

（2）掌握正和负温度系数热敏电阻的定义。

（3）熟悉温控仪和单臂电桥之间的连线方法和使用方法。

（4）仔细阅读注意事项。

2. 预习思考题

（1）正和负温度系数热敏电阻的特性是什么？

（2）你的生活中有哪些仪器用到了热敏电阻？

（3）电桥选择不同量程时，对结果的准确度（有效数字）有何影响？

【实验目的】

（1）研究热门电阻的温度特性。

（2）测量热敏电阻的温度特性曲线。

（3）掌握单臂电桥及非平衡电桥的原理。

【实验仪器】

QJ-23 型单臂电桥（或其他电桥）、DHT-2 型多挡恒流控温实验仪等。

【实验原理】

1. 热敏电阻温度特性原理

在一定的温度范围内，半导体的电阻率 ρ 和温度 T 之间有如下关系：

$$\rho = A_1 e^{\frac{B}{T}} \tag{3.6-1}$$

式中，A_1 和 B 为与材料物理性质有关的常数；T 为绝对温度。对于截面均匀的热敏电阻，其阻值 R_T 可用下式表示：

$$R_T = \rho \frac{l}{S} \tag{3.6-2}$$

式中，R_T 的单位为 Ω；ρ 的单位为 $\Omega \cdot cm$；l 为两电极间的距离，cm；S 为电阻的横截面积，cm^2。将式（3.6-1）代入式（3.6-2），令 $A = A_1 l/S$，于是可得：

$$R_T = Ae^{\frac{B}{T}} \tag{3.6-3}$$

对一定的电阻而言，A 和 B 均为常数。对式（3.6-3）两边取对数，则有：

$$\ln R_T = B\frac{1}{T} + \ln A \tag{3.6-4}$$

$\ln R_T$ 与 $1/T$ 呈线性关系，在实验中测得各个温度 T 的 R_T 值后，即可通过作图求出 B 和 A 值，代入式（3.6-3），即可得到 R_T 的表达式。式中，R_T 为在温度 $T(K)$ 时的电阻值；A 为在某温度时的电阻值；B 为常数，其值与半导体材料的成分和制造方法有关。图 3.6-1 表示了热敏电阻与普通电阻的不同温度特性。

2. 单臂电桥原理

惠斯通电桥线路如图 3.6-2 所示，四个电阻 R_1、R_2、R_0、R_x 连成一个四边形，称为电桥的四个臂。四边形的一个对角线接有检流计，称为"桥"，四边形的另一个对角线上接电源 E，称为电桥的电源对角线。电源接通，电桥线路中各支路均有电流通过。

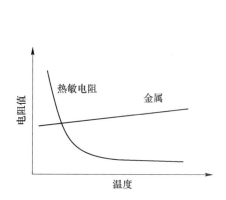

图 3.6-1 热敏电阻与普通电阻的不同温度特性

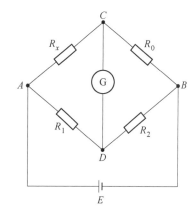

图 3.6-2 惠斯通电桥线路

当 C、D 之间的电位不相等时，桥路中的电流 $I_g \neq 0$，检流计的指针发生偏转。

当 C、D 之间的电位相等时，桥路中的电流 $I_g = 0$，检流计指针指零，这时我们称电桥处于平衡状态。

当电桥平衡时，$I_g = 0$，则有：

$$\begin{cases} U_{AC} = U_{AD} \\ U_{CB} = U_{DB} \end{cases}$$

即
$$\begin{cases} I_1 R_x = I_2 R_1 \\ I_1 R_0 = I_2 R_2 \end{cases} \tag{3.6-5}$$

于是有：

$$\frac{R_x}{R_0} = \frac{R_1}{R_2} \tag{3.6-6}$$

根据电桥的平衡条件，若已知其中三个臂的电阻，就可以计算出另一个臂的电阻，因此，电桥测电阻的计算式为：

$$R_x = \frac{R_1}{R_2} R_0 \tag{3.6-7}$$

式中，电阻 R_1/R_2 为电桥的比率臂；R_0 为比较臂，常用标准电阻箱；R_x 为待测臂，在热敏电阻测量中用 R_T 表示。

【实验内容】

（1）如图 3.6-3 所示，把各连线接好，根据不同的温度值，估计被测热敏电阻（或铜电阻）的阻值，选择合适的电桥比例，并把比较臂放在适当的位置，先按下电桥的"B"按钮（电源按钮），再按下"G"按钮（检流计按钮），仔细调节比较臂，使检流计指零。

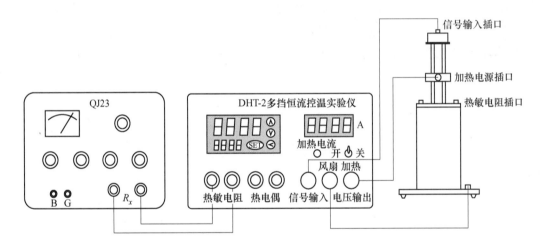

图 3.6-3　热敏电阻温度特性实验装置图

（2）测量负温度系数热敏电阻时，QJ23 电桥的"R_x"端两接线柱与加热装置上相应的热敏电阻连接导线相连，测定负温度系数热敏电阻的电阻值。在不同的温度下，测出热敏电阻的电阻值，从室温到 100 ℃，每隔 5 ℃测一个数据，将测量数据逐一记录在表格内。

（3）按等精度作图的方法，用所测的各对应数据作出 R_T-t 曲线，并对曲线进行描述。

【数据处理】

（1）根据所测数据作出 R_T-t 曲线。

（2）对曲线进行描述。

【注意事项】

（1）电桥的"B"和"G"不允许同时锁定。

（2）比较电阻 R_0 为"1000"的盘不能为"0"。

（3）测量完成后热敏电阻温度应降至 50 ℃以下，方可离开实验室。

【思考与讨论】

（1）正温度系数的热敏电阻的阻值温度的升高如何变化？

（2）本实验的误差来源主要是什么？

（3）负温度系数热敏电阻的定义是什么？

实验七　迈克尔逊干涉仪的调节及使用

【实验导读与课程思政】

　　19 世纪 80 年代，迈克尔逊（Michelson，1852—1931 年）为研究"以太"是否存在以及是否保持绝对静止状态，发明了迈克尔逊干涉仪，并利用该装置进行了著名的以太漂移实验，得出了否定的结果。而后于 1883 年和 1887 年，他先后两次与化学家莫雷（Morley，1838—1923 年）合作，提高干涉仪的灵敏度，再次进行实验后仍得到否定的结果，同时还比较准确地测量了干涉中的光程差。该结果的得出为狭义相对论提供了有利的依据。

　　迈克尔逊干涉仪是利用分振幅法产生双光束以实现干涉。通过调整该干涉仪，可以产生等厚干涉条纹，也可以产生等倾干涉条纹。迈克尔逊利用该装置取得了很多丰硕的成果：在流水的光速实验中验证了菲涅尔的曳引系数；用干涉仪作为比长计，测量了巴黎的国际米原器的长度；通过光谱学和干涉技术获得了一种非物质的长度标准；多次测量光速，其精确结果作为国际标准值达半个世纪之久。迈克尔逊因创制精密光学仪器并用来完成卓越的光谱学和基本度量学研究，于 1907 年获诺贝尔物理学奖。他用毕生的精力献身于科学研究，从不满足于现有的仪器精度，一直在不断改进，反复实验，孜孜不倦。这种追求真理、严谨治学的求实精神值得我们广大青年学习。

　　迈克尔逊干涉仪不仅在迈克尔逊一生的研究中占据重要地位，也是光学和近代物理学中的一项重大贡献。利用迈克尔逊干涉仪的原理，人们还制造了各种专用干涉仪，这些仪器在光学调制、光拍频、光电伺服控制、噪声抑制等近代物理和计量技术中被广泛应用。本实验将利用迈克尔逊干涉仪的原理测量 He-Ne 激光的波长以及钠光 D 双线的波长差，让同学们在实验操作过程中感受该仪器的精密之处，享受光学实验测量的乐趣！

【课前预习】

　　（1）迈克尔逊干涉仪各光学元件的作用是什么？

　　（2）调出等倾干涉条纹的方法有哪些，注意事项是什么？

　　（3）如何利用干涉条纹的"涌出"和"陷入"现象测钠光 D 双线波长？

【实验目的】

　　（1）了解迈克尔逊干涉仪的原理及调节和使用方法。

　　（2）应用迈克尔逊干涉仪测量单色光 He-Ne 激光的波长。

　　（3）测定钠光 D 双线平均波长和波长差。

　　（4）注重培养学生在物理实验过程中操作规范，且时刻注意保护仪器的良好习惯。

【实验仪器】

　　迈克尔逊干涉仪、钠灯、He-Ne 激光器、小孔光阑、扩束镜。

【实验原理】

　　迈克尔逊干涉仪是一种利用分割光波振幅的方法实现干涉现象观测的物理光学仪器，其原理图和结构图分别如图 3.7-1 和图 3.7-2 所示。M_1 和 M_2 是在相互垂直的两臂上放置的两个平面反射镜，其背面各有三个调节螺旋，用来调节镜面的方位；M_2 是固定的，M_1 由精密丝杆控制，可沿臂轴前后移动，其移动距离由转盘读出。仪器前方粗动手轮分度值

为 10^{-2} mm，右侧微动手轮的分度值为 10^{-4} mm，可估读至 10^{-5} mm，两个读数手轮属于蜗轮蜗杆传动系统。在两臂轴相交处，有一与两臂轴各成45°的平行平面玻璃板 P_1，且在 P_1 的第二平面上镀以半透（半反射）膜，以便将入射光分成振幅近乎相等的反射光 1 和透射光 2，故 P_1 又称为分光板。P_2 也是一平行平面玻璃板，与 P_1 平行放置，厚度和折射率均与 P_1 相同。由于它补偿了 1 和 2 之间附加的光程差，故称为补偿板。

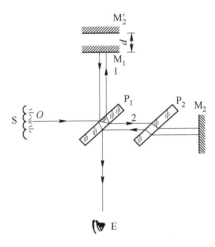

图 3.7-1　迈克尔逊干涉仪原理图

从扩展光源 S 射来的光，到达分光板 P_1 后被分成两部分。反射光 1 在 P_1 处反射后向 M_1 前进；透射光 2 透过 P_1 后向 M_2 前进。这两列光波分别在 M_1、M_2 上反射后逆着各自的入射方向返回，最后都到达人眼 E 处。既然这两列光波来自光源上同一点 O，因而是相干光，在 E 处的观察者能看到干涉图样。

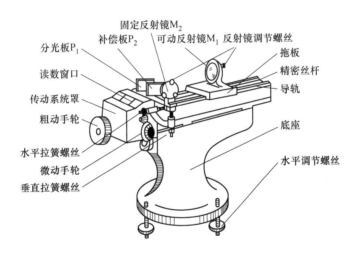

图 3.7-2　迈克尔逊干涉仪结构图

由于从 M_2 返回的光线在分光板 P_1 的第二面上反射，使 M_2 在 M_1 附近形成一平行于 M_1 的虚像 M_2'，因而光在迈克尔逊干涉仪中自 M_1 和 M_2 的反射，相当于自 M_1 和 M_2' 的反射。由此可见，在迈克尔逊干涉仪中所产生的干涉与厚度为 d 的空气膜所产生的干涉是等效的。

1. 扩展光源照明产生的干涉图

等倾干涉

当 M_1 和 M_2 严格平行时，所得的干涉为等倾干涉。所有倾角为 i 的入射光束，由 M_1 和 M_2 反射光线的光程差 Δ 均为

$$\Delta = 2d\cos i \tag{3.7-1}$$

式中，i 为光线在 M_1 镜面的入射角；d 为空气薄膜的厚度。它们将处于同一级干涉条纹，

并定位于无限远。这时，在图 3.7-1 中的 E 处，放一会聚透镜，在其焦平面上（或用眼在 E 处正对 P_1 观察），便可观察到一组明暗相间的同心圆纹。这些条纹的特点如下：

（1）干涉条纹的级次以中心为最高。在干涉纹中心，因 $i = 0$，如果不计反射光线之间的相位突变，由圆纹中心出现亮点的条件

$$\Delta = 2d = k\lambda \tag{3.7-2}$$

得圆心处干涉条纹的级次

$$k = \frac{2d}{\lambda} \tag{3.7-3}$$

当 M_1 和 M_2' 的间距 d 逐渐增大时，对于任一级干涉条纹，如第 k 级，必定以减少其 $\cos i_k$ 的值来满足 $2d\cos i_k = k\lambda$，故该干涉条纹向 i_k 变大（$\cos i_k$ 变小）的方向移动，即向外扩展。这时，观察者将看到条纹好像从中心向外"涌出"，且每当间距 d 增加 $\lambda/2$ 时，就有一个条纹涌出。反之，当间距由大逐渐变小时，最靠近中心的条纹将一个一个地"陷入"中心，且每陷入一个条纹，间距的改变亦为 $\lambda/2$。

因此，只要数出涌出或陷入的条纹数，即可得到平面镜 M_1 以波长 λ 为单位的移动距离。显然，若有 N 个条纹从中心涌出时，则表明 M_1 相对于 M_2' 移远了

$$\Delta d = N \frac{\lambda}{2} \tag{3.7-4}$$

反之，若有 N 个条纹陷入时，则表明 M_1 向 M_2' 移近了同样的距离。根据式（3.7-4），如果已知光波的波长 λ，便可由条纹变动的数目，计算出 M_1 移动的距离，这就是长度的干涉计量原理；反之，已知 M_1 移动的距离和干涉条纹变动的数目，便可算出光波的波长。

（2）干涉条纹的分布是中心宽边缘窄。对于相邻的 k 级和 $k-1$ 级干涉条纹，有

$$2d\cos i_k = k\lambda$$
$$2d\cos i_{k-1} = (k-1)\lambda$$

将两式相减，当 i 较小时，并利用

$$\cos i = 1 - \frac{i^2}{2}$$

可得相邻条纹的角距离 Δi_k 为

$$\Delta i_k = i_k - i_{k-1} \approx \lambda/2di_k \tag{3.7-5}$$

上式表明：1）d 一定时，视场里干涉条纹的分布是中心较宽（i_k 小，Δi_k 大），边缘较窄（i_k 大，Δi_k 小）；2）i_k 一定时，d 越小，Δi_k 越大，即条纹随着薄膜厚度 d 的减小而变宽，所以在调节和测量时，应选择 d 为较小值，即调节 M_1 和 M_2 到分光板 P_1 上镀膜面的距离大致相同。

等厚干涉

当 M_1 和 M_2 有一很小的夹角 α，且当入射角 i 也较小时，一般为等厚干涉条纹，定位于空气薄膜表面附近。此时，由 M_1 和 M_2 反射光线的光程差仍近似为

$$\Delta = 2d\cos i = 2d\left(1 - \frac{i^2}{2}\right) \tag{3.7-6}$$

（1）在两镜面的交线附近处，因厚度 d 较小，di^2 的影响可略去，相干的光程差主要由膜厚 d 决定，因而在空气膜厚度相同的地方光程差均相同，即干涉条纹是一组平行于

M_1 和 M_2' 交线的等间隔的直线条纹。

（2）在离 M_1 和 M_2' 的交线较远处，因 d 较大，干涉条纹变成弧形，而且条纹弯曲的方向是背向两镜面的交线。这是由于式（3.7-6）中 di^2 的作用已不容忽略。由于同一 k 级干涉条纹乃是等光程差点的轨迹，为满足 $2d\left(1-\dfrac{i^2}{2}\right)=k\lambda$，因此用扩展光源照明时，当 i 逐渐增大，必须相应增大 d 值，以补偿由 i 增大时引起光程差的减小。所以干涉条纹在 i 增大的地方要向 d 增加的方向移动，使条纹成为弧形，如图 3.7-3 所示。随着 d 的增大，条纹弯曲越厉害。

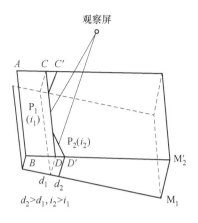

图 3.7-3 扩展光源照明光路图
（等厚干涉条纹）

白光照射下看到彩色干涉条纹的条件

对于等倾干涉，在 d 接近零时可以看到；对于等厚干涉，在 M_1、M_2' 的交线附近可以看到。因为在 $d=0$ 时，所有波长的干涉情况相同，不显彩色；当 d 较大时因不同波长干涉条纹互相重叠，使照明均匀，彩色消失。因此，只有当 d 接近零时才可看到数目不多的彩色干涉条纹。

2. 点光源照明产生的非定域干涉图

点光源 S 经 M_1 和 M_2' 的反射产生的干涉现象，等效于沿轴向分布的两个虚光源 S_1、S_2 所产生的干涉。因从 S_1 和 S_2 发出的球面波在相遇的空间处处相干，故为非定域干涉，如图 3.7-4 所示。激光束经短焦距扩束透镜后，形成高亮度的点光源 S 照明干涉仪。若将观察屏 E 放在不同位置上，则可看到不同形状的干涉条纹。

当观察屏 E 垂直于 S_1S_2 连线时，屏上呈现出圆形的干涉条纹。同等倾条纹相似，在圆环中心处，光程差最大，$\Delta=2d$，级次最高。当移动 M_1 使 d 增加时，圆环一个个地从中心"涌出"；当 d 减小时，圆环一个个地向中心"陷入"。每变动一个条纹，M_1 移动的距离亦为 $\lambda/2$。因此也可用以计量长度或测定波长。

3. 钠光 D 双线的波长差的测量原理

当 M_1 与 M_2' 互相平行时，得到明暗相间的圆形干涉条纹。如果光源是绝对单色的，则当 M_1 镜缓慢地移动时，虽然视场中条纹不断涌出或陷入，但条纹的视见度应当不变。

设亮条纹光强为 I_1，相邻暗条纹光强为 I_2，则视见度 V 可表示为
$$V=(I_1-I_2)/(I_1+I_2)$$
视见度描述的是条纹清晰的程度。

如果光源中包含有波长 λ_1 和 λ_2 相近

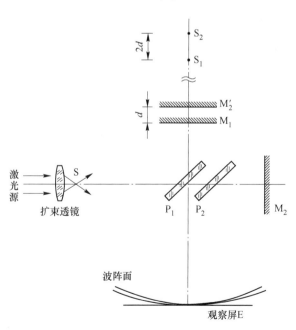

图 3.7-4 点光源照明光路图（等厚干涉条纹）

的两种光波，而每一列光波均不是绝对单色光，以钠黄光为例，它是由中心波长 $\lambda_1 = 589.0$ nm 和 $\lambda_2 = 589.6$ nm 的双线组成，波长差为 0.6 nm。每一条谱线又有一定的宽度，如图 3.7-5 所示。由于双线波长差 $\Delta\lambda$ 与中心波长相比甚小，故称为准单色光。

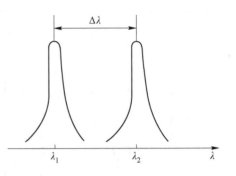

图 3.7-5　准单色光示意图

用这种光源照明迈克尔逊干涉仪，它们将各自产生一套干涉图。干涉场中的强度分布则是两组干涉条纹的非相干叠加，由于 λ_1 和 λ_2 有微小差异，对应 λ_1 的亮环的位置和对应 λ_2 的亮环的位置，将随 d 的变化，而呈周期的重合和错开。因此 d 变化时，视场中所见叠加后的干涉条纹交替出现"清晰"和"模糊甚至消失"。设在 d 值为 d_1 时，λ_1 和 λ_2 均为亮条纹，视见度最佳，则有

$$d_1 = m\frac{\lambda_1}{2},\ d_1 = n\frac{\lambda_2}{2}\quad (m\text{ 和 }n\text{ 为整数})$$

如果 $\lambda_1 > \lambda_2$，当 d 值增加到 d_2，如果满足

$$d_2 = (m + K)\frac{\lambda_1}{2},\ d_2 = (n + K + 0.5)\frac{\lambda_2}{2}\quad (K\text{ 为整数})$$

此时对应 λ_1 是亮条纹，对应 λ_2 则为暗条纹，视见度最差（可能分不清条纹）。从视见度最佳到最差，M_1 移动距离为

$$d_2 - d_1 = K\frac{\lambda_1}{2} = (K + 0.5)\frac{\lambda_2}{2}$$

由 $K\dfrac{\lambda_1}{2} = (K + 0.5)\dfrac{\lambda_2}{2}$ 和 $d_2 - d_1 = K\dfrac{\lambda_1}{2}$ 消去 K 可得二波长差

$$\lambda_1 - \lambda_2 = \frac{\lambda_1\lambda_2}{4(d_2 - d_1)} \approx \frac{\overline{\lambda}_{12}^2}{4(d_2 - d_1)} \tag{3.7-7}$$

式中，$\overline{\lambda}_{12}$ 为 λ_1、λ_2 的平均值。因为视见度最差时，M_1 的位置对称地分布在视见度最佳位置的两侧，所以相邻视见度最差的 M_1 移动距离 Δd 与 $\Delta\lambda(= \lambda_1 - \lambda_2)$ 的关系为

$$\Delta\lambda = \frac{\overline{\lambda}_{12}^2}{2\Delta d} \tag{3.7-8}$$

【实验内容】

1. 迈克尔逊干涉仪的调节

（1）打开 He-Ne 激光光源 S，使激光束经过分束板 P_1 分束，由 M_1、M_2 反射后，照射在 E 处的与光路垂直放置的观察屏上，即呈现两组分立的光斑。

（2）仔细调节 M_1 和 M_2 背后的三个螺丝，改变 M_1 和 M_2 的相对方位，直至两组光斑在水平方向和铅直方向均完全重合，这时可观察到干涉条纹，仔细调节三个螺丝，使干涉条纹尽量少。

（3）再在激光器前（靠近迈克尔逊干涉仪）共轴放入扩束镜，屏上即可出现圆形条纹。

（4）细致缓慢地调节 M$_2$ 下方的两个微调拉簧螺丝，使干涉条纹中心仅随观察者的眼睛左右上下的移动而移动，但不发生条纹的"涌出"或"陷入"现象。这时，观察到的干涉纹才是严格的等倾干涉。如果眼睛移动时，看到的干涉环有"涌出"或"陷入"现象，要分析一下再调。

2. 测定 He-Ne 激光波长

（1）校准读数系统。旋转粗动手轮，使 M$_1$ 移动，观察条纹的变化。选择条纹的变化方向（"涌出"或"陷入"），判断 d 的变化，并观察 d 的取值与条纹粗细、疏密的关系。

（2）当视场中出现清晰的、可视度较好的干涉圆环时，再慢慢地转动微动手轮，可以观察到视场中心条纹向外一个一个地"涌出"（或者向内"陷入"中心）。这时"回程差"已基本消除。

（3）继续沿该方向调节微动手轮，使其读数对准零。再旋转粗动手轮，使读数对齐某个整刻度，这样便调节好粗动手轮与微动手轮的读数关系。然后再转动微动手轮，观察到条纹的变化，以便消除最后的"回程差"。此时读数系统校准完毕。

（4）开始记数时，记录 M$_1$ 镜的位置 d_1（两读数转盘读数相加）；继续转动微动手轮，数到条纹从中心向外涌出 100 个时，停止转动微动手轮，再记录 M$_1$ 镜的位置 d_2，于是利用式（3.7-4）即可算出待测光波的波长 $\lambda = 2\Delta d / N$。

重复测量几次，取其平均值并计算不确定度，与公认值比较。

3. 测定钠光 D 双线的波长差（选做内容）

（1）以钠灯为光源调干涉仪看到等倾干涉条纹。

（2）移动 M$_1$，使视场中心的视见度最小，记录 M$_1$ 的位置为 d_1；沿原方向继续移动 M$_1$，直至视见度又为最小，记录 M$_1$ 的位置为 d_2，则 $\Delta d = |d_2 - d_1|$。

重复测量几次，取其平均值，利用式（3.7-8）计算钠光 D 双线波长差。

【数据处理】

（1）计算 He-Ne 激光波长平均值及其不确定度，写出测量结果；与公认值 $\lambda_0 = 632.8$ nm 比较，计算百分误差。

（2）计算钠光 D 双线波长差的平均值及其不确定度，写出测量结果；与公认值 $\Delta\lambda = 0.6$ nm 比较，计算百分误差。

【注意事项】

迈克尔逊干涉仪系精密光学仪器，使用时应注意：

（1）注意防尘、防潮、防震；不能触摸元件的光学面，不要对着仪器说话、咳嗽等。

（2）实验前和实验结束后，所有调节螺丝均应处于放松状态，调节时应先使之处于中间状态，以便有双向调节的余地，调节动作要均匀缓慢。

（3）有的干涉仪粗动手轮和微动手轮传动的离合器啮合时，只能使用微动手轮，不能再使用粗动手轮，否则会损坏仪器。

（4）旋转微动手轮进行测量时，特别要防止回程误差。由于震动对测量的影响甚大，一定要在操作过程中避免震动，且干涉仪的三个底脚要加软垫！

【思考与讨论】

（1）调节迈克尔逊干涉仪时看到的亮点为什么是两排而不是两个，两排亮点是怎样形成的？

（2）实验中观察钠光等倾干涉条纹时为什么要通过毛玻璃的光束照明？

（3）利用钠光的等倾干涉现象测钠光 D 双线波长差时，应将等倾条纹调到何种状态？测量时应注意哪些问题？

实验八　透射光栅测定光波波长

【实验导读与课程思政】

光栅是具有空间周期性结构的分光元件。最早的光栅是绕线光栅，由美国天文学家里顿豪斯（Rittenhouse，1732—1796 年）于 1786 年用平行的细金属丝绕制而成，该光栅约 4.3 线/mm。1801 年，托马斯·杨（Thomas Young，1773—1829 年）用刻有一系列平行线的玻璃测微尺当作光栅，并于 1813 年认识到所观察的彩色是由相邻刻线的微小距离所致。1821 年，夫琅和费（Fraunhofer，1787—1826 年）用自制的细丝光栅和带有角游标的分光计进行了衍射实验，测量了光的波长，成为第一个定量研究衍射光栅的科学家；两年后，他又刻制了色散较大的反射式衍射光栅并给出了沿用至今的光栅方程。1867 年，刘易斯·卢瑟福（Lewis Morris Rutherfurd，1816—1892 年）用水轮机作为刻划机制作的光栅优于当时最好的光栅；1870 年，他用金刚石刻刀在 50 mm 宽的反射镜上刻划了 3500 槽，这是第一块分辨率和棱镜相当的光栅，具有重大意义。19 世纪 80 年代，罗兰（Rowland，1848—1901 年）发明光栅刻划机和凹面光栅，提高光栅刻划技术的同时也提高了光栅的精度。在此基础上，1920 年，伍德（Wood，1868—1955 年）利用"闪耀"技术改进了光栅刻槽的形状，大大提高了光栅的衍射效率。

随着技术的不断进步，从 20 世纪 50 年代开始，光栅刻划技术由原来的机械刻划向光电控制跨越。不仅提高了刻线密度，减小了各种误差，还改进了光栅的各项技术指标，标志着光栅刻划技术进入一个新时期。经过近几十年的发展，涌现出很多种类的光栅，以制作方法不同为例进行分类，现发展起来的光栅主要有刻划光栅，复制光栅以及全息光栅等。

【课前预习】

（1）什么是光栅？光栅常数是如何定义的？

（2）光栅方程如何建立的，光栅方程的适用条件是什么？

（3）什么是光栅的角色散？光栅分光本领与什么有关？

（4）光栅应如何放置在载物台上？

【实验目的】

（1）加深对光栅分光原理的理解。

（2）用透射光栅测定光栅常量、光波波长和光栅角色散。

（3）熟悉分光计的使用方法。

【实验仪器】

分光计、平面透射光栅、汞灯。

【实验原理】

光栅是利用多缝衍射原理使光发生色散的一种光学元件，它实际上是一组数目极多、平行等距、紧密排列的等宽狭缝。通常分为应用透射光工作的透射光栅和应用反射光工作的反射光栅。透射光栅是用金刚石刻刀在平面玻璃上刻划许多等距的平行线制成的，刻痕处由于散射不易透光，光线只能从刻痕间的狭缝中通过。平面反射光栅是在磨光的硬质合金上刻划均匀的平行线。20 世纪 60 年代以来，随着激光技术的发展又制出了全息光栅。

由于光栅衍射条纹狭窄细锐，分辨本领高，所以光栅作为摄谱仪、单色仪等光学仪器的分光元件，用来测定光波波长、研究光谱的结构和强度。本实验中用的是平面透射光栅，每毫米 600 条线。

1. 光栅方程

如图 3.8-1 所示，设 S 为位于透镜 L_1 第一焦平面上的细长狭缝，G 为光栅，光栅的缝宽为 d，相邻狭缝间不透明部分的宽度 b，自 L_1 射出的平行光垂直地照射在光栅 G 上。透镜 L_2 将与光栅法线成 θ 角的衍射光会聚于其第二焦平面上的 P_θ 点。由夫琅和费衍射理论知，产生衍射亮条纹的条件

$$d\sin\theta = k\lambda \quad (k = \pm 1, \pm 2, \cdots, \pm n) \tag{3.8-1}$$

该式称为光栅方程，式中，θ 是衍射角；λ 是光波波长；k 是光谱级数；$d = a + b$ 是光栅常数。因为衍射亮条纹实际上是光源狭缝的衍射现象，是一条细锐的亮线，所以又称为光谱线。

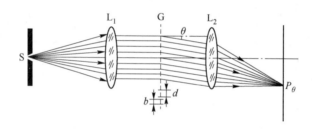

图 3.8-1　光栅

如果入射光不是单色光，由光栅方程可以看出，对于同一级谱线，复色光的波长不同，所对应的衍射角 θ 也各不相同，于是复色光将被分解。而在中央处，当 $k = 0$ 时，任何波长的光均满足式（3.8-1），亦即在 $\theta = 0°$ 的方向上，各种波长的光谱线重叠在一起，形成明亮的 0 级光谱。对于 k 的其他数值，不同波长的光谱线出现在不同的方向上（θ 的值不同），在中央明条纹零级光谱的两侧对称地分布着 $k = \pm 1, \pm 2, \cdots$ 级光谱，各级光谱都按波长的大小依次排成一组彩色谱线，称为光栅光谱，如图 3.8-2 所示。若光栅常数 d 已知，在实验中测定了某谱线的衍射角 θ 和对应的光谱级数 k，则可由式（3.8-1）求出该谱线的波长 λ；反之，如果波长 λ 是已知的，则可求出光栅常数 d。

2. 光栅的基本特性

（1）角色散率。由光栅方程（3.8-1）对 λ 微分，就可得到光栅的角色散率

$$D = \frac{\mathrm{d}\theta}{\mathrm{d}\lambda} = \frac{k}{d\cos\theta} \tag{3.8-2}$$

角色散率是光栅、棱镜等分光元件的重要参数，它表示单位波长间隔内两单色谱线之间的角间距，当光栅常数 d 越小时，角色散越大；光谱的级次越高，角色散也越大。且当光栅衍射时，如果衍射角不大，则 $\cos\theta$ 接近不变，光谱的角色散几乎与波长无关，即光谱随波长的分布比较均匀，这和棱镜的不均匀色散有明显的不同。当常数 d 已知时，若测得某谱线的衍射角 θ 和光谱级数 k，可依式（3.8-2）计算这个波长的角色散率。

（2）分辨本领。光栅的分辨本领 R 是指把波长靠得很近的两条谱线分辨清楚的本领。

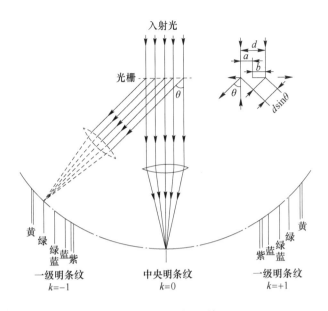

图 3.8-2　光栅光谱

其定义为两条刚被分开的谱线的平均波长$\overline{\lambda}$与该两条谱线的波长差$\Delta\lambda$之比。即

$$R = \frac{\overline{\lambda}}{\Delta\lambda} \tag{3.8-3}$$

根据瑞利判据，两条刚被分开的谱线规定为：其中一条谱线的极大值正好和另一条谱线的极小值重合。可推得：

$$R = kN \tag{3.8-4}$$

式中，N是光栅有效面积内的狭缝总数目。

上式说明：分辨本领正比于狭缝总数N，而与光栅常数d无关。光栅狭缝总数目越多，谱线越细锐；分辨本领随光谱级次k的增大而增强；同一级中不同波长的谱线的分辨本领是相同的。

【实验内容】

1. 分光计的调节

在进行调整前，应先熟悉分光计中下列螺丝的位置：

（1）目镜调焦手轮（看清分划板刻线）；

（2）望远镜调焦（看清物体）手轮（或螺钉）；

（3）调节望远镜水平螺钉；

（4）控制望远镜（连同刻度盘）转动的螺丝；

（5）调整载物台水平状态的三个螺丝；

（6）控制载物台转动的制动螺钉；

（7）调整平行光管狭缝宽度的螺丝；

（8）调整平行光管水平的螺丝；

（9）平行光管调焦的狭缝套筒制动螺丝。

分光计的调节内容和过程大致如下：

（1）目测粗调：将望远镜、载物台、平行光管用目测粗调成水平，并与中心轴垂直。

（2）用自准法调整望远镜聚焦于无穷远。调节目镜调焦手轮，直到能够清楚地看清分划板上的"＋"字叉丝和绿"＋"字为止。然后松开望远镜套筒紧固螺丝，将小平面镜放到载物台上轻缓转动载物台，或轻调载物台和望远镜的水平螺钉，从望远镜中观察到反射回的绿色"＋"字像（或模糊的像斑）。调节望远镜目镜套筒的位置，使绿色"＋"字像清晰，此时锁紧望远镜紧固螺丝。注意消除视差。

（3）调节望远镜光轴与分光计中心轴垂直。先粗调，也就是首先通过目视调节望远镜和载物台的水平调节螺钉，使之大致呈水平状态。将小平面镜放到载物台上轻缓转动载物台，从望远镜中能够观察到小平面镜两面反射回的"＋"字像，然后细调望远镜及载物台的水平调节螺钉，使绿色"＋"字像与望远镜视场中上方"＋"字叉丝处重合。

（4）调整平行光管。将小平面镜从载物台上取下，用已调好的望远镜调整平行光管，调节平行光管的水平螺钉使其处于水平状态。调节狭缝装置的位置，使从望远镜里看到的狭缝的像最清晰。调节缝宽，使像的宽度大约为 1 mm。然后转动狭缝套筒使狭缝呈水平，锁紧套筒上的紧固螺钉。调节平行光管仰角螺钉，使狭缝像与视场中的"＋"字叉丝中水平线重合。此时平行光管的光轴便与分光计的中心轴垂直。松动套筒上的紧固螺钉，转回狭缝套筒，使狭缝像的中心位于望远镜叉丝的交点上。

至此，分光计的本体已调节至可用的状态。

2. 光栅位置的调节

（1）调节入射光垂直于光栅平面。平行光垂直入射光栅平面是光栅方程成立的条件。将光栅如图 3.8-3 所示放置在载物台上，光栅平面垂直于螺钉 b、c 连线，转动望远镜，调节光栅光谱的中央明条纹与"＋"字叉丝竖线重合。调节载物台调平螺钉 b 或 c（注：望远镜、平行光管的俯仰调节螺钉已调好，不能再动！），使从光栅平面反射回来的"＋"字像与分划板上"丰"形叉丝的上十字重合。然后旋紧游标盘紧锁螺钉，将载物台连同光栅一并固定。

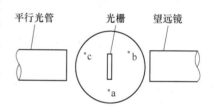

图 3.8-3　光栅在载物台上的位置

（2）调节光栅狭缝平行于仪器中心轴转动望远镜，观察衍射光谱的分布情况，注意中央明条纹两侧的衍射光谱是否等高。若不等高，说明光栅刻线与仪器中心转轴不平行，此时调节载物台调平螺钉 a（不可调 b、c），使中央明条纹两侧的谱线等高。

3. 光栅常数的测量

根据式（3.8-1），只要测出第 k 级光谱中波长 λ 已知谱线的衍射角 θ，就可以求出 d 值。

保持光栅位置不动，以光谱中的绿线（$\lambda = 546.07$ nm）为已知谱线，通过测量衍射角 θ，计算出光栅常量 d（对称测量，且测量次数不少于 3 次）。

4. 测量未知波长

以 d 为已知量，通过测量衍射角 θ，将数据填入表格当中，算出汞灯谱线中其余谱线的波长 λ（一条紫线，两条黄线）。

5. 测量光栅的角色散

用钠灯或汞灯为光源，测量其 1 级或 2 级光谱中双黄线的衍射角，双黄线的波长差 $\Delta\lambda$，对钠光谱为 0.597 nm，对汞光谱为 2.06 nm，结合测得的衍射角之差 $\Delta\theta = \theta_2 - \theta_1$，求角色散率 D。

6. 考查光栅的分辨本领

用钠灯为光源，观察它的 1 级光谱的两条黄线，在此是考查所用的光栅，当两条黄线刚能被分辨出时光栅的刻度线应限制在多少。

转动望远镜看到钠光谱的双黄线，在准直管和光栅之间放置一宽度可调节的单缝，使单缝的方向和准直管狭缝一致，由大到小改变单缝的宽度，直至双黄线刚刚被分开。反复测几次，取下单缝，用移测显微镜测出缝宽 b。则在单缝掩盖下，光栅的露出部分的刻线数 N 等于 $N = b/d$，由此求出光栅露出部分的分辨本领 R，并与由式（3.8-3）求出的理论值相比较。

【数据处理】

（1）根据式（3.8-1）求出紫光谱线的波长，并计算其不确定度。

（2）根据式（3.8-1）求出双黄线 1 级光谱线波长，并计算其不确定度。

（3）根据式（3.8-1）求出双黄线 2 级光谱线波长，并计算其不确定度。

【注意事项】

（1）分光计是精密仪器，调节螺钉比较多，在不清楚这些螺钉的作用和用法以前，请不要乱动，以免损坏分光计。

（2）光栅是精密光学元件，严禁用手触摸刻痕，以免损坏。

（3）测量衍射角时：

1）最好将望远镜固定，用微调旋更方便一些；

2）从左至右（或从右至左）依次测量 +3、+2、+1 级和 -1、-2、-3 级的条纹位置，分别记录左、右游标的读数。

（4）使用测量显微镜测光栅常数时，注意消除螺距差的影响。

【思考与讨论】

（1）分光计主要由哪几部分组成？为什么说望远镜的调整是分光计调整的基础和关键？

（2）分光计的望远镜要调整到什么状态？

（3）光栅在载物台上要调整到什么状态？

（4）调望远镜时如何发现和消除视差？

（5）分光计在设计上是如何消除偏心差的？

实验九　衍　射　实　验

【实验导读与课程思政】

光在传播过程中能够绕过障碍物的边缘前进，这种偏离直线传播的现象称为光的衍射。衍射时产生的明暗条纹或光环，称为衍射图样。光的衍射证明了光具有波动性。

光的衍射效应最早是由意大利物理学家和天文学家弗朗西斯科·格里马第（Francesco Grimaldi）于 1666 年发现的，其在出版的著作《光的物理学》一书中记载了光线通过棍棒后的强弱分布，发现光的分布没有截然的边界，并给出了"衍射"术语。他提出"光不仅会沿直线传播、折射和反射，还能够以第四种方式传播"，即通过衍射的形式传播。衍射（Diffraction）这个词源于拉丁语词汇 diffringere，意为"成为碎片"，即波原来的传播方向被"打碎"，弯散至不同的方向。荷兰物理学家惠更斯在 1678 年提出惠更斯原理，用波动说解释衍射。1882 年，德国物理学家基尔霍夫用积分定理建立了衍射理论。

光的衍射现象是弗朗西斯科·格里马第在实验过程中无意发现的，这一现象无法用当时存在的光的粒子性来解释。光的衍射现象的发现推动了光的波动性的后续研究，从而推动了光学的巨大进步。我们在日常学习、工作、生活中也要养成多观察、勤思考、敢于探究事物本质的求知精神。

【课前预习】

（1）什么叫光的衍射现象？

（2）什么条件下可能发生光的衍射现象？

（3）单缝衍射图案是什么形状？规则的圆孔衍射图案是什么形状？

【实验目的】

（1）观察圆孔及单缝衍射现象，加深对衍射理论的理解。

（2）学会用衍射法测量狭缝宽度。

（3）学会用衍射法测量微小的圆孔直径。

【实验仪器】

激光器、可调单缝、圆孔、米尺。

【实验原理】

1. 单缝衍射的光强分布及单缝宽度的测量

当光在传播过程中经过障碍物，如不透明物体的边缘、小孔、细线、狭缝等时，一部分光会传播到几何阴影中去，产生衍射现象。如果障碍物的尺寸与波长相近，那么，这样的衍射现象就比较容易观察到。

单缝衍射有两种：一种是菲涅耳衍射，单缝距光源和接收屏均为有限远或者说入射波和衍射波都是球面波；另一种是夫琅和费衍射，单缝距光源和接收屏均为无限远或者相当于无限远，即入射波和衍射波都可看作平面波。

在用散射角极小的激光器产生激光束，通过一条很细的狭缝（0.1～0.3 mm 宽），在狭缝后大于 1.5 m 的地方放上观察屏，就可看到衍射条纹，衍射装置如图 3.9-1 所示。

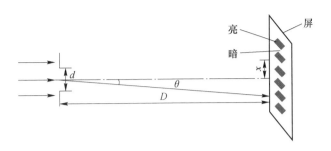

图 3.9-1　单缝衍射装置图

当激光照射在单缝上时，根据惠更斯-菲涅耳原理，单缝上每一点都可看作向各个方向发射球面子波的新波源。由于子波叠加的结果，在屏上可以得到一组平行于单缝的明暗相间的条纹。

由理论计算可得，垂直入射于单缝平面的平行光经单缝衍射后光强分布的规律为

$$\begin{cases} I = I_0 \dfrac{\sin^2\theta}{\theta^2} \\ \theta = Bx \\ B = \dfrac{\pi d}{\lambda D} \end{cases} \qquad (3.9\text{-}1)$$

式中，d 是狭缝宽度；λ 是波长；D 是单缝位置到光屏位置的距离；x 是从衍射条纹的中心位置到测量点之间的距离。其光强分布如图 3.9-2 所示。

当 θ 相同，即 x 相同时，光强相同，所以在屏上得到的光强相同的图样是平行于狭缝的条纹。当 $\theta = 0°$ 时，$x = 0$，$I = I_0$，在整个衍射图样中，此处光强最强，称为中央主极大；当 $\theta = K\pi$（$K = \pm 1$，± 2，…），即 $\theta = K\lambda D/d$ 时，$I = I_0$ 在这些地方为暗条纹。暗条纹是以光轴为对称轴，呈等间隔、左右对称的分布。中央亮条纹的宽度 Δx 可用 $K = \pm 1$

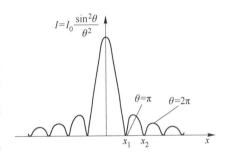

图 3.9-2　光强分布图

的两条暗条纹间的间距确定，$\Delta x = 2\lambda D/d$；某一级暗条纹的位置与缝宽 d 成正比，d 大，x 小，各级衍射条纹向中央收缩，当 d 宽到一定程度，衍射现象便不再明显，只能看到中央位置有一条亮线，这时可以认为光线是沿直线传播的。于是，单缝的宽度为

$$d = \frac{K\lambda D}{x} \qquad (3.9\text{-}2)$$

因此，如果测到了第 K 级暗条纹的位置 x，用光的衍射可以测量细缝的宽度。

光的衍射现象是光的波动性的一种表现。研究光的衍射现象不仅有助于加深对光本质的理解，而且能为进一步学好近代光学技术打下基础。衍射使光强在空间重新分布，利用光电元件测量光强的相对变化，是测量光强的方法之一，也是光学精密测量的常用方法。根据互补原理，光束照射在细丝上时，其衍射效应和狭缝一样，在接收屏上可得到同样的明暗相间的衍射条纹。因此，利用上述原理也可以测量细丝直径及其动态变化。

2. 圆孔的夫琅和费衍射及圆孔的直径测量

夫琅和费衍射不仅表现在单缝衍射中，也表现在圆孔的衍射中，装置如图 3.9-3 所示。平行的激光束垂直地入射于圆孔光阑 1 上，衍射光束被透镜 2 会聚在它的角平面 3 上，若在此焦平面上放置一接收屏，将呈现出衍射条纹。衍射条纹为同心圆，它集中了 84% 以上的光能量，P 点的光强分布为

$$I = I_0 \left(\frac{2J_1(x)}{x} \right)^2 \tag{3.9-3}$$

式中，$J_1(x)$ 为一阶贝塞尔函数，它可以展开成 x 的级数

$$J_1(x) = \sum_{k=0}^{\infty} \frac{(-1)^k}{k!(k+1)!} \left(\frac{x}{2} \right)^{2k+1} \tag{3.9-4}$$

式中，x 可以用衍射角 θ 及圆孔半径 a 表示

$$x = \frac{2\pi a}{\lambda} \sin\theta \tag{3.9-5}$$

式中，λ 是激光波长（He-Ne 激光器 $\lambda = 632.8$ nm）。衍射条纹的光强极小点就是一阶贝塞尔函数的零点，它们是 $x_0 = 3.832$，7.0162，10.174，13.32，…衍射条纹的光强极大点对应的 $x = 5.136$，8.460，11.620，13.32，…中央光斑（第一暗环）的直径为 D_0，P 点的位置由衍射角 θ 来确定，若屏上 P 点离中心 O 的距离为 r（$r \approx f\sin\theta$），则中央光斑的直径 D_0 为

$$D_0 = 2f\sin\theta = 2f\frac{x_{01}\lambda}{2\pi a} = \frac{x_{01}}{\pi} \cdot \frac{\lambda f}{a} = 1.22 \frac{\lambda f}{a} \tag{3.9-6}$$

式中，$x_{01} = 3.832$ 是一阶贝塞尔函数的第一个零点。同理，可推算出第 n 个暗环直径 D_n 为

$$D_n = \frac{x_{0n}}{\pi} \cdot \frac{\lambda f}{a} \tag{3.9-7}$$

$$a = \frac{x_{0n}}{\pi} \cdot \frac{\lambda f}{D_n} \tag{3.9-8}$$

式中，x_{0n} 是一阶贝塞尔函数第 n 个零点（$n = 1, 2, 3, \cdots$）。由式（3.9-6）可知，只要测得中央光斑的直径 D_0，便可求得圆孔半径 a。

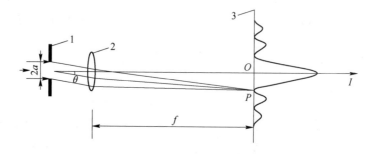

图 3.9-3 圆孔衍射示意图

1—圆孔光阑；2—透镜；3—角平面

【实验内容】

1. 单缝衍射宽度的测量

（1）开启激光电源，预热直至激光光源发出的光稳定。

（2）将单缝靠近激光器的激光管管口，并照亮狭缝。

（3）用接收屏进行观察，通过单缝装置底座旋钮调节单缝倾斜度及左右位置，使衍射花样水平，两边对称。然后改变缝宽，观察花样变化规律。

（4）调整到合适的缝宽，使接收屏出现清晰的衍射条纹后，测出三条暗条纹的位置（左右对称）及测量单缝到光屏之间的距离 D。

（5）不改变缝宽，步骤（4）重复测量3次。

2. 圆孔直径的测量

（1）开启激光电源，预热直至激光光源发出的光稳定。

（2）将圆孔靠近激光器的激光管管口，先用纸屏进行观察，通过圆孔装置底座旋钮调节单缝倾斜度及左右位置使激光透过圆孔。

（3）微调圆孔装置底座旋钮，使圆孔透光最强，衍射图案最清晰。此时固定光路。

（4）旋转圆盘，改变孔径宽度，观察花样变化规律。

（5）固定光路，用坐标纸分别测出圆孔理论直径值 $\varphi = 0.10$、0.15、0.20、0.30、0.50（单位 mm）时的中央光斑的直径 D_0，以及测量圆孔到光屏之间的距离 f，由式（3.9-6）求出圆孔半径 a。

（6）不改变圆孔直径，步骤（5）重复测量3次。

【数据处理】

1. 单缝衍射宽度的测量

（1）根据三条暗条纹的位置，利用式（3.9-2），分别计算出单缝的宽度 d，然后求其平均值。

（2）根据测量的数据计算出测量值与读数值 d_α 之间的百分误差。

2. 圆孔直径的测量

（1）由式（3.9-6）求出圆孔半径 a。

（2）根据测量的数据计算出测量值与平均值之间的百分误差。

【注意事项】

（1）实验需要在暗室中进行，实验过程中要防止激光射入人眼。

（2）光路调整好后要及时锁定仪器，防止实验操作过程中不小心破坏光路。

【思考与讨论】

（1）夫琅和费衍射应符合什么条件？

（2）单缝衍射光强是怎么分布的？

（3）如果激光器输出的单色光照射在一根头发丝上，将会产生怎样的衍射花样？可用本实验的哪种方法测量头发丝的直径？

实验十　光的偏振特性研究

【实验导读与课程思政】

偏振是粒子振动方向相对于传播方向出现不对称振动的现象。光波矢量振动的空间分布相对于光的传播方向失去对称性的现象称为光的偏振。光的偏振现象证明了光的横波性。在垂直于传播方向的平面内，包含一切可能方向的横振动，且平均说来任一方向上具有相同的振幅，这种横振动对称于传播方向的光称为自然光（非偏振光）。凡其振动失去这种对称性的光统称偏振光。偏振光可分为完全偏振光和部分偏振光，完全偏振光又可分为线偏振光、圆偏振光和椭圆偏振光，其中线偏振光及圆偏振光可视为椭圆偏振光的特例。1809 年，马吕斯在实验中发现了光的偏振现象。1811 年，布儒斯特在研究光的偏振现象时发现了光的偏振现象的经验定律。

实践出真知，在平时的实验操作过程中除了要养成细致观察、勤于思考的学习习惯，也要养成打破砂锅问到底的科学探索精神。

【课前预习】

（1）什么是光的偏振？

（2）偏振光分为哪两种？完全偏振光如何分类？

（3）什么是起偏？什么是检偏？

（4）马吕斯定律的表达式是什么？

【实验目的】

（1）观察光的偏振现象，掌握偏振光的产生和检验方法。

（2）验证马吕斯定律。

（3）观察线偏振光通过 $\frac{\lambda}{2}$ 波片后的现象。

（4）用 $\frac{\lambda}{4}$ 波片产生椭圆偏振光。

（5）观察反射光起偏，验证布儒斯特角。

【实验仪器】

半导体激光器（波长 $\lambda = 650$ nm）、偏振片（有效直径 $\phi 25$ mm）、$\frac{\lambda}{2}$ 波片、$\frac{\lambda}{4}$ 波片、光强度检测计（光电流测量范围 $0 \sim 2 \times 10^{-4}$ A，最小读数 1×10^{-10} A）、支撑座。

【实验原理】

1. 平面偏振光的产生

（1）由反射和折射产生偏振。自然光在透明介质（如玻璃）上反射或折射时，其反射光和折射光为部分偏振光。当入射角为布儒斯特角（即：入射角满足 $\tan i = n$，n 为透明介质折射率）时反射光接近于完全偏振光，其偏振面垂直于入射面。

（2）由二向色性晶体的选择吸收产生偏振。有些晶体（如电气石、人造偏振片）对两个相互垂直振动的电矢量有不同的吸收本领，称为二向色性。当自然光通过二向色性晶体时，其中一部分的振动几乎被完全吸收，而另一部分的振动几乎没有损失（图 3.10-1），因此，透射光就成为平面偏振光。利用偏振片可以获得截面较宽的偏振光束，而且造价低廉，使用方便。但偏振片的缺点是有颜色，光透过率稍低。

（3）由晶体双折射产生偏振。当自然光入射于某些各向异性晶体时，在晶体内折射后分解为两束平面偏振光（o 光、e 光），并以不同的速度在晶体内传播，可用某一方法使两束光分开，除去其中一束，剩余的一束就是平面偏振光。尼科尔（Nicol）棱镜是这类元件之一（图 3.10-2）。它由两块经特殊切割的方解石晶体，用加拿大树胶黏合而成。偏振成平行于晶体的主截面的偏振光可以透过尼科尔棱镜，垂直于主截面的偏振光在胶层上发生全反射而被除掉。

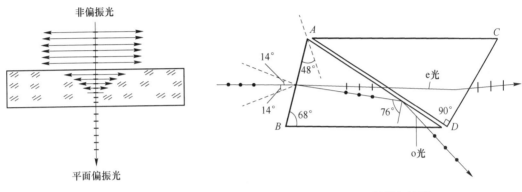

图 3.10-1 二向色性晶体产生偏振　　　　图 3.10-2 尼科尔棱镜

2. 圆偏振光和椭圆偏振光的产生

如图 3.10-3 所示，当振幅为 A 的平面偏振光垂直入射到表面平行于光轴的双折射晶片时，若振动方向与晶片光轴的夹角为 α，则在晶片表面上 o 光和 e 光的振幅分别为 $A\sin\alpha$ 和 $A\cos\alpha$，它们的位相相同。在晶片中，o 光与 e 光传播方向相同，由于传播速度不同，经过厚度为 d 的晶片后，o 光与 e 光之间将产生位相差 δ：

$$\delta = \frac{2\pi}{\lambda_0}(n_o - n_e)d \tag{3.10-1}$$

式中，λ_0 为光在真空中的波长；n_o 和 n_e 分别为晶体中 o 光与 e 光的折射率。

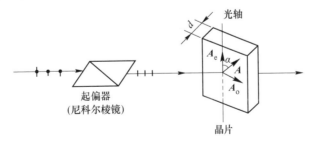

图 3.10-3 偏振光产生原理

（1）如果晶片的厚度使产生的位相差 $\delta = \frac{1}{2}(2k+1)\pi$（$k = 0，1，2，\cdots$），这样的晶片称为 1/4 波片（$\frac{\lambda}{4}$ 波片）。平面偏振光通过 $\frac{\lambda}{4}$ 波片后，透射光一般是椭圆偏振光，当

$\alpha = \pi/4$ 时，则为圆偏振光；当 $\alpha = 0$ 和 $\pi/2$ 时，椭圆偏振光退化为平面偏振光。换言之，$\dfrac{\lambda}{4}$ 波片可将平面偏振光变成椭圆或圆偏振光，也可将椭圆与圆偏振光变成平面偏振光。

（2）如果晶片的厚度使产生的位相差 $\delta = (2k+1)\pi$（$k = 0, 1, 2, \cdots$），这样的晶片称为半波片（$\dfrac{\lambda}{2}$ 波片）。若入射平面偏振光的振动面与半波片光轴的夹角为 α，则通过半波片后的光仍为平面偏振光，但其振动面相对于入射光的振动面转过 2α 角。

3. 平面偏振光通过检偏器后光强的变化

自然光可看成是两个互相垂直的线偏振光的叠加，如果其中一个方向的线偏振光被去除，而只剩下另一个方向的线偏振光，则此时自然光被改造成了线偏振光，这个过程称为起偏，产生起偏作用的光学元件称为起偏器。偏振片是最简单也是最常用的偏振元件。现在广泛应用的人造偏振片，是利用某种具有二向色性的物质的透明薄片制成的。它能吸收某一方向的光矢量的振动，而只让与这个方向相垂直的光矢量振动通过（实际上也有吸收，但吸收很少）。偏振片上能通过光振动的方向称为偏振化方向，也叫透振方向（或透光轴）。

如图 3.10-4 所示，两个平行放置的偏振片 P_1、P_2，它们的偏振化方向 L_1 和 L_2 的夹角为 α。当自然光垂直入射到偏振片 P_1 后，透过的光称为线偏振光，其光矢量的振动方向平行于 P_1 的偏振化方向，强度 I_1 是入射光强度 I_0 的一半。该线偏振光（设其振幅为 A_1，则 $I_1 = A_1^2$）再入射到 P_2 上，则沿 P_2 偏振化方向的振幅分量为 $A_1\cos\alpha$（图 3.10-5），则从 P_2 透射的线偏振光的强度为

$$I_2 = A_1^2\cos^2\alpha = I_1\cos^2\alpha \tag{3.10-2}$$

上式称为马吕斯定律，式中，α 为平面偏振光偏振面和检偏器主截面的夹角。该定律表示改变 α 角可以改变透过检偏器的光强。

由上式可看出，当 $\alpha = 0°$ 或 $180°$ 时，$I_2 = I_1$，此时透射光的强度最强；当 $\alpha = 90°$ 或 $270°$ 时，$I_2 = 0$，此时光强最小，这种现象称为消光；当 α 为其他值时，光强介于二者之间。若入射到偏振片 P_2 上的光是线偏振光，则旋转 P_2 时，透射光会出现上述的光强变化；而当自然光入射到偏振片 P_2 时，旋转偏振片 P_2，光强不变，则不会出现上述现象。因此，偏振片 P_2 起到了检验线偏振光的作用，称为检偏器。

当起偏器和检偏器的取向使得通过的光量最大时，称它们为平行（此时 $\theta = 0°$）；当两者的取向使得系统射出的光量最小时，称它们为正交（此时 $\theta = 90°$）。

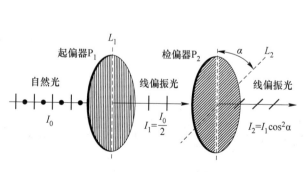

图 3.10-4　起偏器和检偏器

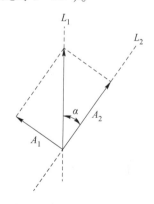

图 3.10-5　沿 P_2 偏振化方向的振幅分量

【实验内容】

1. 实验一：验证马吕斯定律

验证马吕斯定律实验装置如图 3.10-6 所示。

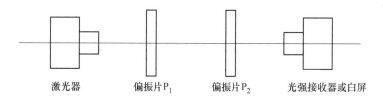

图 3.10-6　验证马吕斯定律实验装置图

实验步骤：

（1）在实验导轨上开启激光，将激光束导入光强接收器。在激光器与光强接收器之间放入偏振片 P_1，旋转 P_1，使光强检测计量到最大值。

（2）将偏振片 P_2 放到 P_1 之后，旋转 P_2，使光强检测计量到最大值，记录最大的光强度。这时两偏振片 P_1 与 P_2 的偏振轴应在同一方向上。

（3）缓慢转动 P_2，每隔 15° 记录光的强度，直到 P_2 与 P_1 的偏振轴互相垂直成 90°。

（4）将测得光的强度与偏振轴之间角度关系绘制成一幅坐标图，并以此验证马吕斯定律。

2. 实验二：观察线偏振光通过 $\frac{\lambda}{2}$ 波片后的现象

观察线偏振光通过 $\frac{\lambda}{2}$ 波片后现象的实验装置如图 3.10-7 所示。

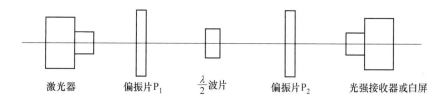

图 3.10-7　观察线偏振光通过 $\frac{\lambda}{2}$ 波片后现象的实验装置图

实验步骤：

（1）在实验导轨上开启激光，将激光束导入光强接收器。

（2）在激光器与光强接收器之间放入偏振片 P_1，旋转 P_1，使光强检测计量到最大值。

（3）将偏振片 P_2 放到 P_1 之后，旋转 P_2，使光强检测计量到最小值，这时两偏振片 P_1 与 P_2 的偏振轴已互相垂直成 90°。

（4）在 P_1 与 P_2 之间放置 $\frac{\lambda}{2}$ 波片，旋转 $\frac{\lambda}{2}$ 波片，直到透过 P_2 的光强检测计量值最小，若偏振片质量上乘，应该可以调到完全看不到穿透光，即消光。这时 $\frac{\lambda}{2}$ 波片的快轴或慢轴与 P_1 偏振轴方向平行，此时偏振片和 $\frac{\lambda}{2}$ 波片位置对应角度 $\theta = 0°$。

（5）保持 P_1 不动。将 $\frac{\lambda}{2}$ 波片旋转 $\theta = 15°$，消光破坏，再沿与 $\frac{\lambda}{2}$ 波片相同的旋转方向转 P_2 至第一次消光位置，记录 P_2 所转过的角度 θ'。

（6）继续步骤（5），依次使 $\theta = 30°$、$45°$、$60°$、$75°$、$90°$（θ 值指相对 $\frac{\lambda}{2}$ 波片的起始位置），旋转 P_2 到消光位置，记录相应的角度 θ'，记入表中，从实验结果总结出规律。

3. 实验三：用 $\frac{\lambda}{4}$ 波片产生椭圆偏振光

用 $\frac{\lambda}{4}$ 波片产生椭圆偏振光实验装置如图 3.10-8 所示。

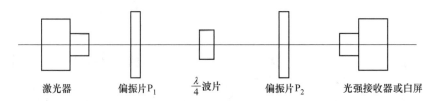

激光器　　　偏振片 P_1　　　$\frac{\lambda}{4}$ 波片　　　偏振片 P_2　　　光强接收器或白屏

图 3.10-8　用 $\frac{\lambda}{4}$ 波片产生椭圆偏振光实验装置图

实验步骤：

（1）在实验导轨上，开启激光，将激光束导入光强接收器。

（2）同实验二，仍使偏振片 P_1 的透光方向强度最大，P_1 与 P_2 正交，在 P_1 和 P_2 间插入 $\frac{\lambda}{4}$ 波片，转之使消光。

（3）保持 P_1 不动，将 $\frac{\lambda}{4}$ 波片转 $\theta = 15°$，然后将 P_2 转 $360°$，观察光强变化。

（4）继续步骤（3），依次使 $\theta = 0°$、$15°$、$30°$、$45°$、$60°$、$75°$、$90°$，每次 P_2 转 $360°$，观察光强变化。根据观察结果，说明透过 $\frac{\lambda}{4}$ 波片的出射光的偏振状态。

4. 实验四：观察反射光起偏，验证布儒斯特角

观察反射光起偏，验证布儒斯特角实验装置如图 3.10-9 所示（凭借学到的知识，也可另行搭置）。

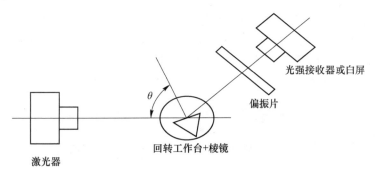

光强接收器或白屏

偏振片

θ

激光器　　　回转工作台+棱镜

图 3.10-9　验证布儒斯特角实验装置图

实验步骤：

（1）将棱镜放置在回转工作台上，使棱镜一反射面与回转工作台台面圆心对齐。转动工作台，直至反射光与入射光重合，记录回转工作台上的角度，作为之后校正用。

（2）转动回转工作台，棱镜每转过一个角度，然后将偏振片旋转360°，观察该入射角为 θ 时反射光亮度变化，注意是否出现消光。

（3）若没有出现消光现象，应继续反复转动回转工作台，改变入射角 θ，每改变一次入射角，将偏振片旋转360°，直到出现消光为止。

（4）读出消光出现时的入射角，即布儒斯特角，同时记录此时偏振片的偏振轴角度值，据此确定反射光的偏振方向。

【数据处理】

（1）验证马吕斯定律。

（2）观察线偏振光通过 $\frac{\lambda}{2}$ 波片后的现象。

（3）用 $\frac{\lambda}{4}$ 波片产生椭圆偏振光。

（4）观察反射光起偏，验证布儒斯特角。

【注意事项】

（1）在观察和讨论波片对偏振光的影响时，准确地确定起偏器的主截面与波片的夹角。

（2）实际使用的波片，光轴方向定位不够准确，应善于应用理论来指导实践。

【思考与讨论】

（1）强度为 I 的自然光通过偏振片后，其强度 $I_0 < \frac{1}{2}I$，为什么？

（2）应用偏振片时，马吕斯定律是否适用，为什么？

实验十一　用惠斯通电桥测电阻

【实验导读与课程思政】

在测量电阻及其他电学实验中，经常会用到一种叫惠斯通电桥的电路，很多人认为这种电桥是惠斯通发明的，其实这是一个误会。实际上这种电桥是由英国发明家克里斯蒂在1833年发明的，但是由于查理斯·惠斯通在1843年对其进行改进并第一个用其测量未知电阻器的电阻值，所以人们习惯上把这种电桥称作惠斯通电桥。其基本原理是通过调节可变电阻值，可以找到平衡状态的电桥对应的电位差为零的点，进而测量未知电阻的值，该方法广泛应用于科学研究和工程实践。

【课前预习】

（1）惠斯通电桥平衡时，四个桥臂上的电阻满足什么关系？

（2）电阻箱怎么读数？

（3）开始实验之前，为什么要粗测待测电阻的值，怎么粗测？

（4）箱式电桥中比例臂的倍率值选取的原则是什么？

（5）电桥灵敏度越高越好吗，为什么？

【实验目的】

（1）掌握惠斯通电桥测电阻的原理。

（2）学会正确使用箱式电桥测电阻的方法。

（3）了解提高电桥灵敏度的几种途径。

【实验仪器】

万用电表、滑线变阻器、电阻箱（3个）、检流计、直流电源、待测电阻（3个，阻值差异较大）、箱式电桥、开关和导线。

【实验原理】

电桥是很重要的电磁学基本测量仪器之一。它主要用来测量电阻器的阻值、线圈的电感量和电容器的电容及其损耗。为了适应不同的测量目的，人们设计了多种不同功能的电桥。最简单的是单臂电桥，即惠斯通电桥，用来精确测量中等阻值（几十欧姆至几十万欧姆）的电阻。此外还有测量低阻值（1 Ω以下）的双臂电桥，即开尔文双电桥，测量线圈电感量的电感电桥，测量电容器的电容电桥，还有既能测量电感又能测量电容及其损耗的交流电桥等。尽管各种电桥测量的对象不同、构造各异，但基本原理和思想方法大致相同。因此，学习掌握惠斯通电桥的原理不仅便于正确使用单臂电桥，而且也为分析其他电桥的原理和使用方法奠定基础。

惠斯通电桥的原理如图3.11-1所示，图中 ab、bc、cd 和 da 四条支路由电阻 $R_1(R_x)$、R_2、R_3 和 R_4 组成，称为电桥的四条桥臂。

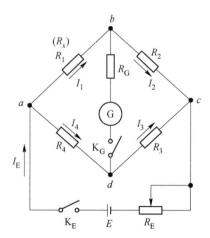

图 3.11-1　惠斯通电桥原理图

　　通常，桥臂 ab 接待测电阻 R_x，其余各臂电阻都是可调节标准电阻（由于电阻箱的准确度较高，因此通常用它作为标准电阻），在 bd 两对角间连接检流计、开关 K_G 和限流电阻 R_G。在 ac 两对角间连接电池、开关 K_E 和限流电阻 R_E。当接通电键 K_E 和 K_G 后，各支路中均有电流流通，检流计支路起了沟通 abc 和 adc 两条支路的作用，可直接比较 b、d 两点的电势，电桥之名由此而来。适当调整各臂的电阻值，可以使流过检流计的电流为零，即 $I_G = 0$。这时，称电桥达到了平衡。平衡时 b、d 两点的电势相等。根据分压器原理可知

$$U_{bc} = U_{ac} \frac{R_2}{R_1 + R_2} \tag{3.11-1}$$

$$U_{dc} = U_{ac} \frac{R_3}{R_3 + R_4} \tag{3.11-2}$$

平衡时 $U_{bc} = U_{dc}$，即

$$\frac{R_2}{R_1 + R_2} = \frac{R_3}{R_3 + R_4} \tag{3.11-3}$$

整理化简后得到

$$R_1 = \frac{R_2}{R_3} R_4 = R_x \tag{3.11-4}$$

由上式可知：待测电阻 R_x 等于 R_2/R_3 与 R_4 的乘积。通常，$R_1(R_x)$ 称为待测臂，R_2、R_3 称为比例臂，与此相应的 R_4 称为比较臂。所以电桥由四臂（待测臂、比较臂和比例臂）、检流计和电源三部分组成。与检流计串联的限流电阻 R_G 和开关 K_G 都是为在调节电桥平衡时保护检流计，不使其在长时间内有较大电流通过而设置的。

　　在使用天平称重量时已知，测得质量的精密度主要决定于天平的灵敏度，与此相似，使用电桥测量电阻时的精密度也主要取决于电桥的灵敏度。当电桥平衡时，若使比较臂 R_4，改变一微小量 δR_4，电桥将偏离平衡，检流计偏转 n 个格，则常用如下的相对灵敏度 S 表示电桥灵敏度

$$S = \frac{n}{\dfrac{\delta R_4}{R_4}} \tag{3.11-5}$$

由上式可知，如果检流计的可分辨偏转量为 Δn（取 $0.2 \sim 0.5$ 格），则由电桥灵敏度引入被测量的相对误差为

$$\frac{\Delta R}{R} = \frac{\Delta n}{S} \tag{3.11-6}$$

即电桥的灵敏度越高（S 越大），由灵敏度引入的误差越小。

　　实验和理论都已证明，电桥的灵敏度与下面诸因素有关：

　　（1）与检流计的灵敏度 S_i 成正比。但是 S_i 值大，电桥就不易稳定，平衡调节比较困难；S_i 值小，测量精确度低。由此，选用适当灵敏度的检流计是很重要的。

　　（2）与电源的电动势 E 成正比。

　　（3）与电源的内阻 r_E 和串联的限流电阻 R_E 有关。增加 R_E 可以降低电桥的灵敏度，这对寻找电桥调节平衡的规律较为有利。随着平衡逐渐趋近，R_x 值应适当减到最小值。

　　（4）与检流计和电源所接的位置有关。当 $R_G > r_E + R_E$，又 $R_1 > R_3$、$R_2 > R_4$ 或者

$R_1 < R_3$、$R_2 < R_4$，那么检流计接在 b、d 两点比接在 a、c 两点时的电桥灵敏度来得高；当 $R_G < r_E + R_E$ 时，满足 $R_1 > R_3$、$R_2 < R_4$ 或者 $R_1 < R_3$、$R_2 > R_4$ 的条件，那么与上述接法相反的桥路，灵敏度可更高些。

（5）与检流计的内阻有关。R_G 越小，电桥的灵敏度 S 越高，反之越低。

【实验内容】

1. 用电阻箱、检流计组成惠斯通电桥测量电阻

（1）参照图 3.11-1 用 3 个电阻箱和检流计组成一电桥。用电桥测量前，先用万用表粗测一下阻值。用电桥进行测量时，为方便调节应先将电阻 R_G 和 R_E 取最大值。比例臂 R_2 和 R_3 不宜取得很小，可取 $R_2 = R_3 = 500\ \Omega$。

（2）连接待测电阻 R_x，取 R_4 等于 R_x 粗测值，闭合开关 K_E 和 K_G，观察检流计指针偏转方向和大小，改变 R_4 后再观察，根据观察的情况正确调整 R_4，直至检流计指针无偏转。逐渐减小 R_G 和 R_E 值再调整 R_4。然后，将 R_2 和 R_3 交换后再测（换臂测量）。

（3）当 R_x 大于 R_4 的最大值时，则取 $\dfrac{R_2}{R_3} = 10$ 或 100 去测量；当测得的 R_4 的有效数字不足时，可以取 $\dfrac{R_2}{R_3} = 0.1$ 或 0.01。

（4）测量 3 个待测电阻的电阻，参照附录设计表格，并记录数据。

2. 测量电桥的相对灵敏度

参照式（3.11-5）拟定测量步骤。

3. 参照下列要求进行探索并记录结果

（1）R_G 和 R_E 取最小值和最大值时的差别。

（2）R_2、R_3 取 5000 Ω 或 50 Ω 时的情况。

（3）对调检流计和电源的位置时的情况。

4. 使用箱式电桥测量

测量标称值相同的商品电阻的阻值，数量不少于 15 个。

【数据处理】

（1）计算出 3 个待测电阻的阻值，并估计其不确定度。

（2）计算电桥的相对灵敏度。

（3）求出商品电阻平均值及标准偏差，检查是否有废品。

【注意事项】

（1）实验前应先用万用表粗测待测电阻阻值。

（2）实验过程中，电桥的灵敏度应该由小到大逐渐增大。

（3）箱式电桥使用完毕应取出电池，开放按钮，短路检流计。

【思考与讨论】

（1）电桥的灵敏度是否越高越好，为什么？

（2）根据电阻箱组装电桥的测试结果，说明电桥灵敏度与哪些因素有关？

（3）怎样消除比例臂两只电阻值不准确相等所造成的系统误差？

（4）改变电源极性对结果有什么影响？

（5）可否用电桥来测量电流表的内阻，测量的精度主要取决于什么，为什么？

【附录】

1. 用电阻箱自组电桥测 R

测量时，R_3、R_2、R_4 用 ZX21 电阻箱，检流计常量小于 1×10^{-8} A/div，待测电阻 $R_x \approx 40$ Ω。表 3.11-1 中的数据为取了五组 R_2、R_3 和 R_4 测量，表中的后一半为换臂后测量的。

表 3.11-1　测量数据

R_3/Ω	1000	2000	3000	1500	2500	1000	2000	3000	1500	2500
R_2/Ω	100	200	300	150	250	100	200	300	150	250
R_4/Ω	385.5	383.5	384.5	384.9	384.4	383.0	384.1	383.9	384.0	383.6

（1）$R_x = 38.411$ Ω，$S(R) = 0.024$ Ω。

（2）相对灵敏度 S 的测量：

$R_4 = 1078$ Ω，检流计示值为 0；$R_4 = 1079$ Ω 时，示值为 0.8 div。

$$S = 0.8/(1/1078) = 860 \text{ div}$$

（3）不确定度计算：不确定度主要来源于电阻箱的误差、电桥灵敏度误差、多次测量的差异。

按所用电阻箱的标准，R_2、R_3、R_4 电阻箱 ×100 挡、×1000 挡均为 0.1 级，×10 挡为 0.2 级，×1 挡为 0.5 级，×0.1 挡为 5 级，其标准不确定度（计算时取 $R_2 = 150$ Ω，$R_3 = 2000$ Ω，$R_4 = 384.1$ Ω）为

$$u_B(R_2) = (0.1\% \times 100 + 0.2\% \times 50 + 0.02)\Omega/\sqrt{3} = 0.127 \text{ Ω}$$

$$u_B(R_3) = (0.1\% \times 2000 + 0.02)\Omega/\sqrt{3} = 1.17 \text{ Ω}$$

$$u_B(R_4) = (0.1\% \times 300 + 0.2\% \times 80 + 0.5\% \times 4 + 5\% \times 0.1 + 0.02)\Omega/\sqrt{3} = 0.292 \text{ Ω}$$

电阻箱引入合成标准不确定度

$$u_{B1}(R) = 38.4 \sqrt{\left(\frac{0.127}{150}\right)^2 + \left(\frac{1.17}{2000}\right)^2 + \left(\frac{0.292}{384.1}\right)^2} \Omega = 0.0049 \text{ Ω}$$

电桥灵敏度引入的不确定度

$$u_{B2}(R) = (0.2/860) \times 38.4 \ \Omega/\sqrt{3} = 0.0052 \text{ Ω}$$

重复测量得出标准不确定度

$$u_A(R) = S(\overline{R}) = 0.24 \text{ Ω}$$

合成标准不确定度

$$u(R) = \sqrt{0.0049^2 + 0.0052^2 + 0.24^2} \ \Omega = 0.24 \text{ Ω}$$

结果

$$R = (38.41 \pm 0.24) \text{ Ω}$$

2. QJ-23 型箱式电桥的说明

仪器面板元件位置如图 3.11-2 所示。右上角四只读数盘就是 R_4，右下角有接 R_x 的两个端钮和接通电源 K_E、接通检流计 K_G 的两只按钮（如果需长时间接通，可在按下后沿顺时针方向旋转，即可锁住），中上部分是比例臂选择开关，也称为倍率旋钮，它的下面

就是检流计，左面由上往下分别是" + 、 - 、内、G、外"五个接线端钮，" + 、 - "为外接电源的输入端钮，"内、G、外"为检流计选择端钮，当"G"和"外"短接时，则在"G"和"外"间需外接检流计，在"G"和"外"短接时本仪器内附的检流计已接入桥路。

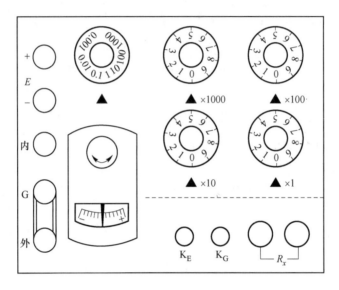

图 3.11-2　QJ-23 型电桥面板图

在一般正常情况下，比例臂放在"1"挡，比较臂放在 1000 Ω 上，按下 K_E 然后短时间按 K_G，这时将看到检流计指针在晃动，如果指针偏向" + "的一边，说明被测电阻大于 1000 Ω，可把比例臂放在"×10"挡；再次按 K_E 和 K_G，如果指针仍偏向" + "的一边，可把比例臂放在"×100"挡；如果指针开始向" - "方向偏，则可知待测电阻已接近，然后调节四个比较臂的读数盘直到电桥平衡，根据计算可得到 R_x 的初测值。进一步细测可选定合适的比例臂重新测量。为了保证待测阻值较大时有一定的准确度和灵敏度，在检流计不更换的条件下可适当提高电源电压。测量电感性电阻时，应先按 K_E 再接 K_G，断开时先放开 K_G 再放开 K_E。

实验十二　伏安法测电阻

【实验导读与课程思政】

　　伏安法（又称电压表法、电流表法）是一种较为普遍的测量电阻的方法，利用欧姆定律 $R = U/I$ 来求出电阻值，因为是用电压除以电流，所以称为伏安法。伏安法测电阻的电路有两种接线方式：外接法和内接法。所谓外接内接，指的是电流表接在电压表的外面或里面。外接法：电流表测的是电压表和电阻并联的总电流（电流测量值偏大），而电压值是准确的，得到的电阻值偏小。根据欧姆定律（并联时的电流分配与电阻成反比），所以外接法适合测量阻值较小的电阻。内接法：电流值准确，电压表测的是电流表和电阻串联之后的总电压（电压测量值偏大），得到的电阻值偏大。根据欧姆定律（串联时的电压分配与电阻成正比），所以内接法适合测量阻值较大的电阻。由于电表的内阻往往对测量结果有影响，所以这种方法常带来明显的系统误差，人们为了消除电压表、电流表的影响，设计了各种补偿电路，但都需要用到电流表，且电路十分烦琐。

　　虽然伏安法测电阻实验的精度不是很高，但是所用的测量仪器比较简单，实验思路清晰，不仅有助于更直观地理解理论教学中测量值偏大偏小等重点难点问题，还能训练学生基本实验思维，为将来学习精度较高的电阻测量方法（如替代法、惠斯通电桥法等）打下坚实的基础。

【课前预习】

　　（1）欧姆定律公式。

　　（2）熟悉电压表、电流表的量程选择及读数方法。

　　（3）什么是内接法？什么是外接法？

　　（4）哪种接法测量值偏大？哪种接法测量值偏小？

　　（5）最小二乘法计算公式。

【实验目的】

　　（1）学习伏安法测电阻的方法及仪表的选择。

　　（2）学习减小伏安法中系统误差的方法。

【实验仪器】

　　电压表、电流表（毫安表）、检流计、滑线变阻器、直流电源、待测电阻（2 个）、开关和导线。

【实验原理】

　　如图 3.12-1 所示，测出通过电阻 R 的电流及电阻两端的电压 U，则根据欧姆定律 $R = \dfrac{U}{I}$，即可得到电阻的阻值。

　　1. 测量仪表的选择

　　在电学实验中，仪表的误差是重要的误差来源，所以要选择适当的仪表。

　　（1）参照电阻 R 的额定功率确定仪表的量限。设电阻 R 的额定功率为 P，则最大电流 I 为

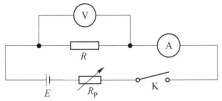

图 3.12-1　伏安法测电阻原理图

$$I = \sqrt{\frac{P}{R}} \tag{3.12-1}$$

为使电流表的指针指向度盘的三分之二处到满程间（最佳选择），电流表的量限为不大于 I，即不大于 $\sqrt{\dfrac{P}{R}}$。设 $R \approx 100\ \Omega$，$P = \dfrac{1}{8}\ \mathrm{W}$，则 $I = 0.035\ \mathrm{A}$，所以电流表取量限为不大于 35 mA 的毫安表较好。电阻两端电压为 $U = IR = 3.5\ \mathrm{V}$，所以电压表取量限为不大于 3.5 V 的电压表较好。

（2）参照对电阻测量准确度的要求确定仪表的等级。假设要求测量 R 的相对误差不大于某一值 E_R，则按误差传递公式，可有

$$E_R = \frac{\Delta U}{U} + \frac{\Delta I}{I} \tag{3.12-2}$$

按误差等分配原则取

$$\frac{\Delta U}{U} = \frac{\Delta I}{I} = \frac{E_R}{2} \tag{3.12-3}$$

对于准确度等级为 a、量限为 $X_{\max}$ 的电表其最大绝对误差为 $\Delta_{\max}$，则

$$\Delta_{\max} = X_{\max} \frac{a}{100} \tag{3.12-4}$$

参照此关系式和式（3.12-3），可知电流表等级 a_I 应满足

$$a_I \leqslant \frac{E_R}{2} \times \frac{I}{I_{\max}} \times 100 \tag{3.12-5}$$

电压表的等级

$$a_U \leqslant \frac{E_R}{2} \times \frac{U}{U_{\max}} \times 100 \tag{3.12-6}$$

对前述实例中，I 的最小值应取 $\dfrac{2}{3}I_{\min}$，I 的最大值应取 $I_{\max}$，计算 a_I 时，式（3.12-5）中的 I 应取最小值 $\dfrac{2}{3}I_{\min}$，即 $\dfrac{I}{I_{\max}} = \dfrac{2}{3}$，同理，$\dfrac{U}{U_{\max}} = \dfrac{2}{3}$，则当要求 $E_R \leqslant 2\%$ 时，必须

$$a_I \leqslant 0.67,\ a_U \leqslant 0.67$$

即取 0.5 级的毫安表、电压表。

2. 两种连线方法引入的误差

如图 3.12-2 所示，伏安法有两种连线方法：内接法为电流表在电压表的里侧，外接法为电流表在电压表的外侧。

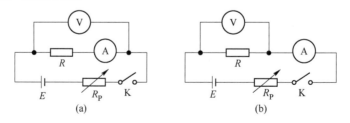

图 3.12-2　内接法（a）和外接法（b）电路图

（1）内接法引入的误差。设电流表的内阻为 R_A，回路电流为 I，则电压表测出的电压值

$$U = IR + IR_A = I(R + R_A) \tag{3.12-7}$$

即电阻的测量值 R_x 是

$$R_x = R + R_A \tag{3.12-8}$$

可见测量值大于实际值，测量的绝对误差为 R_A，相对误差为 $\dfrac{R_A}{R}$。当 $R_A \ll R$ 时，可用内接法。

（2）外接法引入的误差。设电阻 R 中的电流为 I_R，又设电压表中流过的电流为 I_V，电压表内阻为 R_V，则电流表中电流

$$I = I_R + I_V = U\left(\frac{1}{R} + \frac{1}{R_V}\right) \tag{3.12-9}$$

因此电阻 R 的测量值 R_x 是

$$R_x = \frac{U}{I} = R\,\frac{R_V}{R + R_V} \tag{3.12-10}$$

由于 $R_V < R + R_V$，所以测量值 R_x 小于实际值 R，测量的相对误差

$$\frac{R_x - R}{R} = -\frac{R}{R + R_V} \tag{3.12-11}$$

式中，负号是由于绝对误差是负值。只有当 $R_V > R$ 时才可以用外接法。

3. 用补偿法测电压消除外接法的系统误差

图 3.12-3 所示为用补偿法测电压的电路，分压器 R_1 的滑动端 C 通过检流计 G 和待测电阻 R 的 B 端相接，调节 C 点位置使检流计 G 中无电流通过，这时 $U_{AB} = U_{DC}$。用电压表测出 DC 间电压，它等于电阻 R 两端的电压，而流过电流表中的电流仅是电阻的 I_R 而无电压表中的 I_V，于是通过 U_{DC} 与 U_{AB} 的电压补偿，将电压表由 AB 间移至 DC 间，消除了由于电压表中的电流引入的误差。加入电阻 R_2 是为了使滑动端 C 不在 R_1 的一端。

【实验内容】

1. 用内接法和外接法测量

用内接法和外接法分别测量两个待测电阻的阻值，要求测量的相对不确定度小于 3%。

首先用万用表粗测一下待测电阻值，然后选取合适的电路（内接法或外接法）进行测量。通过调节 R_P 使电流由小到大变化，测量 3~5 组不同的电流、电压值，填入数据表格。

2. 用补偿法测量

参照图 3.12-3 连接电路，开始测量时先关闭 K，调节 R_P 得到合适的电流；其次用万用表测 BC 间电压，调节 R_{P1} 和 C 点位置使 $U_{BC} = 0$；再将 R_{P2} 调到最大（降低检流计灵敏度），闭合 K_G 观察检流计的偏转，调节 R_{P1} 和 C 点位置使偏转为零；最后将 R_{P2} 调到最小再检查。

测量几组不同电流值时的电压值，填入数据表格。

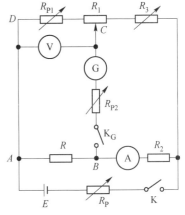

图 3.12-3　补偿法测电压电路

【数据处理】

（1）绘制上述三种方法所测量数据的电压-电流图像，并从直线斜率求出待测电阻值，并计算标准不确定度。

（2）利用最小二乘法计算两个待测电阻的阻值。

（3）对比分析上述结果，验证前述结论。

【注意事项】

（1）开关闭合前，滑动变阻器触头要滑到阻值最大端。

（2）合理选择电压表和电流表的量程，测量值达不到满偏的三分之二时，要适当减小量程。

（3）闭合开关时，要采用试触方式，同时观察电流表和电压表指针，发现异常情况时，及时断开电路。

【思考与讨论】

（1）如何确定滑动变阻器的规格？

（2）如何利用本实验原理，测量电压表（或电流表）的内阻？

（3）内接法（或外接法）的测量值偏大还是偏小，为什么？

【附录】

1. 最小二乘法公式

对于直线 $y = bx + a$，当 $a = 0$ 时的拟合要满足 $\sum (y_i - bx_i)^2$ 极小，则

$$\frac{d \sum (y_i - bx_i)^2}{db} = 0$$

求出

$$b = \frac{\sum x_i y_i}{\sum x_i^2}$$

$$S_b = \frac{\sum x_i}{\sum x_i^2} \sqrt{\frac{\sum (y_i - bx_i)^2}{n - 1}}$$

在本实验中 $U = y$，$I = x$，$R = b$，$S(R) = S_b$。

2. 测量举例

实验仪器：电流表 0.5 级，$0 \sim 5$ mA；电压表 0.5 级，$0 \sim 2.5$ V；待测电阻 R 标称值 500 Ω。测量数据见表 3.12-1 ~ 表 3.12-3。

表 3.12-1　内接法测量数据

U/V	1.752	1.892	2.020	2.148	2.270	2.398
I/mA	3.500	3.750	4.000	4.250	4.500	4.750

表 3.12-2　外接法测量数据

U/V	1.455	1.570	1.672	1.778	1.882	1.995
I/mA	3.500	3.750	4.000	4.250	4.500	4.750

表 3.12-3　补偿法测量数据

U/V	1.745	1.875	2.005	2.138	2.255	2.382
I/mA	3.500	3.750	4.000	4.250	4.500	4.750

用最小二乘法计算 R 及 $S(R)$：

（1）内接法：$R = 504.3\ \Omega$，$S(R) = 1.5\ \Omega$。

（2）外接法：$R = 415.4\ \Omega$，$S(R) = 3.5\ \Omega$。

（3）补偿法：$R = 501.1\ \Omega$，$S(R) = 1.4\ \Omega$。

标准不确定度计算：

不确定度来源主要有：（1）重复测量 $u_A(R) = S(R)$；（2）电表的误差。（电表内阻引入的不确定度未计入）

电压表：$\Delta = 2.5\ \text{V} \times 0.5\% = 0.0125\ \text{V} = 0.013\ \text{V}$，$u_B(U) = 0.013\ \text{V}/\sqrt{3} = 0.008\ \text{V}$。

电流表：$\Delta = 5\ \text{mA} \times 0.5\% = 0.025\ \text{mA}$，$u_B(I) = 0.025\ \text{mA}/\sqrt{3} = 0.015\ \text{mA}$。

电表引入的 $u_B(R) = R\sqrt{\left(\dfrac{u_B(U)}{U}\right)^2 + \left(\dfrac{u_B(I)}{I}\right)^2}$，$U$、$I$ 取测量的中点值。

三种方法的数据处理结果见表 3.12-4。

表 3.12-4　不确定度结果

测量方法	内接法	外接法	补偿法
$u_A(R)/\Omega$	1.5	3.5	1.4
$u_B(R)/\Omega$	2.5	2.7	2.4
$u_C(R)/\Omega$	2.9	4.4	2.8

测量结果：

（1）内接法：$R = (504.3 \pm 2.9)\ \Omega$。

（2）外接法：$R = (415.4 \pm 4.4)\ \Omega$。

（3）补偿法：$R = (501.1 \pm 2.8)\ \Omega$。

实验十三　霍 尔 效 应

【实验导读与课程思政】

霍尔效应是电磁效应的一种，由美国物理学家霍尔于 1879 年在研究金属导电时发现。处于匀强磁场中的板状金属导体，通以垂直于磁场方向的电流时，在金属板的上下两表面间会产生一个横向电势差，称为霍尔电势差，这一现象称为霍尔效应。研究发现，霍尔效应不仅可以在金属导体中产生，在半导体或导体中同样也能产生，且在半导体中的霍尔效应更加显著。利用该效应的霍尔器件已经广泛应用于非电学量电测、自动控制和信息处理等方面。霍尔效应及其元件，在磁场研究中同样扮演重要角色，利用其观测磁场更加直观、效果更加明显、灵敏度更高，在生产生活中都有广泛的应用。

【课前预习】

（1）什么叫霍尔效应？

（2）如何区分霍尔元件的 PN 型？

（3）霍尔电势差与磁感应强度满足怎样的关系式？

（4）如何判断通电螺线管内部磁场方向？

（5）霍尔灵敏度的表达式是什么？

【实验目的】

（1）观察霍尔现象。

（2）了解应用霍尔效应测量磁场的方法。

（3）用霍尔效应测试仪测定螺旋管内轴线上磁场。

【实验仪器】

霍尔效应测试仪、待测螺旋管、导线。

【实验原理】

1. 霍尔效应

当电流通过一块导体或半导体制成的薄片时，载流子（电荷携带者）的漂移运动方向和它所带电荷的正负号有关。若载流子带正电荷，它的漂移运动方向即为电流方向；若载流子带负电荷，则它的漂移运动方向与电流方向相反。

若将这种通有电流的半导体薄片置于磁场中，并使薄片平面垂直于磁场方向，如图 3.13-1 所示。由于洛伦兹力的作用，载流子将向薄片侧边积聚。若载流子带正电荷，它将受到沿 x 方向的磁场作用力 F_m，如图 3.13-2（a）所示，导致 A 侧有正电荷积累，从而两侧出现电势差，且图中 A 点处电势比 B 点高；若载流子带负电荷，如图 3.13-2（b）所示，磁场作用力 F_m 的方向仍沿 x 轴方向，于是薄片的 A 侧将有负电荷积聚，使图中 A 点电势比 B 点低。这种当电流垂直于外磁场方向通过导体或半导体时，在垂直于电流和磁场的方向，物体两侧产生电势差的现象称为霍尔效应，出现的横向电势差称为霍尔电势差。

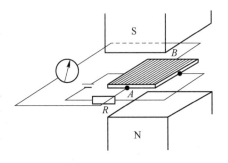

图 3.13-1　通电半导体置于磁场中

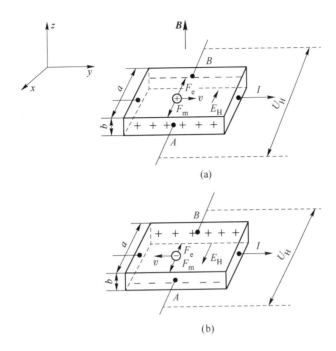

图 3.13-2　带电粒子受力图

当电流方向一定时，薄片中载流子的电荷符号决定了 A、B 中载流子的电荷符号，决定了 A、B 两点横向电势差的符号。因此，通过 A、B 两点电势差的测定，可以判断薄片中的载流子究竟是带正电荷还是带负电荷。实验证实：大多数金属导体中的载流子带负电荷（电子）。半导体中的载流子有两种，带正电荷（空穴）的称为 P 型半导体，而带负电荷（电子）的称为 N 型半导体。

2. 霍尔电势差和磁场测量

在霍尔效应中，电量为 q，垂直磁场 B 的漂移速度为 v 的载流子，一方面受到磁场力

$$F_m = qvB \qquad (3.13\text{-}1)$$

的作用，向某一侧面积聚；另一方面，在侧面上积聚的电荷将在薄片中形成横向电场 E_H，使载流子又受到电场力

$$F_e = qE_H \qquad (3.13\text{-}2)$$

的作用。电场力 F_e 的方向与磁场力 F_m 的方向恰好相反，它将阻碍电荷向侧面的继续积聚，因此载流子在薄片侧面的积聚不会无限制地进行下去。在开始阶段，电场力比磁场力小，电荷将继续向侧面积聚。随着积聚电荷的增加，电场不断增强，直到载流子所受静电场力与磁场力相等，即

$$F_m = F_e$$

时，达到一种平衡状态，载流子不再继续向侧面积聚。此时薄片中的横向电场强度为

$$E_H = \frac{F_e}{q} = \frac{F_m}{q} = vB$$

设薄片宽度为 a，则横向电场在 A、B 两点间产生的电势差为

$$U_H = E_H a = vBa \tag{3.13-3}$$

因为

$$I = jab, \quad j = qnv$$

所以

$$v = \frac{I}{nqab} \tag{3.13-4}$$

式中，n 为载流子浓度；j 为电流密度，故

$$E_H = \frac{IB}{nqab} \tag{3.13-5}$$

所以霍尔电势差

$$U_H = E_H a = \frac{IB}{nqb} \tag{3.13-6}$$

令

$$R_H = \frac{1}{nq}$$

为霍尔系数，则

$$U_H = R_H \frac{IB}{b}$$

所以霍尔系数等于

$$R_H = \frac{U_H b}{IB} \tag{3.13-7}$$

由式（3.13-6）、式（3.13-7）可得出以下结论：

（1）载流子若为电子，霍尔系数为负，则 $U_H < 0$；反之载流子为空穴，霍尔系数为正，则 $U_H > 0$。若实验中能测得样品电流强度 I、磁感应强度 B、霍尔电势差 U_H、样品厚度 b 的值，则可求出霍尔系数 R_H 值，根据 R_H 的正负可以判别半导体样品导电的类型，N型样品 $R_H < 0$，P型样品 $R_H > 0$。

（2）霍尔电势差 U_H 与载流子浓度 n 成反比，薄片材料的载流子浓度 n 越大（霍尔系数 R_H 越小），霍尔电势差 U_H 就越小。一般金属中的载流子是自由电子，其浓度很大（约 $10^{22}/cm^3$），所以金属材料的霍尔系数很小，霍尔效应不显著。但半导体材料的载流子浓度要比金属小得多，能够产生较大的霍尔电势差，从而使霍尔效应有了实用价值。

（3）根据 $R_H = \dfrac{1}{nq} = \dfrac{U_H b}{IB}$ 可得

$$n = \frac{IB}{U_H bq} \tag{3.13-8}$$

如果知道 U_H、I、B（由实验时测得）、b（由实验室给出），就可确定该材料的载流子浓度。用这种方法也可研究浓度与温度的变化规律。

（4）对于确定的样品（a、b、q 一定），如果通过它的工作电流"I"维持不变，则霍尔电压和磁感应强度成正比。我们可以从测得的 U_H 值求得外磁场的磁感应强度，因此霍尔片可用来制作测量磁场的仪器，即特斯拉计。从式（3.13-6）可知

$$U_H = \frac{1}{nqb} IB \tag{3.13-9}$$

令

$$K_{\mathrm{H}} = \frac{1}{nqb} \tag{3.13-10}$$

则

$$U_{\mathrm{H}} = K_{\mathrm{H}} I B \tag{3.13-11}$$

式中，K_{H} 称为霍尔灵敏度，它决定了 I、B 一定时霍尔电势差的大小，其值由材料的性质及元件的尺寸决定，对一定的元件 K_{H} 是常量，单位 $\mathrm{V/(A \cdot T)}$，n 和 b 小的元件 K_{H} 较高。式（3.13-11）说明对于 K_{H} 确定的元件，当工作电流 I 一定时，霍尔电势差 U_{H} 与该处的磁感应强度 B 成正比，因而可以通过测量霍尔电势差 U_{H} 而间接测出磁感应强度 B，即

$$B = \frac{U_{\mathrm{H}}}{K_{\mathrm{H}} I} \tag{3.13-12}$$

以上的讨论和结果都是在磁场与电流垂直的条件下进行的，这时霍尔电势差最大，因此测量时应转动霍尔片，使霍尔片平面与被测磁感应强度矢量 B 的方向垂直．这样测量才能得到正确的结果。但测得的电势差除霍尔电压外还包括其他附加电势差，例如，由于霍尔电极位置不在同一等势面而引起的电势差 U_0，U_0 称为不等位电势差，它的符号随电流方向而变，与磁场无关；另外还有几种副效应引起的附加误差（详见附录）。由于这些电势差的符号与磁场、电流方向有关，因此在测量时改变磁场、电流方向就可以减少和消除这些附加误差。

【实验内容】

1. 确定样品的类型

（1）按图 3.13-3 所示连线，检查无误后接通电源。将励磁恒流源与霍尔传感器电流源均调为零，使仪器预热 10 min。

（2）调节 3、4 间工作电流 5.00 mA，励磁电流 500 mA。根据螺旋管缠绕方向和励磁电流的方向，应用右手螺旋定则来判断载流螺线管内的磁场 B 的方向；由工作电流 I 的方向判断载流子（需要提前假设载流子为正电荷或负电荷）的运动速度 v 的方向；由霍尔元件内载流子受到的洛伦兹力的方向，判断样品的 1、2 面应积累的正负电荷，也就是判断 1、2 面电位的高低（推断出霍尔电压的正负），通过对实验测得的霍尔电压 U_{H} 的正负和前面判断 1、2 面电位的高低进行比较（二者符号一致，则假设正确；反之，假设错误），从而判断出霍尔元件的载流子带电符号。根据载流子带电符号的正负，确定本台仪器样品是 P 型半导体还是 N 型半导体，给出结论。

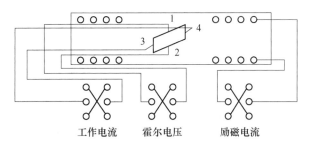

图 3.13-3　用霍尔效应测定螺线管磁场接线图

2. 测定霍尔元件的灵敏度 K

（1）调节霍尔元件的工作电流（霍尔电流）至一适当值（如 5.00 mA），使霍尔元件处于螺线管的中央位置（$x = 16.0$ cm）。

（2）改变螺线管的励磁电流，测量在不同励磁电流下相应的霍尔电压。利用磁感应强度计算公式 $B = \mu_0 \dfrac{N}{\sqrt{L^2 + D^2}} I_{励磁}$，计算出每个被测电流对应的磁感应强度，作 U_H-B 图。用最小二乘法求出直线斜率，利用式（3.13-12）即可求出霍尔元件的灵敏度 K。

3. 研究通电螺线管轴线上的磁场分布情况

保持工作电流 5.00 mA 和励磁电流 500 mA 不变，改变霍尔元件的坐标（变化范围为 $x = 0 \sim 30.0$ cm），测量相应位置的霍尔电压 U_H 值。

【数据处理】

（1）写出判断样品类型的具体步骤，给出结论。

（2）根据实验数据，以 B 为横坐标，U_H 为纵坐标作 U_H-B 图，并计算出本实验仪器霍尔元件的灵敏度 K。

（3）根据实验数据，以 x 为横坐标，B 为纵坐标作 B-x 图，分析图形，总结磁场分布特点。

【注意事项】

（1）霍尔元件是易损坏元件，应避免霍尔元件进出螺线管口时发生碰撞而损坏。

（2）记录数据时，为了不使螺线管过热，应断开励磁电流的换向开关。

（3）测完数据后，应把霍尔元件旋回"0"处再把盖盖上。

【思考与讨论】

（1）为什么霍尔效应在半导体中特别显著？

（2）如何测定霍尔灵敏度？

（3）用霍尔片测螺线管内磁场时，怎样消除地球磁场的影响？

（4）如何判断磁场 $\boldsymbol{B}$ 的方向与霍尔片的法线是否一致，它对实验有何影响？

（5）霍尔效应测磁场的误差来源有哪些？

【附录】

在测量霍尔电势差 U_H 时，不可避免地会产生一些副效应，由于这些副效应产生的附加电势差叠加在霍尔电势上，形成了测量中的系统误差。

（1）不等位电势差 U_0。由于在工艺制作时，很难将电势电极（A、B）焊在同一等势面上，因此当电流流过样品时，即使不加磁场，在电势电极 A、B 间也会产生一电势差

$$U_0 = Ir$$

式中，r 是沿 x 轴方向 AB 间的电阻。该电势差称为不等位电势差，它显然只与 I 有关，而与 B 无关。

（2）爱廷豪森效应。当样品的 x 方向通以电流，z 方向加一磁场时，由于霍尔片内部的载流子速度服从统计分布，有快有慢，在磁场的作用下慢速的载流子与快速的载流子将在洛伦兹力和霍尔电场的共同作用下，沿 y 轴向相反的两侧偏转。向两侧偏转的载流子的动能将转化为热能，使两侧的温升不同，因而造成在 y 方向上两侧的温度差（$T_A - T_B$）。

因为霍尔电极和样品两者材料不同，电极和样品就形成温差电偶，这一温差在 A、B 间就产生温差电动势 U_E

$$U_E \propto IB$$

式中，U_E 的正、负、大小与 I、B 的方向和大小有关。这一效应称爱廷豪森效应。

（3）能斯特效应。由于两个电流电极与霍尔样品的接触电阻不同，样品电流在两电极处将产生不同的焦耳热，引起两电极间的温差电动势，此电动势又产生温差电流（称为热电流）Q，热电流在磁场的作用下将发生偏转，结果在 y 方向上产生附加的电势差 U_N，且

$$U_N \propto QB$$

这一效应称为能斯特效应。

（4）里吉-勒杜克效应。以上谈到的热电流 Q 在磁场的作用下，除了在 y 方向产生电势差外，还将在 y 方向上引起样品两侧的温差，此温差又在 y 方向上产生附加温差电动势

$$U_R \propto IB$$

U_R 与 B、I 有关。

以上四种副效应所产生的电势差总和，有时甚至远大于霍尔电势差，形成测量中的系统误差，以致使霍尔电势差难以测准。为了减少和消除这些效应引起的附加电势差，我们利用这些附加电势差与样品电流 I、磁场 B 的关系：

当（$+B$，$+I$）时

$$U_{(AB)1} = U_H + U_0 + U_E + U_N + U_R \qquad ①$$

当（$+B$，$-I$）时

$$U_{(AB)2} = -U_H - U_0 - U_E + U_N + U_R \qquad ②$$

当（$-B$，$-I$）时

$$U_{(AB)3} = U_H - U_0 + U_E - U_N - U_R \qquad ③$$

当（$-B$，$+I$）时

$$U_{(AB)4} = -U_H + U_0 - U_E - U_N - U_R \qquad ④$$

作如下运算：①－②＋③－④，并取平均值，则得

$$\frac{1}{4}(U_{(AB)1} - U_{(AB)2} + U_{(AB)3} - U_{(AB)4}) = U_H + U_E \qquad (3.13\text{-}13)$$

这样，除了爱廷豪森效应以外其他副效应所产生的电势差全部消除了，而爱廷豪森效应所产生的电势差 U_E 要比 U_H 小得多。所以将实验测出的 $U_{(AB)1}$、$U_{(AB)2}$、$U_{(AB)3}$、$U_{(AB)4}$ 值代入式（3.13-13），即可基本消除副效应引起的系统误差。

实验十四　用箱式电位差计校准电表

【实验导读与课程思政】

箱式电位差计是测量电动势和电位差的主要仪器之一，其工作原理是将未知电压与电位差计上的已知电压进行比较。由于应用了补偿原理和比较测量实验方法，测量仅仅依赖于准确度极高的标准电池、标准电阻以及高灵敏度的检流计，测量精度可高达 0.05%。实验室里所用的电表准确度通常只有 0.5% 或 5%，经长期使用和保存，其准确度会降低。因此，要对其进行定期检查，误差大者及时检修，误差小者校准后使用。一般用箱式电位差计对其加以校准，作出校准曲线，以减小实验误差，引导学生养成一丝不苟的实验精神。

【课前预习】

（1）电表的准确度等级怎么计算，公式中各部分的物理意义是什么？

（2）箱式电位差计如何接入电路？

（3）熟悉箱式电位差计面板上各部分用法及功能。

【实验目的】

（1）了解箱式电位差计的原理、结构和使用方法。

（2）学会用电位差计校正电表。

（3）了解电表的基本误差和准确度级别的确定。

【实验仪器】

箱式电位差计（量限 2.5 V）、直流稳压电源、电阻箱、滑线变阻器、待校正电压表（量限 15 V）、待校正电流表（量限 100 μA）、开关等。

【实验原理】

箱式电位差计是用来精确测量电池电动势或电势差的专门仪器。它给出准确可变的电势差并采用电势比较方法依据补偿原理进行测量，由于与之配合使用的标准电池电动势非常稳定，用作电压比较指示的灵敏电流表灵敏度甚高，加上箱式电位差计的电压比较电路精确度较高，因此，能精确地测量待测的电动势和电池的电动势。

1. 用电位差计测量电动势（或电压）

箱式电位差计的原理如图 3.14-1 所示，待测电池的两极或待测电势差的二点接到 X_1、X_2 便可测量。

（1）电位差计的校准。图中的双刀双掷开关 S_1 倒向右侧，则检流计和校准电路连接，然后调节变阻器 R_P，使检流计 G 内没有电流通过，即 R_s 两端的电压与标准电池的电动势 E_s 相等。即

$$I_0 = \frac{E_s}{R_s} \qquad (3.14\text{-}1)$$

这一过程称为工作电流的标准化，也就是通

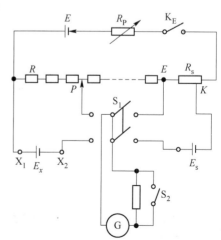

图 3.14-1　箱式电位差计原理图

过调节电阻 R_P 使电流达到上式所需数值（该值一定是 10^n A 的形式）。在以后的测量过程中，电流强度 I_0 应保持不变。

（2）电位差计的测量。S_1 倒向左侧则检流计和被测电路连接，改变调节电阻 R 的数值，再次使检流计内无电流通过，即 R 两端电压与待测电动势 E_x 相等，有

$$E_x = I_0 R \tag{3.14-2}$$

将式（3.14-1）代入上式得

$$E_x = \frac{R}{R_s} E_s = R \times 10^n \text{ V} \tag{3.14-3}$$

由此可得到 E_x 的值。

2. 用电位差计校正电表

（1）校准电压表。如图 3.14-2 所示，用分压电路改变电压表两端的电压，用电位差计测出电压的准确数值，即可对电压表不同的刻度进行校准。由于本实验待校电压表的量限（15 V）超过电位差计的量限（2.5 V），所以用两个电阻箱或标准电阻 R_1、R_2 构成一分压电路，使得由 R_1 分给电位差计的电压 U_1 在电位差计的测量范围之内（注意 R_1、R_2 的选取！），于是可得

$$U_0 = \frac{R_1 + R_2}{R_1} U_1 \tag{3.14-4}$$

用分压电阻器改变电压表的电压，使指针指在不同刻度，并且每次用电位差计测出 U_1，由式（3.14-4）便可求出和电压表各刻度值（U）相对应的准确电压值 U_0。

（2）校准微安表。如图 3.14-3 所示，被校准的微安表和标准电阻 R_s 串联，用电位差计测出 R_s 两端的电压 U_s，由下式

$$I_s = \frac{U_s}{R_s} \tag{3.14-5}$$

可求出通过微安表的准确电流值 I_s。用分压器改变微安表的电流，测出和微安表各刻度值（I）相对应的准确电流值 I_0。

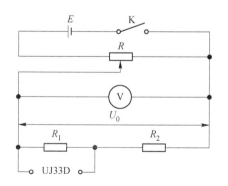

图 3.14-2　校准电压表电路图

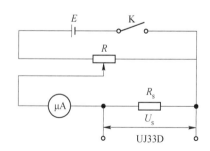

图 3.14-3　校准微安表电路图

【实验内容】

1. 校准电压表

（1）按照图 3.14-2 连接电路，调节被校电压表的机械零点。

（2）根据被校电压表的量程和箱式电位差计的量程，以及式（3.14-4）定出 R_1、R_2 的取值。

（3）闭合开关，通过调节滑线变阻器，使被校电压表指针依次严格指向被校准刻度，记录箱式电位差计示数。要求对电压表的刻度按照从大到小再从小到大的顺序依次校准，并将数据填入表格。

2. 校准电流表

（1）按照图 3.14-3 连接电路，调节被校微安表的机械零点。

（2）根据被校微安表的量程和箱式电位差计的量程，以及式（3.14-5）定出 R_s 的取值。

（3）闭合开关，通过调节滑线变阻器，使被校微安表指针依次严格指向被校准刻度，记录箱式电位差计示数。要求对微安表的刻度按照从大到小再从小到大的顺序依次校准，并将数据填入表格。

【数据处理】

（1）计算各点的 U_0、$|U_0 - U|$、I_s、$|I_s - I|$ 之值。

（2）以电压表读数 U 为横坐标，以 $|U_0 - U|$ 为纵坐标作出被校电压表的校准曲线。

（3）选出绝对值最大的修正值 $|U_0 - U|$ 作为被校电压表的最大绝对误差 ΔU_{max}，用

$$a\% \geqslant \frac{\Delta U_{max}}{U_{量程}} \times 100\%$$ 确定被校表的级别。表的级别即表的准确度 $a\%$（$a = 0.1$, 0.2, 0.5, 1.0, 1.5, 2.5, 5.0），a 越大，表示电表的级别越低。注意：已经使用的电表，级别只能下降而不能上升。

（4）为被校准微安表定级，并作出校准曲线，方法同上。

【注意事项】

（1）箱式电位差计的量限为 2.5 V，U_1、U_2 的值不能超过此值。

（2）闭合电路总开关之前，电阻 R_1、R_2、R_s 一定要放好初值，且大于 100 Ω。

（3）在进行测量之前，箱式电位差计要调零，调零之后功能转换开关要扳回到"测量"挡。

【思考与讨论】

（1）实验中怎样提高所用箱式电位差计的灵敏度？

（2）如何用箱式电位差计校准电流表？

（3）当用一被校准好的箱式电位差计去测被校电压表时，发现无论如何也调不到平衡，哪些因素会导致上述现象发生？

【附录】

UJ33D 数字式直流电位差计

1. 概述

UJ33D 型数字式直流电位差计是一台集测量和输出毫伏信号于一体的智能型数字化仪器。可用于校准和鉴定多种工业仪表，如动圈式温控仪、数显温控仪、工业热电偶磁电系毫伏表及 0.1 级以下的酸度计等。

2. 主要技术指标

主要技术指标见表 3.14-1。

表 3.14-1　主要技术指标

输出范围	准确度/FS	分辨率	输出阻抗	用　途
− 3 ~ 78 mV	0.02% ±2 字	1 μV	≤5 Ω	校准温控仪、毫伏表
0 ~ 625 mV	0.01% ±2 字	10 μV	<100 Ω	校准毫伏表、酸度计
0 ~ 2500 mV	0.01% ±2 字	100 μV	<100 Ω	校准毫伏表、酸度计

3. 面板说明

面板示意图如图 3.14-4 所示，功能说明如下：

（1）电源开关：面板上的开关为仪器的工作开关，仪器在交流供电时如长期不工作，应切断仪器后面的交流电源开关。

（2）液晶显示屏：为十进制数字显示机构，小数点位置随量程自动切换，带负极性显示。显示屏右边的两个发光二极管用于指示显示值的单位（mV 或℃）。

（3）面板上的自锁键用于显示毫伏值和温度值的切换。

（4）测量输出端：如符号所标，上方为"＋"端，下方为"－"端。

（5）功能转换开关：用于调零、测量和输出范围的切换。

（6）输出调节：粗调，调节该旋钮能把输出调到近似所需值；细调，由粗调旋钮把输出调到近似所需的值以后，调节该旋钮，把输出微调到所需值。

（7）面板左下角为两个幅值校准键，以及用于幅值校准时的短接插孔。

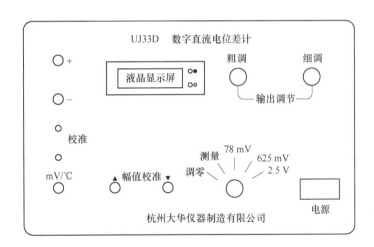

图 3.14-4　UJ33D 数字直流电位差计面板图

4. 使用方法

（1）打开电源。当仪器用电池供电时，只需打开面板上的工作开关；当仪器用市电供电时，要同时打开仪器后面的交流开关和面板上的工作开关。

（2）调零。将功能转换开关置于"调零"位置，按动▲键 3s，即可完成调零工作。

（3）测量。将功能转换开关置于"测量"位置，即能通过面板上的输入输出端钮对外部毫伏信号进行测量。测量时，仪器的数字显示能根据被测电压的大小，在 78 mV、

625 mV、2.5 V 三个量程上自动转换，自动使仪器工作在最佳量程，以保证实现较高的精度。

仪器工作在测量态时，应先开机再施加被测量。仪器输入端的过量程保护为 ±5 V，请使用者注意，以免造成损坏。

（4）输出。将功能转换开关置于所需的输出范围上，输出粗、细调旋钮均逆时针置于最小，按电源开关后，液晶显示器亮，调节粗调旋钮，显示器有输出显示。

把输出调回零，从输入输出端钮上接上负载，根据使用要求置功能切换开关于合适的输出功能挡上，缓慢调节粗、细调旋钮，使显示器指示所需的输出值。

（5）毫伏/温度显示值切换。当仪器工作在 0 ~ 78 mV 的输入输出范围时，按动 mV/℃切换键，可选择显示值为毫伏或温度，单位指示发光二极管也随之切换为 mV 或℃。当显示值为温度时，按动▲键或▼键可切换五种不同分度号热电偶所对应电势的温度值。此时，8 位液晶显示器的第 8 位显示 "t"；第 7 位随▲、▼键在 1、2、3、4、5 间切换，分别代表热电偶分度号 J、T、E、K、N；第 6 位是符号位；第 1 ~ 5 位是分辨率为 0.1 ℃的温度值。当显示值为毫伏值时，8 位液晶显示器的第 8 位显示 "U"；第 7 位不显示；第 6 位是符号位；第 1 ~ 5 位是毫伏值。

实验十五　RLC 电路稳态特性研究

【实验导读与课程思政】

电阻、电容、电感这三种元件是组成各种电路的最基本的元件。它们的电学特性各异，却又有共性，对交流电路都存在电抗。电容、电感元件在交流电路中的阻抗是随着电源频率的改变而变化的。将正弦交流电压加到电阻、电容和电感组成的电路中时，各元件上的电压及相位会随着变化，这称作电路的稳态特性；将一个阶跃电压加到 RLC 元件组成的电路中时，电路的状态会由一个平衡态转变到另一个平衡态，各元件上的电压会出现有规律的变化，这称为电路的暂态特性。通过本实验，学生能初步掌握电阻、电容、电感的电学性能，并且对它们相互组合而形成的 RLC 电路稳态特性加以熟悉、掌握以及熟练应用。

【课前预习】

（1）知道容抗、感抗、阻抗的概念。

（2）了解电阻、电容、电感这三种元件在交流电路中的电流、电压特性。

（3）示波器及交流信号发生器的使用方法。

【实验目的】

（1）观测 RC 和 RL 串联电路的幅频特性和相频特性。

（2）了解 RLC 串联、并联电路的相频特性和幅频特性。

（3）观察和研究 RLC 电路的串联谐振和并联谐振现象。

【实验仪器】

ZC1502 型 RLC 电路实验仪、双踪示波器。

【实验原理】

1. RC 串联电路的稳态特性

（1）RC 串联电路。在图 3.15-1 所示电路中，电阻 R、电容 C 的电压有以下关系：

$$I = \frac{U}{\sqrt{R^2 + \left(\frac{1}{\omega C}\right)^2}} \quad\quad (3.15\text{-}1)$$

$$U_R = IR, \quad U_C = \frac{1}{\omega C} \quad\quad (3.15\text{-}2)$$

$$\varphi = -\arctan\frac{1}{\omega CR} \quad\quad (3.15\text{-}3)$$

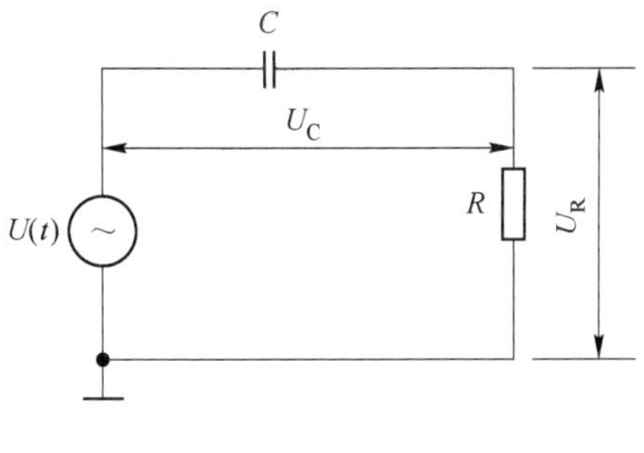

图 3.15-1　RC 串联电路

式中，ω 为交流电源的角频率；U 为交流电源的电压有效值；φ 为电流和电源电压的相位差，它与角频率 ω 的关系如图 3.15-2 所示。可见当 ω 增加时，I 和 U_R 增加，而 U_C 减小。当 ω 很小时，$\varphi \to -\frac{\pi}{2}$；当 ω 很大时，$\varphi \to 0$。

（2）RC 低通滤波电路。RC 低通滤波电路如图 3.15-3 所示，其中 U_i 为输入电压，U_o 为输出电压，则有

$$\frac{U_o}{U_i} = \frac{1}{1 + j\omega RC} \quad\quad (3.15\text{-}4)$$

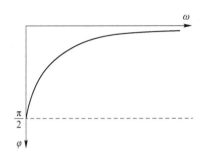

图 3.15-2　RC 串联电路的相频特性

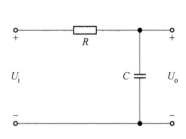

图 3.15-3　RC 低通滤波电路

上式是一个复数，其模为

$$\left| \frac{U_o}{U_i} \right| = \frac{1}{\sqrt{1+(\omega RC)^2}} \tag{3.15-5}$$

设 $\omega_0 = \frac{1}{RC}$，则由上式可知

$\omega = 0$ 时，$\left| \dfrac{U_o}{U_i} \right| = 1$；$\omega = \omega_0$ 时，$\left| \dfrac{U_o}{U_i} \right| = \dfrac{1}{\sqrt{2}}$；$\omega \to \infty$ 时，$\left| \dfrac{U_o}{U_i} \right| = 0$。

可见 $\left| \dfrac{U_o}{U_i} \right|$ 随 ω 的变化而变化，并且当 $\omega < \omega_0$ 时，

$\left| \dfrac{U_o}{U_i} \right|$ 变化较小；当 $\omega > \omega_0$ 时，$\left| \dfrac{U_o}{U_i} \right|$ 明显下降。这就是低

通滤波器的工作原理，它使较低频率的信号容易通过，
而阻止较高频率的信号通过。

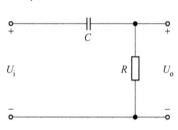

图 3.15-4　RC 高通滤波电路

（3）RC 高通滤波电路。RC 高通滤波电路如图
3.15-4 所示，由图分析可知

$$\left| \frac{U_o}{U_i} \right| = \frac{1}{\sqrt{1+\left(\dfrac{1}{\omega RC}\right)^2}} \tag{3.15-6}$$

同样设 $\omega_0 = \dfrac{1}{RC}$，则

$\omega = 0$ 时，$\left| \dfrac{U_o}{U_i} \right| = 0$；$\omega = \omega_0$ 时，$\left| \dfrac{U_o}{U_i} \right| = \dfrac{1}{\sqrt{2}}$；$\omega \to \infty$ 时，$\left| \dfrac{U_o}{U_i} \right| = 1$。

可见该电路的特性与低通滤波电路相反，它对低频信号的衰减较大，而高频信号容易
通过，衰减很小，通常称作高通滤波电路。

2. RL 串联电路的稳态特性

RL 串联电路如图 3.15-5 所示，电路中 I、U、U_R、U_L 有以下关系：

$$I = \frac{U}{\sqrt{R^2+\left(\dfrac{1}{\omega L}\right)^2}} \tag{3.15-7}$$

$$U_R = IR, \quad U_L = I\omega L \tag{3.15-8}$$

$$\varphi = \arctan \frac{\omega L}{R} \tag{3.15-9}$$

可见 RL 电路的幅频特性与 RC 电路相反，当 ω 增加时，I、U_R 减小，U_L 则增大。它的相频特性如图 3.15-6 所示。由图可知，当 ω 很小时，$\varphi \to 0$；当 ω 很大时，$\varphi \to \frac{\pi}{2}$。

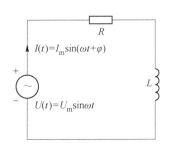

图 3.15-5　RL 串联电路　　　　　图 3.15-6　RL 串联电路的相频特性

3. RLC 电路的稳态特性

在电路中如果同时存在电感和电容元件，那么在一定条件下会产生某种特殊状态，能量会在电容和电感元件中产生交换，我们称为谐振现象。

（1）RLC 串联电路。在如图 3.15-7 所示电路中，电路的总阻抗 $|Z|$、电压 U、R、I 有以下关系：

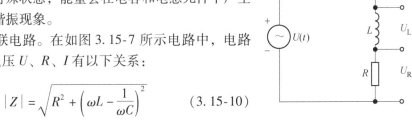

$$|Z| = \sqrt{R^2 + \left(\omega L - \frac{1}{\omega C}\right)^2} \tag{3.15-10}$$

$$I = \frac{U}{\sqrt{R^2 + \left(\omega L - \frac{1}{\omega C}\right)^2}} \tag{3.15-11}$$

图 3.15-7　RLC 串联电路

$$\varphi = \arctan \frac{\omega L - \dfrac{1}{\omega C}}{R} \tag{3.15-12}$$

式中，ω 为角频率，可见以上参数均与 ω 有关，它们与频率的关系称为频响特性，如图 3.15-8 所示。

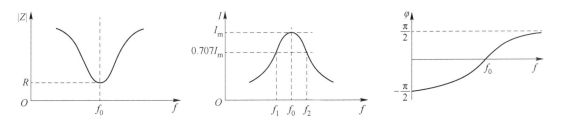

图 3.15-8　RLC 串联电路的阻抗特性、幅频特性、相频特性

由图 3.15-8 可知，在频率 f_0 处阻抗 Z 值最小，且整个电路呈纯电阻性，而电流 I 达到最大值，我们称 f_0 为 RLC 串联电路的谐振频率（ω_0 为谐振角频率）。从图还可知，在 $f_1 \sim f_0 \sim f_2$ 的频率范围内 I 值较大，我们称为通频带。

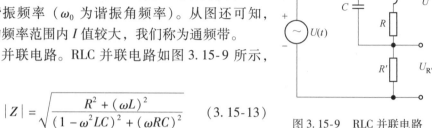

图 3.15-9　RLC 并联电路

（2）RLC 并联电路。RLC 并联电路如图 3.15-9 所示，满足

$$|Z| = \sqrt{\frac{R^2 + (\omega L)^2}{(1 - \omega^2 LC)^2 + (\omega RC)^2}} \qquad (3.15\text{-}13)$$

$$\varphi = \arctan \frac{\omega L - \omega C [R^2 + (\omega L)^2]}{R} \qquad (3.15\text{-}14)$$

可以求得并联谐振角频率

$$\omega_0 = 2\pi f_0 = \sqrt{\frac{1}{LC} - \left(\frac{R}{L}\right)^2} \qquad (3.15\text{-}15)$$

可见并联谐振频率与串联谐振频率不相等（当 Q 值很大时才近似相等）。图 3.15-10 给出了 RLC 并联电路的阻抗、电压电流和相位差随频率的变化关系。

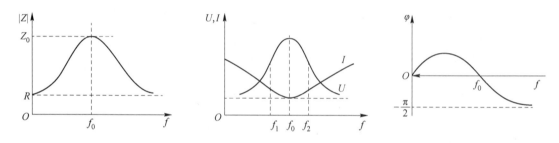

图 3.15-10　RLC 并联电路的阻抗特性、幅频特性、相频特性

由以上分析可知 RLC 串联、并联电路对交流信号具有选频特性，在谐振频率点附近，有较大的信号输出，其他频率的信号则被衰减。这在通信领域、高频电路中得到了非常广泛的应用。

【实验内容】

1. RC 串联电路的稳态特性

（1）RC 串联电路的幅频特性。按图 3.15-1 所示连接电路，选择正弦波信号，电源信号的幅值取为 4 V，取 $C = 0.1\ \mu\text{F}$，$R = 1\ \text{k}\Omega$，也可根据实际情况自选 R、C 参数。改变电源频率，分别用示波器测量不同频率时的 U_R、U_C，将结果填入表中。

（2）RC 串联电路的相频特性。将信号源电压 U 和 U_R 分别接至示波器的两个通道，可取 $C = 0.1\ \mu\text{F}$，$R = 1\ \text{k}\Omega$（也可自选）。从低到高调节信号源频率，观察示波器上两个波形的相位变化情况，先可用李萨如图形法观测，并记录不同频率时的相位差。

2. RL 串联电路的稳态特性

按图 3.15-5 所示连接电路，选择正弦波信号，电源信号的幅值取为 4 V，可选 $L = 10\ \text{mH}$，$R = 30\ \Omega$，也可自行确定。改变电源频率，分别用示波器测量不同频率时的 U_R、

U_L，将结果填入表中。

3. RLC 串联电路的稳态特性

自选合适的 L 值、C 值和 R 值，用示波器的两个通道测信号源电压 U 和电阻电压 U_R，必须注意两通道的公共线是相通的，接入电路中应在同一点上，否则会造成短路。

（1）幅频特性。按图 3.15-7 所示连接电路，选择正弦波信号，保持信号源电压 U 不变（可取 $U = 4$ V），可取 $C = 0.1$ μF，$R = 1$ kΩ，$L = 10$ mH（也可自选）。估算谐振频率，以选择合适的正弦波频率范围。从低到高调节频率，当 U_R 的电压为最大时的频率即为谐振频率，记录下不同频率时的 U_R、U_L 和 U_C，将结果填入表中。

（2）相频特性。用示波器的双通道观测 U 与 U_R 的相位差，U_R 的相位与电路中电流的相位相同，观测在不同频率下的相位变化，记录下某一频率时的相位差值。

【数据处理】

（1）根据测量结果作 RC 串联电路的幅频特性和相频特性图。

（2）根据测量结果作 RL 串联电路的幅频特性和相频特性图。

（3）根据测量结果作 RLC 串联电路、RLC 并联电路的幅频特性和相频特性图。

（4）分析以上图形，总结出各种电路的幅频及相频特性。

【注意事项】

（1）仪器使用前应预热 $10 \sim 15$ min，并避免周围有强磁场源或磁性物质。

（2）仪器采用开放式设计，使用时要正确接线，不要短路功率信号源，以防损坏。使用完毕后应关闭电源。

（3）仪器的开关和旋钮较多，请适当用力，勿粗暴使用。

【思考与讨论】

（1）通过电感线圈的电流和电容两端的电压能否突变？

（2）在欠阻尼振荡时改变 RLC 串联电路中 L 和 C 的数值，电流的波形将发生怎样的变化？

（3）根据实验观察，说明三种状态的波形是怎样演变的，试从幅度、衰减形式和快慢等方面进行说明。

实验十六　密立根油滴测量电子电量

【实验导读与课程思政】

　　油滴实验是近代物理学中测量基本电荷 e（也称元电荷）的一个经典实验，该实验是由美国著名物理学家密立根（Robert A. Millikan）经历 10 多年设计并完成的。这一实验的设计思想简明巧妙、方法简单，而结论却具有不容置疑的说服力，因此堪称物理实验的精华和典范。1908 年，在总结前人实验经验的基础上，密立根开始研究带电液滴在电场中的运动过程。结果表明，液滴上的电荷是基本电荷的整数倍，但因测量结果不够准确而不具有说服力。1910 年，他用油滴代替容易挥发的水滴，获得了比较精确的测量结果。1913 年，密立根宣布了其开创性的研究结果，这一结果具有里程碑的意义：（1）明确了带电油滴所带的电荷量都是基本电荷的整数倍；（2）用实验的方法证明了电荷的不连续性；（3）测出了基本电荷值（从而通过荷质比计算出电子的质量）。此后，密立根又继续改进实验，提高实验精度，最终获得了可靠的结果（经过很多次的实验，密立根测出的实验数据是 $e = 1.5924(17) \times 10^{-19} \mathrm{C}$，这与现在公认的值相差仅 1%），最早完成了基本电荷的测量工作。这一结果再次证明电子的存在，使对"电子存在"的观点持怀疑态度的物理学家信服。由于在测定基本电荷值和测出普朗克常数等方面做出的成就，密立根在 1923 年获得了诺贝尔物理学奖。随着现代测量精度的不断提高，目前公认的元电荷 $e = (1.60217733 \pm 0.00000049) \times 10^{-19} \mathrm{C}$。

　　多年来，物理学发生了根本的变化，而这个实验又重新站到实验物理的前列，近年来根据这一实验的设计思想改进的用磁漂浮的方法测量分数电荷的实验，使古老的实验又焕发了青春，也就更说明密立根油滴实验是富有巨大生命力的实验。本实验采用 CCD 摄像机和监视器，可非常清楚地看到油滴的运动过程，大大改善了实验条件，使测量结果更为准确。

【课前预习】

　　（1）喷雾器如何正确使用？

　　（2）什么样的油滴是合适的油滴，判定标准是什么？

　　（3）要使油滴受力平衡，如何调节平衡电压？

　　（4）如何判断油滴是否真正达到平衡？

　　（5）控制油滴升降时，需要注意哪些问题？

【实验目的】

　　（1）学习用油滴实验测量电子电量的原理和方法。

　　（2）验证电荷的不连续性。

　　（3）测量电子的电荷量。

　　（4）了解 CCD 传感器、光学系统成像原理及视频信号处理技术的工程应用等。

　　（5）引导学生做物理实验时保持严谨的态度和坚韧不拔的科学精神。

【实验仪器】

　　ZKY-MLG-6 实验仪，由主机、CCD 成像系统、油滴盒、监视器等部件组成。其中，主机包括可控高压电源、计时装置、A/D 采样、视频处理等单元模块。CCD 成像系统包括 CCD 传感器、光学成像部件等。油滴盒包括高压电极、照明装置、防风罩等部件。监视器是视频信号输出设备。

【实验原理】

密立根油滴实验测定电子电荷的基本设计思想是使带电油滴在测量范围内处于受力平衡状态。按运动方式分类，油滴法测电子电荷分为动态测量法和平衡测量法。

1. 动态测量法

考虑重力场中一个足够小油滴的运动，设此油滴半径为 r，质量为 m_1，空气是黏滞流体，故此运动油滴除重力和浮力外还受黏滞阻力的作用。由斯托克斯定律，黏滞阻力与物体运动速度成正比。设油滴以速度 v_f 匀速下落，则有

$$m_1 g - m_2 g = K v_f \tag{3.16-1}$$

式中，m_2 为与油滴同体积的空气质量；K 为比例系数；g 为重力加速度。油滴在空气及重力场中的受力情况如图 3.16-1(a) 所示。

若此油滴带电荷为 q，并处在场强为 E 的均匀电场中，设电场力 qE 方向与重力方向相反，如图 3.16-1(b) 所示，如果油滴以速度 v_r 匀速上升，则有

$$qE = (m_1 - m_2)g + K v_r \tag{3.16-2}$$

由式（3.16-1）和式（3.16-2）消去 K，可解出 q 为

$$q = \frac{(m_1 - m_2)g}{E v_f}(v_f + v_r) \tag{3.16-3}$$

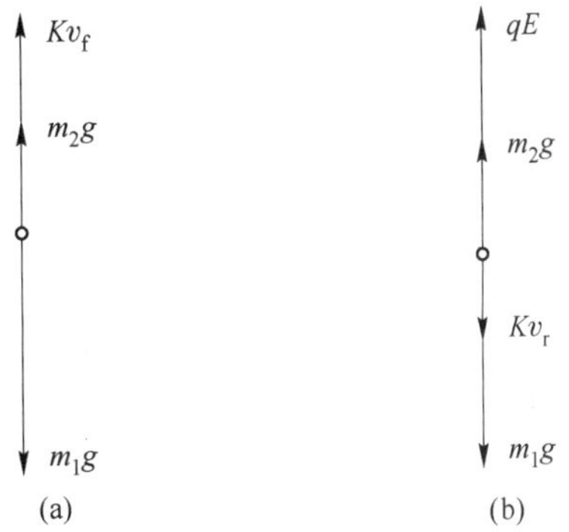

图 3.16-1 油滴受力示意图

(a) 重力场；(b) 电场

由式（3.16-3）可以看出，要测量油滴上携带的电荷 q，需要分别测出 m_1、m_2、E、v_f、v_r 等物理量。

由喷雾器喷出的小油滴的半径 r 是微米数量级，直接测量其质量 m_1 也是困难的，为此希望消去 m_1，而代之以容易测量的量。设油与空气的密度分别为 ρ_1、ρ_2，于是半径为 r 的油滴的视重为

$$m_1 g - m_2 g = \frac{4}{3}\pi r^3 (\rho_1 - \rho_2) g \tag{3.16-4}$$

由斯托克斯定律，黏滞流体对球形运动物体的阻力与物体速度成正比，其比例系数 K 为 $6\pi \eta r$，此处 η 为黏度系数，r 为物体半径。于是可将式（3.16-4）代入式（3.16-1），有

$$v_f = \frac{2gr^2}{9\eta}(\rho_1 - \rho_2) \tag{3.16-5}$$

因此

$$r = \left[\frac{9\eta v_f}{2g(\rho_1 - \rho_2)}\right]^{1/2} \tag{3.16-6}$$

联立式（3.16-3）、式（3.16-4），将式（3.16-6）代入并整理得到

$$q = 9\sqrt{2}\pi \left[\frac{\eta^3}{(\rho_1 - \rho_2)g}\right]^{1/2} \frac{1}{E}\left(1 + \frac{v_r}{v_f}\right)v_f^{3/2} \tag{3.16-7}$$

因此，如果测出 v_r、v_f 和 η、ρ_1、ρ_2、E 等宏观量即可得到 q 值。

考虑到油滴的直径与空气分子的间隙相当，空气已不能看成是连续介质，其黏度 η

需作相应的修正 η'

$$\eta' = \frac{\eta}{1 + \dfrac{b}{pr}} \tag{3.16-8}$$

式中，p 为空气压强；$b = 0.00823 \ \text{N/m}$ 为修正常数，因此式（3.16-5）可修正为

$$v_\text{f} = \frac{2gr^2}{9\eta}(\rho_1 - \rho_2)\left(1 + \frac{b}{pr}\right) \tag{3.16-9}$$

由于半径 r 在修正项中，当精度要求不是太高时，油滴半径由式（3.16-6）计算即可。由式（3.16-7）、式（3.16-8）联立得

$$q = 9\sqrt{2}\pi\left[\frac{\eta^3}{(\rho_1 - \rho_2)g}\right]^{1/2}\frac{1}{E}\left(1 + \frac{v_\text{r}}{v_\text{f}}\right)v_\text{f}^{3/2}\left(\frac{1}{1 + \dfrac{b}{pr}}\right)^{3/2} \tag{3.16-10}$$

实验中通常固定油滴运动的距离 s，通过测量油滴在距离 s 内所需要的运动时间来求得其运动速度，且电场强度 $E = \dfrac{U}{d}$，d 为平行板间的距离，U 为所加的电压，因此式（3.16-10）可写成

$$q = 9\sqrt{2}\pi d\left[\frac{(\eta s)^3}{(\rho_1 - \rho_2)g}\right]^{1/2}\frac{1}{U}\left(\frac{1}{t_\text{f}} + \frac{1}{t_\text{r}}\right)\left(\frac{1}{t_\text{f}}\right)^{1/2}\left(\frac{1}{1 + \dfrac{b}{pr}}\right)^{3/2} \tag{3.16-11}$$

式中有些量与实验仪器以及条件有关，选定之后在实验过程中不变，如 d、s、$(\rho_1 - \rho_2)$ 及 η 等，将这些量与常数一起用 C 代表，可称为仪器常数，于是式（3.16-11）简化成

$$q = C\frac{1}{U}\left(\frac{1}{t_\text{f}} + \frac{1}{t_\text{r}}\right)\left(\frac{1}{t_\text{f}}\right)^{1/2}\left(\frac{1}{1 + \dfrac{b}{pr_0}}\right)^{3/2} \tag{3.16-12}$$

由此可知，测量油滴上的电荷，只体现在 U、t_r、t_f 的不同。对同一油滴，t_f 相同，U 与 t_r 的不同，标志着电荷的不同。

2. 平衡测量法

平衡测量法的出发点是使油滴在均匀电场中静止在某一位置，或在重力场中做匀速运动。当油滴在电场中平衡时，油滴在两极板间受到的电场力 qE、重力 m_1g 和浮力 m_2g 达到平衡，从而静止在某一位置，即

$$qE = (m_1 - m_2)g \tag{3.16-13}$$

油滴在重力场中做匀速运动时，情形同动态测量法，并注意到 $\dfrac{1}{t_\text{r}} = 0$，则式（3.16-11）有

$$q = 9\sqrt{2}\pi d\left[\frac{(\eta s)^3}{(\rho_1 - \rho_2)g}\right]^{1/2}\frac{1}{U}\left(\frac{1}{t_\text{f}}\right)^{3/2}\left(\frac{1}{1 + \dfrac{b}{pr}}\right)^{3/2} \tag{3.16-14}$$

3. 元电荷的测量方法

测量油滴上所带电荷量的目的是找出电荷的最小单位 e。为此可以对不同的油滴，分

别测出其所带的电荷值 q_i，它们应近似为元电荷的整数倍，即油滴电荷量的最大公约数，或油滴带电量之差的最大公约数，即为元电荷 e。

$$q_i = n_i e (n_i \text{ 为整数}) \tag{3.16-15}$$

也可用作图法求 e 值，根据式（3.16-15），e 为直线方程的斜率，通过拟合直线即可求得 e 值。

【实验内容】

1. 仪器调整

（1）水平调整。调整实验仪主机上的三个调平螺钉旋钮（俯视时：顺时针平台降低，逆时针平台升高），直到水准泡正好处于中心（注意：严禁旋动水准泡上的旋钮）。将实验台调平，使平衡电场方向与重力方向平行，可以避免油滴在下落或上升过程中发生左右漂移，减小实验误差。

（2）油滴喷雾器调整。将少量钟表油缓慢倒入喷雾器的储油腔内，使钟表油湮没提油管下方即可（注意：油量不能太多，以免实验过程中操作失误将油倾倒至油滴盒堵塞落油孔！）。喷雾器使用时，要始终让黑色气囊位于下方，透明玻璃管位于上方，用手挤压气囊几次，使提油管内充满钟表油之后，继续挤压气囊即可喷出油雾。

（3）实验界面调整。打开主机电源及显示器电源开关，显示器出现仪器名称及研制公司界面。按"确认"键，显示器出现参数设置界面，再按一次"确认"键出现实验界面。如图3.16-2所示。

		(极板电压) (计时时间)
0		(电压保存提示栏)
		(保存结果显示区) (共5格)
		(下落距离栏)
(距离标志)		(实验方法栏)
		(仪器生产厂家)

图3.16-2　实验界面示意图

（4）CCD成像系统调整。打开进油量开关，从油雾杯侧面的喷雾口喷入油雾（挤压喷雾器气囊3~5下即可），微调主机上的调焦旋钮，使显示器屏幕上出现大量运动着的油滴的清晰图像。

2. 选择合适的油滴并练习控制油滴（以平衡法为例）

（1）选择合适的油滴。主机面板上功能键分别位于"结束""0 V""平衡"状态，将平衡电压初始值调为约100 V。喷入油雾，调节调焦旋钮，使显示器屏幕上显示大量清晰的油滴的像，选择下落速度为"0.2~0.5 格/s"的油滴作为目标油滴，再次调节调焦旋钮使该油滴变得最小最亮。（下落速度太小，布朗运动明显，会导致平衡电压调整不准确，下落速度太大会导致计时不准确。）

（2）确认平衡电压。目标油滴聚焦到最小最亮之后，仔细调整"电压调节"旋钮，使油滴静止在某一水平格线上，观察 1～2min，若油滴漂离格线，则需重新调整平衡电压；若其稳定在格线上或者只在格线上下做轻微的布朗运动，则认为油滴达到力学平衡，电压即为平衡电压。

（3）控制油滴运动。计时键处于"结束"，工作状态键处于"工作"，按下"提升"键将已经调平衡的目标油滴提升至显示器屏幕顶端的第一条格线上，按下"平衡"键。将工作状态键切换至"0 V"时，油滴开始下落，当油滴到达有"0"标记的格线时（图 3.16-3），按下"计时"键系统开始计时，待油滴下落至有"1.6"标记的格线时，再次按下计时键，系统停止计时。此时，油滴停止下落，"0 V/工作"键自动切换至"工作"，按下"确认"键，此次测量的数据就会记录到显示器屏幕上。将"平衡/提升"键切换至"提升"，这时极板电压会在原平衡电压基础上增加约 200 V，油滴立即向上运动，待油滴提升至屏幕顶端时，切换至"平衡"状态，进行下一次测量。每颗油滴测量 5 次且屏幕上显示 5 次测量数据之后，按下"确认"键，系统会自动计算出这颗油滴所带的电荷量。

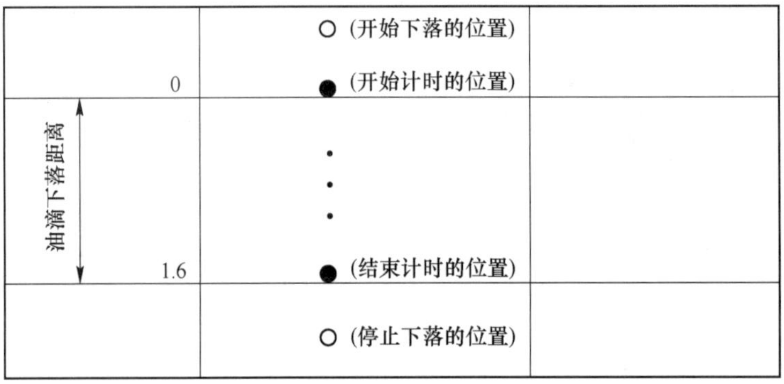

图 3.16-3　平衡法计时位置示意图

3. 正式测量

平衡测量法：平衡测量法是分别测出油滴下落时间 t_f 及平衡电压 U 代入式（3.16-14），即可求得油滴带电量。

（1）开启仪器电源，按 2 次"确认"键，屏幕进入实验界面。

（2）"工作"灯亮时，平衡电压调至 50～100 V。

（3）"0 V"灯亮时，喷油 3～4 下（特别注意：喷油器尽量竖直放置，不可倒置或平放，否则会堵塞仪器落油孔，损坏仪器！），选择下降速度为 0.2～0.5 格/s 的油滴为目标油滴。

（4）"工作"灯亮时，调节"平衡电压"旋钮，使目标油滴静止。

（5）油滴静止后要持续观察 1 min，确认油滴是真正静止，之后按"提升"键将油滴提升到"0"格线上方。（千万不要让油滴上升到屏幕以外的区域，否则一切都得重新开始!）

（6）测量过程：让"0 V"灯亮，当油滴越过"0"格线的瞬间按"计时"键计时开始，当油滴越过"1.6"格线的瞬间按"计时"键计时结束，让"工作"灯亮。如果确认计时准确，按"确认"键保留数据，否则不按任何键。

（7）按"提升"键将油滴提升到屏幕上方，当油滴越过"0"格线瞬间马上按"平衡"键，使油滴静止。

（8）同一油滴重复测量5次，每次按一下"确认"键保留数据（如需删除当前保留的实验结果，按"确认"键2 s），之后再按一次"确认"键屏幕上会自动出现测量结果，在A4纸上记录平衡电压（平均值）、下落时间（平均值）及电荷量（数量级为10^{-19}）的数据，并用手机将屏幕上的测量结果界面拍照留存。

（9）先后选取5个不同的油滴，重复上述（2）~（8）步操作。

动态测量法（选做）：动态测量法是分别测出下落时间t_f、提升时间t_r及提升电压U，代入式（3.16-12）即可求得油滴带电量。

（1）油滴下落过程，操作同平衡法，记录数据。

（2）第（1）步完成后，油滴处于"1.6"格线处。通过"0 V/工作"键、"平衡/提升"键配合使油滴下偏"1.6"格线一定距离，调节"电压调节"旋钮加大电压，使油滴上升，当油滴到达"1.6"格线时，立即按下计时键开始计时；当油滴上升到"0"格线时，再次按下计时键计时结束。油滴继续上升，再次调节"电压调节"旋钮使油滴平衡于"0"格线以上（图3.16-4），按下"确认"键保存本次实验数据。

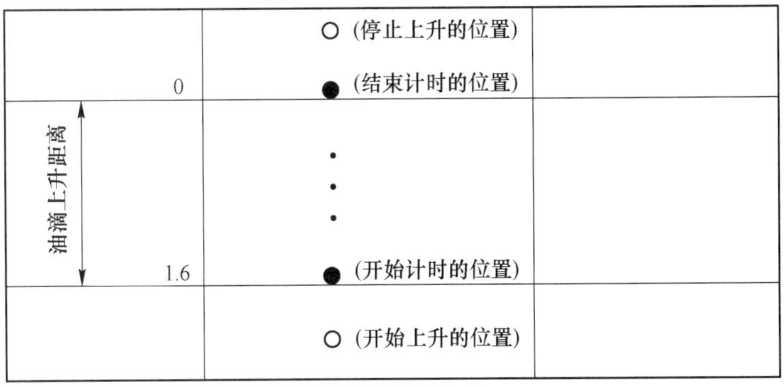

图3.16-4 动态法计时位置示意图

（3）重复以上步骤完成5次完整实验，记录数据。

【数据处理】

1. 计算法

至少测量5颗油滴，记录每颗油滴的电荷量q_i，由$n_i = \dfrac{q_i}{e_{理论}}$对结果进行四舍五入取整数后得到每颗油滴所带电子的个数n_i（为整数），再由$e_i = \dfrac{q_i}{n_i（为整数）}$即可得到每次测量的基本电荷，最后计算$n$次测量的平均值$\bar{e}$，与理论值比较算出百分误差及不确定度。

2. 作图法

得到 q_i 和对应的 n_i 之后，以 q_i 为纵坐标，n_i 为横坐标作图，拟合得到的直线的斜率即为基本电荷 $e_{测量}$，与理论值比较算出百分误差及不确定度。

【注意事项】

（1）CCD 盒、紧定螺钉、摄像镜头的机械位置不能变更，否则会对像距及成像角度造成影响。

（2）仪器使用环境：温度 0 ~ 40 ℃的静态空气中。

（3）实验前要调整仪器底座处于水平状态。

（4）仪器内有高电压，避免用手接触电极。

（5）正确使用喷雾器，否则会堵塞落油孔。

（6）注意仪器的防尘保护。

【思考与讨论】

（1）实验过程中如果油滴下落过快，原因是什么？

（2）怎么估算油滴上带了多少个电子？

（3）如何快速找到合适的油滴，并让其处于平衡状态？

【附录】

1. 仪器简介

实验仪器由主机、CCD 成像系统、油滴盒、监视器和喷雾器等部件构成。主机部件示意图如图 3.16-5 所示。

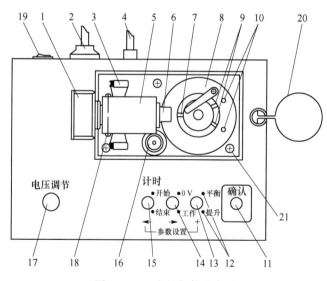

图 3.16-5　主机部件示意图

1—CCD 盒；2—电源插座；3—调焦旋钮；4—Q9 视频接口；5—光学系统；6—镜头；7—观察孔；8—上极板压簧；9—进光孔；10—光源；11—确认键；12—状态指示灯；13—平衡/提升切换键；14—0 V/工作切换键；15—计时开始/结束切换键；16—水准泡；17—电压调节旋钮；18—紧定螺钉；19—电源开关；20—油滴喷雾器收纳盒安装环；21—调平螺钉（3 颗）

　　CCD 模块及光学成像系统用来捕捉暗室中油滴的像，同时将图像信息传给主机的视频处理模块。实验过程中可以通过调焦旋钮来改变物距，使油滴的像清晰地呈现在 CCD 传感器的窗口内。电压调节旋钮可以调节极板之间的电压大小，用来控制油滴的平衡、下落及提升。计时"开始/结束"按键用来计时，"0 V/工作"按键用来切换仪器的工作状态，"平衡/提升"按键可以切换油滴平衡或提升状态，"确认"按键可以将测量数据显示在屏幕上。

　　油滴盒是一个关键部件，上下极板之间通过胶木圆环支撑，三者之间的接触面经过机械精加工后可以将极板间的不平衡度、间距误差控制在 0.01 mm 以下；这种结构基本上消除了极板间的"势垒效应"及"边缘效应"，较好地保证了油滴室处在匀强电场之中，从而有效地减小了实验误差。

　　胶木圆环上开有两个进光孔和一个观察孔，光源通过进光孔给油滴室提供照明，而成像系统则通过观察孔捕捉油滴的像。照明由带聚光的高亮发光二极管提供，其使用寿命长、不易损坏；油雾杯可以暂存油雾，使油雾不会过早地散逸；进油量开关可以控制落油量；防风罩可以避免外界空气流动对油滴的影响。具体构成如图 3.16-6 所示。

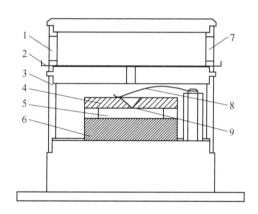

图 3.16-6　油滴盒装置示意图

1—喷雾口；2—进油量开关；3—防风罩；4—上极板；5—油滴室；6—下极板；
7—油雾杯；8—上极板压簧；9—落油孔

2. 平衡法系统参数

原理公式

$$q = 9\sqrt{2}\pi d\left[\frac{(\eta s)^3}{(\rho_1 - \rho_2)g}\right]^{\frac{1}{2}}\frac{1}{U}\left(\frac{1}{t_f}\right)^{\frac{3}{2}}\left(\frac{1}{1 + \dfrac{b}{pr}}\right)^{\frac{3}{2}}$$

油滴半径公式

$$r = \left[\frac{9\eta s}{2g(\rho_1 - \rho_2)t}\right]^{\frac{1}{2}}$$

式中，极板间距为 $d = 5.00 \times 10^{-3}$ m；空气黏度为 $\eta = 1.83 \times 10^{-5}$ kg/(m·s)；下落距离

为 $s = 1.6$ mm；钟表油密度为 $\rho_1 = 981$ kg/m（20 ℃）；空气密度为 $\rho_2 = 1.2928$ kg/m^3（标准状况下）；重力加速度为 $g = 9.794$ m/s^2（成都）；修正常数为 $b = 8.23 \times 10^{-3}$ N/m（6.17×10^{-6} m·cmHg）；标准大气压为 $p = 101325$ Pa（76 cmHg）；平衡电压为 U；油滴匀速下落时间为 t_f。

实验十七　制流电路与分压电路特性研究

【实验导读与课程思政】

　　电路一般由电源、控制电路和测量电路三部分组成，其中控制电路是通过控制负载的电流和电压，使其数值和范围达到预定的要求。实验中常用的控制电路有制流电路和分压电路，其控制的元件主要是滑线变阻器和电阻箱。对于控制电路，除了要求电压（或电流）值满足一定的调节范围，还要求能够比较容易地调到准确的指定值，即要求电路具有一定的细调程度。负载上的电流和电压是靠滑线变阻器触点的移动来改变的，最小位移是一圈，因此，滑线变阻器一圈的电阻的大小就决定了控制电路中电压和电流的最小改变量。除此之外，控制电路还应该具有较好的调节线性度，即要求在整个调节范围内尽可能是均匀的。在组装制流电路与分压电路时，要根据实验具体要求选择合适的元件及量程，如电压表、电流表、滑线变阻器、电阻箱等，在这个过程中会用到平时学习的理论知识及安全知识，可以有效地提高学生理论与实践相结合的能力及应用理论知识解决实际问题的能力。

【课前预习】

　　（1）简述制流电路中滑线变阻器的作用。

　　（2）如何选择电压表、电流表的量程？

　　（3）电阻箱的额定电流怎么计算？

　　（4）如何根据 K 值及滑线变阻器全电阻确定负载的阻值？

　　（5）分压电路的优点是什么？缺点是什么？

【实验目的】

　　（1）进一步了解电磁学实验基本仪器的性能和使用方法。

　　（2）掌握制流与分压两种电路的连接方法、性能和特点，学习检查电路故障的一般方法。

　　（3）熟悉电磁学实验的操作规程和安全知识。

【实验仪器】

　　毫安表、电压表、万用电表、直流电源、滑线变阻器、电阻箱、开关、导线。

【实验原理】

　　电路可以千变万化，但一个电路一般可以分为电源、控制和测量三个部分。测量电路是先根据实验要求而确定好的，如要校准某一电压表，需选一标准的电压表和它并联，这就是测量电路，它可等较于一个负载，这个负载可能是容性的、感性的或简单的电阻，以 R_z 表示其负载。根据测量的要求，负载的电流值 I 和电压值 U 在一定的范围内变化，这就要求有一个合适的电源。控制电路的任务就是控制负载的电流和电压，使其数值和范围达到预定的要求。

　　1. 制流电路

　　制流电路如图 3.17-1 所示，图中 E 为直流电源，R_0 为滑线变阻器，A 为电流表，R_z 为负载（本实验采用电阻箱），K 为电源开关。它是将滑线变阻器的滑动头 C 和任一固定端（如 A 端）串联在电路中，作为一个可变电阻，移动滑动头的位置可以连续改变 AC 之

间的电阻 R_{AC}，从而改变整个电路的电流 I

$$I = \frac{E}{R_Z + R_{AC}} \qquad (3.17\text{-}1)$$

当 C 滑至 A 点 $R_{AC} = 0$，$I_{max} = \frac{E}{R_Z}$，负载处 $U_{max} = E$

当 C 滑至 B 点 $R_{AC} = R_0$，$I_{min} = \frac{E}{R_Z + R_0}$，$U_{min} = \frac{E}{R_Z + R_0} R_Z$

电压调节范围：$\qquad\qquad\qquad \dfrac{R_Z}{R_Z + R_0} E \to E$

相应的电流变化为 $\qquad\qquad \dfrac{E}{R_Z + R_0} \to \dfrac{E}{R_Z}$

一般情况下负载 R_Z 中的电流为

$$I = \frac{E}{R_Z + R_{AC}} = \frac{\dfrac{E}{R_0}}{\dfrac{R_Z}{R_0} + \dfrac{R_{AC}}{R_0}} = \frac{I_{max} K}{K + X} \qquad (3.17\text{-}2)$$

式中，$K = \dfrac{R_Z}{R_0}$，$X = \dfrac{R_{AC}}{R_0}$。

图 3.17-2 表示不同 K 值的制流特性曲线，从曲线可以清楚地看到制流电路有以下几个特点：

（1）K 越大，电流调节范围越小；

（2）$K \geqslant 1$ 时，调节的线性较好；

（3）K 较小时（$R_0 \gg R_Z$），X 接近 0 时电流变化很大，细调程度较差；

（4）不论 R_0 大小如何，负载 R_Z 上通过的电流都不可能为零。

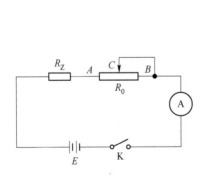

图 3.17-1　制流电路图

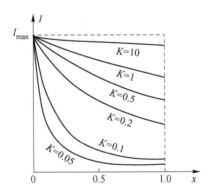

图 3.17-2　制流特性曲线图

细调范围的确定：制流电路的电流是靠滑线电阻滑动端位置移动来改变的，最少位移是一圈，因此一圈电阻 ΔR_0 的大小就决定了电流的最小改变量。

因为 $I = \dfrac{E}{R_Z + R_{AC}}$，对 R_{AC} 微分，$\Delta I = \dfrac{\partial I}{\partial R_{AC}} \Delta R_{AC} = \dfrac{-E}{(R_{AC} + R_Z)^2} \Delta R_{AC}$，则

$$|\Delta I|_{min} = \frac{I^2}{E} \Delta R_0 = \frac{I^2}{E} \cdot \frac{R_0}{N} \qquad (3.17\text{-}3)$$

式中，N 为变阻器总圈数。从上式可见，当电路中的 E、NR_0 确定后，ΔI 与 I^2 成正比，故电流越大，则细调越困难。假如负载的电流在最大时能满足细调要求，而小电流时也能满足要求，这就要使 $|\Delta I|_{\min}$ 变小，而 R_0 不能太小，否则会影响电流的调节范围，所以只能使 N 变大，由于 N 大而使变阻器体积变得很大，故 N 又不能增得太多，因此经常再串联一个变阻器，采用二级制流。电路图如图 3.17-3 所示，其中 R_{10} 阻值大，作粗调用，R_{20} 阻值小作细调用，一般 R_{20} 取 $R_{10}/10$，但 R_{10}、R_{20} 的额定电流必须大于电路中的最大电流。

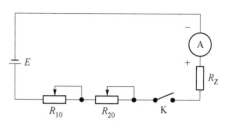

图 3.17-3　二级制流电路图

2. 分压电路

分压电路如图 3.17-4 所示，滑线变阻器两个固定端 A、B 与电源 E 相接，负载 R_Z 接滑动端 C 和固定端 A（或 B）上，当滑动头 C 由 A 端滑至 B 端，负载上电压由 0 变至 E，调节的范围与变阻器的阻值无关。当滑动头 C 在任一位置时，AC 两端的分压值 U 为

$$U = \frac{E}{\dfrac{R_Z R_{AC}}{R_Z + R_{AC}} + R_{BC}} \cdot \frac{R_Z R_{AC}}{R_Z + R_{AC}} = \frac{E}{1 + \dfrac{R_{BC}(R_Z + R_{AC})}{R_Z R_{AC}}}$$

$$= \frac{E R_Z R_{AC}}{R_Z(R_{AC} + R_{BC}) + R_{BC}R_{AC}} = \frac{R_Z R_{AC} E}{R_Z R_0 + R_{BC}R_{AC}}$$

$$= \frac{\dfrac{R_Z}{R_0}R_{AC}E}{R_Z + \dfrac{R_{AC}}{R_0}R_{BC}} = \frac{K R_{AC} E}{R_Z + R_{BC}X} \tag{3.17-4}$$

式中，$R_0 = R_{AC} + R_{BC}$，$K = \dfrac{R_Z}{R_0}$，$X = \dfrac{R_{AC}}{R_0}$。

由实验可得不同 K 值的分压特性曲线，如图 3.17-5 所示。

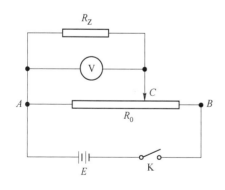

图 3.17-4　分压电路图

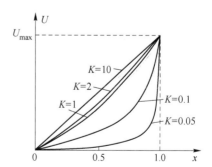

图 3.17-5　分压特性曲线图

从曲线可以清楚看出分压电路有如下几个特点：

（1）不论 R_0 的大小，负载 R_Z 的电压调节范围均可从 $0 \rightarrow E$；

（2）K 越小，电压调节越不均匀；

（3）K 越大，电压调节越均匀，因此要电压 U 在 0 到 U_{max} 整个范围内均匀变化，则取 $K > 1$ 比较合适，实际 $K = 2$ 这条线可近似作为直线，故取 $R_0 \leqslant \dfrac{R_Z}{2}$ 即可认为电压调节已达到一般均匀的要求了。

当 $K \ll 1$ 时（$R_Z \ll R_0$），略去式（3.17-4）分母项中的 R_Z，近似有 $U = \dfrac{R_Z}{R_{BC}}E$，经微分可得 $|\Delta U| = \dfrac{R_Z E}{R_{BC}^2}\Delta R_{BC} = \dfrac{U^2}{R_Z E}\Delta R_{BC}$，最小的分压量即滑动头改变一圈位置所改变的电压量，所以

$$\Delta U_{min} = \frac{U^2}{R_Z E}\Delta R_0 = \frac{U^2}{R_Z E} \cdot \frac{R_0}{N} \tag{3.17-5}$$

式中，N 为变阻器总圈数；R_Z 越小调节越不均匀。

当 $K \gg 1$ 时（$R_Z \gg R_0$），略去式（3.17-4）中的 $R_{BC}X$ 近似有

$$U = \frac{R_{AC}}{R_0}E \tag{3.17-6}$$

对上式微分可得 $\Delta U = \dfrac{E}{R_0}\Delta R_{AC}$，细调最小的分压值莫过于一圈对应的分压值，所以

$$\Delta U_{min} = \frac{E}{R_0}\Delta R_0 = \frac{E}{N} \tag{3.17-7}$$

从上式可知，当变阻器选定后 E、R_0、N 均为定值，故当 $K \gg 1$ 时，ΔU_{min} 为一个常数，它表示在整个调节范围内调节的精细程度处处一样。从调节的均匀度考虑，R_0 越小越好，但 R_0 上的功率也将变大，因此还要功率不能太大，则 R_0 不宜取得过小，取 $R_0 = \dfrac{R_Z}{2}$ 即可兼顾两者的要求。与此同时应注意流过变阻器的总电流不能超过它的额定值。若一般分压不能达到细调要求，可以如图 3.17-6 所示将两个电阻 R_{10} 和 R_{20} 串联进行分压，其中大电阻用作粗调，小电阻用作细调。

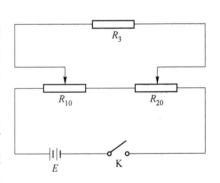

图 3.17-6　二级分压电路图

3. 制流电路与分压电路的差别与选择

（1）调节范围。分压电路的电压调节范围大，可从 $0 \rightarrow E$；而制流电路电压调节范围较小，只能从 $\dfrac{R_Z}{R_Z + R_0}E \rightarrow E$。

（2）细调程度。当 $R_0 \leqslant \dfrac{R_Z}{2}$，两种电路在整个调节范围内调节基本均匀，但制流电路可调范围小；负载上的电压值小，能调得较精细，而电压值大时调节精细程度较差。

（3）功率损耗。使用同一变阻器，分压电路消耗电能比制流电路大。

基于以上的差别，当负载电阻较大，调节范围较宽时选分压电路；反之，当负载电阻较小，功耗较大，调节范围不太大的情况下则选制流电路。若一级电路不能达到细调要求，则可采用二级制流（或二级分压）的方法来满足细调要求。

【实验内容】

1. 制流电路特性的研究

（1）用电阻箱作为负载 R_Z，取 $K=0.1$ 即 $R_Z/R_0=0.1$，根据滑线变阻器全电阻 R_0 确定负载 R_Z 的取值。

（2）根据电阻箱的额定功率及第（1）步中确定的 R_Z 值计算负载（电阻箱）的最大容许电流，再考虑所用的毫安表的量限，确定实验时的最大电流 I_{max} 值及电源电压 E 值，并记录滑线变阻器绕线部分的总长度 l_0。

（3）按图 3.17-1 所示连接电路，放好初值（注意电源电压 E 及负载 R_Z 的取值，R_{AC} 取最大值），复查一次电路无误后，闭合电源开关 K（如发现电流过大要立即切断电源!），移动滑线变阻器滑动端 C 点观察电流值的变化是否符合设计要求。

（4）移动变阻器滑动端 C，在电流从最小到最大变化过程中，记录 8~10 次 C 在标尺上的位置 l 及相应的电流值 I。

（5）测一下在电流最小（I_{min}）和最大（I_{max}）时，滑动端 C 移动 10 个小格时电流的变化值 ΔI。

（6）取 $K=1$，重复上述步骤。

2. 分压电路特性的研究

（1）用电阻箱作为负载 R_Z，取 $K=2$ 即 $R_Z/R_0=2$，根据滑线变阻器全电阻 R_0 确定负载 R_Z 的取值。

（2）根据电阻箱的额定功率及第（1）步中确定的 R_Z 值计算负载（电阻箱）的最大容许电流，考虑所用的滑线变阻器额定电流，确定实验时的最大电流 I_{max} 值；再考虑所用电压表的量限确定出电源电压 E 值，并记录下所用滑线变阻器绕线部分的总长度 l_0。

（3）按图 3.17-4 所示连接电路，放好初值（注意电源电压及 R_Z 取值，R_{AC} 取最大值），复查一次电路无误后，闭合电源开关 K（如发现电压过大要立即切断电源!），移动滑线变阻器滑动端 C 点观察电压值的变化是否符合设计要求。

（4）移动变阻器滑动端 C，在电压从最小到最大变化过程中，记录 8~10 次 C 在标尺上的位置 l 及相应的电压值 U。

（5）测一下在电压最小 U_{min} 和最大 U_{max} 时，滑动端 C 移动 10 个小格时电压的变化值 ΔU。

（6）取 $K=0.1$，重复上述步骤。

3. 二级制流、分压电路

参照图 3.17-3、图 3.17-6 连接二级制流、分压电路，再测量 C 移动一个小格时的 ΔU 和 ΔI 的值，与实验内容 1 和 2 结果进行比较。

4. 使用万用表检查电路故障

参照图 3.17-7，要求两组学生分别为对方设置故障，使接通电源时电珠不亮，由另一方检查。

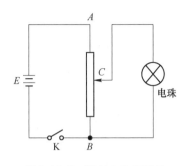

图 3.17-7　控制电珠亮暗的分压电路

【数据处理】

1. 制流电路

（1）分别计算 $K=0.1$ 和 $K=1$ 时滑动端 C 移动一个小格电路中电流的变化值 $\Delta I_{\min} = \Delta I/10\,(\mathrm{mA/div})$、$\Delta I_{\max} = \Delta I/10\,(\mathrm{mA/div})$。

（2）以电流值 I 为纵坐标，$x = l/l_0$ 为横坐标绘制 $K=0.1$ 和 $K=1$ 时的制流特性曲线图，分析图形并得出结论。

2. 分压电路

（1）分别计算 $K=2$ 和 $K=0.1$ 时滑动端 C 移动一个小格电路中电压的变化值 $\Delta U_{\min} = \Delta U/10\,(\mathrm{V/div})$、$\Delta U_{\max} = \Delta U/10\,(\mathrm{V/div})$。

（2）以电压值 U 为纵坐标，$x = l/l_0$ 为横坐标绘制 $K=2$ 和 $K=0.1$ 时的分压特性曲线图，分析图形并得出结论。

【注意事项】

（1）电路中的最大电流值 $I_{\max}$ 应小于滑动变阻器 R_Z 的额定电流。

（2）如图 3.17-8 所示，变阻器 BC 段的电流是 I_Z 和 I_{CA} 之和，确定 E 值时，特别要注意 BC 段的电流是否大于额定电流。

（3）电流最大时滑动端 C 在标尺上的读数为测量 l 的零点。

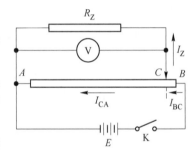

图 3.17-8　分压电路

【思考与讨论】

（1）ZX21 型电阻箱的示值为 9563.8 Ω，试计算它的允许基本误差和它的额定电流值，若示值改为 0.8 Ω，试计算它的允许基本误差。

（2）从制流和分压特性曲线求出电流值（或电压值）近似为线性变化时，滑线变阻器的阻值。

（3）当负载电阻很大，调节范围比较大时应该选择分压电路还是制流电路，为什么？当负载电阻较小，功耗较大，调节范围比较小时应该选择什么电路，为什么？

第四章 设计性实验

实验一 音叉声场的研究

【实验导读与课程思政】

音叉是一个典型的振动系统,其二臂对称、振动相反,而中心杆处于振动的节点位置,净受力为零而不振动,我们将它固定在音叉固定架上是不会引起振动衰减的。其固有频率可因其质量和音叉臂长短、粗细而不同。音叉广泛应用于多个行业,如用于产生标准的"纯音"、鉴别耳聋的性质、检测液位的传感器、检测液体密度的传感器以及计时等。

【实验要求】

用橡胶锤敲一下音叉,声波将向空间的各个方向传播形成声场,将音叉固定在一回转台上,在附近安置一麦克风为接收器,麦克风将接收的声波转为电信号,经放大后的信号送入示波器。打击音叉后转动音叉,可听到声音的强弱的变化,从示波器上也可看到信号的强弱变化。

对此现象产生原因有两种不同的设想:

（1）声波的干涉现象。

（2）音叉能量辐射具有方向性。

要求结合理论分析,提出哪种设想是正确的,并指出实验时应有的现象,然后仔细对此实验进行探索检验,说明检验的结果是肯定假设还是否定假设。

【实验器材】

示波器、放大器、麦克风、音叉、回转台等（图 4.1-1）。

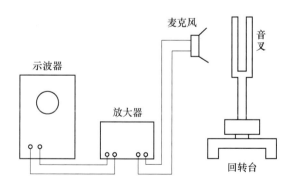

图 4.1-1 音叉声场探究的实验装置图

【实验提示】

麦克风灵敏度要高,最好用两个麦克风结合双踪示波器在互相垂直的方向观测。

实验二　测定锌粒的密度

【实验导读与课程思政】

　　在基础实验中，我们已经测量过固体和液体的密度。本实验的重点是根据已有的知识和现有的实验设备，组建小组，分工协作，设计测定锌粒的密度的方案，培养实践动手能力，从实践中强化理论知识。

【实验要求】

　　（1）用静力称衡法和比重瓶法两种方法测量锌粒的密度。

　　（2）自行提出实验原理，推导计算公式，设计实验方案，列出简要步骤，完成测量，记录并处理数据，得出实验结果，做出分析和评价。

【实验器材】

　　电子天平、比重瓶、细线、烧杯、可悬吊小容器、待测锌粒若干、蒸馏水、移液管、吸水纸、温度计等。

【实验提示】

　　（1）复习静力称衡法和比重瓶法的原理。

　　（2）利用比重瓶法测定锌粒的密度

$$\rho = \frac{m_1 - m_0}{m_3 - m_2 + m_1 - m_0} \tag{4.2-1}$$

式中，m_0 为比重瓶的质量；m_1 为放入待测锌粒后比重瓶的质量；m_2 为比重瓶加入锌粒再加满水的总质量；m_3 为倒出锌粒后的比重瓶加满水的质量。

实验三　气垫导轨上测重力加速度方法比较研究

【实验导读与课程思政】

重力加速度是物理学中一个重要的参量。地球上各地区的重力加速度的数值随地理纬度、海拔高度和地质结构的不同而不同。重力加速度的测量不仅在物理中具有重要意义，而且对于研究地层结构和探查地下资源都具有实用价值，因此，无论从理论上，还是科研上、生产上以及军事上，细致地测量和准确地计算重力加速度都有极其重大的意义。

在之前的课程中利用单摆测量了锦州地区的重力加速度，同时也使用过气垫导轨装置验证牛顿第二定律，本实验希望同学们能够通过已学习的理论知识，经过思考，并查阅资料，在现有的实验室条件下，做出归纳和总结，并敢于尝试，提出自己的看法，设计利用气垫导轨测量重力加速度的方法，并根据设计方案进行实验，在实验过程中不断完善和改进实验方案，完成对锦州地区重力加速度的测量。

【实验要求】

（1）给出三种以上测量方法，其中至少有一种方法要考虑消除空气黏滞阻力和滑轮转动的影响。

（2）自行提出实验原理，推导计算公式，设计实验方案，列出简要步骤，完成测量、记录并处理数据，得出实验结果。

（3）从误差分析的角度比较该实验中几种方法的优劣，选出最佳的方法。

【实验器材】

气垫导轨、滑块、光电门、数字毫秒计、米尺、游标卡尺、砝码、垫块等。

【实验提示】

（1）请复习气垫导轨的调平方法。

（2）在水平气垫导轨上利用牛顿第二定律测重力加速度。

（3）在倾斜气垫导轨上利用牛顿第二定律测重力加速度。

实验四　测量焦距方法比较

【实验导读与课程思政】

最早的凸透镜可以追溯到一千年以前，人们将透明的水晶或透明的宝石磨成"透镜"以放大影像。但由于做工粗糙且镜片材质一般等因素并不能成为真正意义上的凸透镜。现代意义上的凸透镜最初是由阿尔哈金（Alhazen，965—1038 年）发明的，并且他对凸透镜的实验研究结果与近代关于凸透镜的理论相近。格罗斯泰斯特（Grosseteste，约 1175—1253 年）提出了放大装置的想法，由其学生培根（R. Bacon，1214—1294 年）发明了放大镜。培根还提出透镜矫正视力和采用透镜组成望远镜的可能性，并描述了透镜焦点的位置。1299 年阿玛蒂（Armati）发明了眼镜，实现了用透镜矫正视力。波特（Porta，1535—1615 年）研究了成像暗箱，并在 1589 年的论文《自然的魔法》中讨论了复合面镜以及凸透镜和凹透镜的组合。凸透镜是历史上平凡而又伟大的发明，经过不断的发展，透镜现已成为光学仪器中最基本的元件。

焦距也称焦长，是光学系统中衡量光的聚集或发散的度量方式，指从透镜中心到光聚集之焦点的距离，也是透镜的一个重要参数。

通过让学生自行选择测量焦距的方法并设计实验，开拓学生的逻辑思维，提高学生的自主学习能力，培养学生的创新意识。

【实验要求】

测量透镜焦距的方法很多，常用的方法有自准法和物距像距法，对于凸透镜还可以用位移法（共轭法）进行测定。其中，自准法也是光学仪器调节中所使用的重要方法之一。

（1）学习测量透镜焦距的几种方法，并至少选择其中的三种方法测量透镜焦距。

（2）根据透镜成像的原理，观察凸透镜成像的几种主要情况。

（3）简述实验步骤，画出不同成像情况下的光路图。

（4）多次测量（一般测量 3 次），对测量结果取平均值。

（5）计算实验结果的误差，并分析实验误差的主要来源。

【实验器材】

光具座、照明灯、凸透镜、平面反光镜、白屏等。

【实验提示】

在近轴光线条件下，将凸透镜置于空气中时，凸透镜成像的公式为

$$\frac{1}{s} + \frac{1}{s'} = \frac{1}{f} \tag{4.4-1}$$

式中，s 为物距，实物为正，虚物为负；s' 为像距，实像为正，虚像为负；f 为焦距，凸透镜为正，凹透镜为负。

实验五　组合透镜

【实验导读与课程思政】

17 世纪，荷兰已经具有了高超的打造眼镜技术，凸透镜用来矫正远视眼，凹透镜用来矫正近视眼，在当时两种镜片是分开使用的。但 17 世纪初，荷兰的一家眼镜店店主科比斯赫，无意中透过连在一条直线上的凸透镜和凹透镜发现远处的塔变大且拉近了，由此他发现了望远镜原理。他将透镜安放在一根金属管内，这就是世界上第一架望远镜。继科比斯赫之后，意大利科学家伽利略（GalileoGalilei，1564—1642 年）自制望远镜用以观察夜空，并于 1609 年制作了一台能放大 30 倍的望远镜。同时期，德国的天文学家开普勒（Kepler，1572—1630 年）也开始研究望远镜，并提出用两个凸透镜制作望远镜的想法。沙伊纳于 1613—1617 年首次制作出了这种望远镜，他还根据开普勒的建议制造出有 3 个凸透镜的望远镜。1665 年，荷兰的惠更斯（Huyg(h)ens，1629—1695 年）为提高望远镜的精度做了一台筒长近 6m 的望远镜，来观察土星的光环，后又做了一台接近 41m 长的望远镜。牛顿（Newton，1643—1727 年）则于 1668 年发明了反射式望远镜从而解决了色像差的问题。最初的望远镜最大的用处是观察天体，人类借助望远镜几乎考察遍了太阳系所有的行星，并投向更遥远的太空。如今，望远镜的使用越来越普遍，如野外观察、剧场观看等，而且潜望镜、瞄准镜、准直镜也都是采用了望远镜的原理。看似平常的望远镜走过的发明之路却是不寻常的，包含的技术内涵也是诸多的。

最早的显微镜是 16 世纪末期在荷兰制造出来的，但当时这些仪器并未用于任何重要的观察，直到意大利科学家伽利略通过显微镜观察到一种昆虫后，第一次用显微镜对昆虫复眼进行了描述。第二个用显微镜进行观察的是荷兰亚麻织品商人列文虎克（Leeuwenhoek，1632—1723 年），他自己学会了磨制透镜，并第一次描述了许多肉眼所看不见的微小植物和动物。1931 年，鲁斯卡（Ruska，1906—1988 年）通过研制电子显微镜，使生物学发生了一场革命。这使得科学家能观察到像百万分之一毫米那样小的物体，因此他于 1986 年被授予诺贝尔奖。

通过了解望远镜和显微镜发展历史，帮助学生理解组合透镜的原理，掌握一定的科学研究方法。本实验以学生自主设计为主，既帮助学生深刻理解显微镜和望远镜的成像原理，又可以帮助培养学生动手能力。

【实验要求】

1. 实验前准备

深入了解显微镜、望远镜系统的特点。

2. 设计实用的望远镜

（1）明确望远镜的构造、物像关系及人眼构造等基本内容，明确人眼和目镜后表面的合适距离（15～40 mm）；

（2）根据实验室的透镜参数粗略确定放大率 4～8 倍的望远镜的大致焦距参数；

（3）基于开普勒望远镜（物镜框就是系统的孔径光阑，物镜框通过其后方的透镜（目镜）所成的像就是出瞳），根据成像公式确定出瞳的轴像位置，以此为据，确定目镜的大致焦距参数；

（4）学生设计出适合自己观测习惯的最佳透镜焦距参数；

（5）根据以上数据，将物屏置于光具座端头，组建一个观测有限远物的望远镜系统，根据此系统的参数计算本系统的理论放大倍数；

（6）实测本系统的实际放大倍数（数据按0.1估读）；

（7）观察效果评定。

3. 设计一个简单的显微镜

（1）明确显微镜的构造、物像关系及人眼构造等基本内容，明确人眼和目镜后表面的合适距离；

（2）根据实验室的透镜参数粗略确定放大率30～100倍的显微镜的大致焦距参数；

（3）基于低倍显微镜（单透镜物镜框就是系统的孔径光阑，物镜框通过其后方的透镜（目镜）所成的像就是出瞳），根据成像公式确定出瞳的轴像位置，以此为据，确定目镜的大致焦距参数；

（4）学生设计出适合自己观测习惯的最佳透镜焦距参数；

（5）根据以上数据，在光具座上组建一个观察网格物的显微系统，光学间隔（也称光学长度）取160 mm，根据此系统的参数计算本系统的理论放大倍数；

（6）观察效果评定。

【实验器材】

光学平台、凸透镜（6块）、分划板（1块）、竖标尺等。

【实验提示】

用望远镜和显微镜观察物体时，一般视角均甚小，因此视角之比可用其正切之比代替，于是光学仪器的放大率 M 可近似地写成：

$$M = \frac{\tan\alpha_0}{\tan\alpha_e} = \frac{l}{l_0}$$

对显微镜而言，式中 l_0 为被测物体（微小物体）的长度，l 为被测物体所成虚像的长度；对望远镜而言，式中 l_0 为物镜的直径，l 为目镜光斑的直径。

实验六　光电器件物理特性的研究

【实验导读与课程思政】

　　光电器件是指基于光电效应原理制作的器件，也称光敏器件，是光电传感器的核心元件，可以将光学量的变化与电学量的变化相互转化。光电传感器可用于测量物体之间的距离，同时具备光电接收器功能，是自动化技术中的一种流行选择，具有响应快、性能可靠、非接触测量等优点，在涉及汽车行业、食品行业、机械工程乃至日常生活的检测和控制领域都有广泛的应用。

【实验要求】

　　（1）学习光敏电阻原理，设计实验方案，研究光敏电阻的光照特性及伏安特性。

　　（2）学习光电池原理，设计实验方案，测量光电池的开路电压和短路电流、输出功率和负载的关系特性，测量最大输出功率。

　　（3）学习光电二极管原理，设计实验方案，研究光电二极管的光电特性。

【实验器材】

　　光源、光敏电阻、光电池、光电二极管、直流稳压电源、电压表、电流表、电阻箱、光照度计、暗箱。

【实验提示】

　　在进行光电器件实验的过程中，可将实验器材置于一个实验暗箱中，这样可以屏蔽杂散光对实验的影响，有效减少实验误差。

实验七　电压表测电阻

【实验导读与课程思政】

电压表是测量电压的一种仪器。传统的指针式电压表和电流表都是根据电流的磁效应原理。电流越大，所产生的磁力越大，表现出的就是电压表上指针的摆幅越大。电压表内有一个磁铁和一个导线线圈，通过电流后，会使线圈产生磁场，线圈通电后在磁铁的作用下会发生偏转，这就是电流表、电压表的表头部分。这个表头所能通过的电流很小，两端所能承受的电压也很小（远小于 1 V，可能只有零点零几伏甚至更小）。

由于电压表要与被测电阻并联，所以如果直接用灵敏电流表当电压表用，表中的电流过大，会烧坏电表，这时需要在电压表的内部电路中串联一个很大的电阻。这样改造后，当电压表再并联在电路中时，由于电阻的作用，加在电表两端的电压绝大部分都被这个串联的电阻分担了，所以通过电表的电流实际上很小，这样就可以正常使用了。电压表是一种内部电阻很大的仪器，一般应该大于几千欧姆，理想地认为是断路。在并联电路中并联了电压表和用电器，如果在干路中没有其他的用电器，可以认为测量的是电源电压（因为并联电路上的用电器全部享用了电源的电压）；如果干路中还连接其他的用电器，那这个用电器就分享了部分电源电压，那电压表测的只能是部分电压（连接在哪个用电器就是哪个用电器的电压）。

1821 年，施魏格尔和波根多夫发明了原始的电流表。随后德国物理学家乔治·西蒙·欧姆（Georg Simon Ohm，1787—1854 年）以此为基础，巧妙地利用电流的磁效应设计了一个电流扭秤。欧姆用一根扭丝挂一个磁针，让通电的导线与这个磁针平行放置，当导线中有电流通过时，磁针就偏转一定的角度，由此可以判断导线中电流的强弱。他把自己制作的电流表连在电路中，并创造性地在放磁针的度盘上划上刻度，以便记录实验的数据。后来很多科学家以此为雏形不断创新完善最后形成了我们现在使用的电流表。

科学的发展是曲折前进的，我们的人生也不可能一帆风顺，只要不放弃，砥砺前行，每天前进一小步，日积月累就会前进一大步。

【实验要求】

（1）巩固仪表用法及仪表的量程选择。

（2）学会自行设计电路利用电压表测待测电阻的阻值。

（3）掌握最小二乘法处理系统误差的方法。

【实验器材】

直流电源、电压表、滑线变阻器、已知电阻 R_0、待测电阻 R_x（2 个）、导线。

【实验提示】

利用电压表直接或者间接测出已知电阻两端的电压 U 及待测电阻的电流，根据欧姆定律 $R = \dfrac{U}{I}$，测出待测电阻的阻值（利用两种方法）。实验数据表格见表 4.7-1。

表 4.7-1 实验数据

测量次数	1	2	3	4	5	6	7	8	9	10
U_0										
I_x										
U_x										

实验八　电桥法测量交流信号源的频率

【实验导读与课程思政】

　　交流电桥是测量各种交流阻抗的基本仪器，如电容器的电容、电感器的电感等。还可以利用其间接测量与电容、电感有关的其他物理量，如互感、磁性材料的磁导率、电容的介电常数以及交流电源的频率等，其测量准确度和灵敏度都很高，在电磁测量中应用极为广泛。

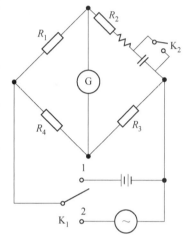

【实验要求】

　　（1）设计实验方案，测量交流电桥达到平衡时电容及电感的值，从而测量交流信号源的频率。

　　（2）推导频率计算公式，合理选择仪器，给出实验原理及实验步骤。

　　（3）进行测量给出实验结果，计算不确定度，分析误差来源，提出实验注意事项及改进意见。

【实验器材】

　　交流信号源、交直流两用电阻箱（4个）、电容箱、电感箱、数字万用表、单刀双掷开关、导线若干。

【实验提示】

　　图4.8-1所示为交流电桥测定信号源频率电路图。

图 4.8-1　交流电桥测定信号源
频率电路图

实验九　非线性电阻的测量

【实验导读与课程思政】

　　小灯泡灯丝在室温下电阻很低，通电以后，由于电流的热效应，灯丝温度会逐渐升高。由于金属材料的电阻随温度升高而变大，所以随着通电时间增加，灯丝的电阻会逐渐变大。这是一个相互促进的过程，达到平衡状态是，电流产生的焦耳热与热辐射、光辐射能量相等，灯丝的温度和电阻会达到稳定。

【实验要求】

　　（1）设计测量小灯泡伏安特性曲线的电路图。

　　（2）求出室温和正常工作条件下灯丝的电阻值。

　　（3）详细分析小灯泡灯丝的工作原理和电阻测量原理。

【实验器材】

　　直流稳压电源、数字电压表（三位半显示，内阻大于 10 MΩ）、电阻箱（0 ~ 99999.9 Ω，额定功率 0.5 W）、小灯泡（6.3 V，0.15 A）、开关、导线若干。

【实验提示】

　　在一定范围内，可以认为灯丝的电压与电流满足如下关系：$U = kI^n$，k 和 n 是与灯丝有关的系数。

　　（1）数字电压表内阻很大，可以忽略测量过程中的分流作用，可以用于测量正负电压并读数。

　　（2）电源电压不应超过 6.3 V。

　　（3）可采用作图法验证公式 $U = kI^n$，并用最小二乘法求出 k 和 n 的值。

参 考 文 献

[1] 程守洙，江之永. 普通物理学［M］. 北京：高等教育出版社，2006.

[2] 封丽，符时民，陈维石. 基础物理实验（第一册）［M］. 沈阳：东北大学出版社，2007.

[3] 陈维石，符时民，封丽. 基础物理实验（第二册）［M］. 沈阳：东北大学出版社，2007.

[4] 符时民，陈维石，封丽. 基础物理实验（第三册）［M］. 沈阳：东北大学出版社，2007.

[5] 佟蕾，李微，葛鑫磊. 大学物理实验［M］. 北京：高等教育出版社，2022.

[6] 王旗. 大学物理实验［M］. 2 版. 北京：高等教育出版社，2019.

[7] 李朝荣，徐平，唐芳，等. 基础物理实验（修订版）［M］. 北京：北京航空航天大学出版社，2009.

[8] 吴俊林. 基础物理实验［M］. 北京：科学出版社，2010.

[9] 王海燕，李相银. 大学物理实验［M］. 北京：高等教育出版社，2018.

[10] 王新练，张凤玲，杨秀芹. 大学物理实验［M］. 北京：高等教育出版社，2019.

[11] 黄耀清，赵宏伟，葛坚坚. 大学物理实验教程——基础综合性实验［M］. 北京：机械工业出版社，2020.

[12] 吴志颖，滕香，肖瑞杰，等. 大学物理学［M］. 2 版. 北京：高等教育出版社，2022.

[13] 孙晶华，王晓峰，陈淑妍. 大学物理学实验教程［M］. 哈尔滨：哈尔滨工程大学出版社，2016.

[14] 吕斯骅，段家忯，张朝晖. 新编基础物理实验［M］. 北京：高等教育出版社，2013.

[15] 王红理，俞晓红，肖国宏. 大学物理实验［M］. 西安：西安交通大学出版社，2014

[16] 丁红旗，张清，王爱群. 大学物理实验［M］. 北京：清华大学出版社，2013.

附　录

附录1　大学物理实验常用数据

附表1.1　基本物理常量表

物　理　量	符号	数　　值	单　位	相对标准不确定度
真空中的光速	c	299792458	$m \cdot s^{-1}$	精确
普朗克常量	h	$6.62607015 \times 10^{-34}$	$J \cdot s$	精确
元电荷	e	$1.602176634 \times 10^{-19}$	C	精确
阿伏伽德罗常量	N_A	$6.02214076 \times 10^{23}$	mol^{-1}	精确
摩尔气体常量	R	$8.314462618\cdots$	$J \cdot mol^{-1} \cdot K^{-1}$	精确
玻耳兹曼常量	k	1.380649×10^{-23}	$J \cdot K^{-1}$	精确
万有引力常量	G	$6.67430(15) \times 10^{-11}$	$m^3 \cdot kg^{-1} \cdot s^{-2}$	2.2×10^{-5}
理想气体摩尔体积(标况下)	V_m	$22.41396954\cdots \times 10^{-3}$	$m^3 \cdot mol^{-1}$	精确
真空电容率	ε_0	$8.8541878128(13) \times 10^{-12}$	$F \cdot m^{-1}$	1.5×10^{-10}
真空磁导率	μ_0	$1.25663706212(19) \times 10^{-6}$	$N \cdot A^{-2}$	1.5×10^{-10}
电子质量	m_e	$9.1093837015(28) \times 10^{-31}$	kg	3.0×10^{-10}
质子质量	m_p	$1.67262192369(51) \times 10^{-27}$	kg	3.1×10^{-10}
中子质量	m_n	$1.67492749804(95) \times 10^{-27}$	kg	5.7×10^{-10}
里德伯常量	R_∞	$1.0973731568160(21) \times 10^7$	m^{-1}	1.9×10^{-12}
精细结构常数	α	$7.2973525693(11) \times 10^{-3}$		1.5×10^{-10}

注：表中数据为国际科学联合会理事会科学技术数据委员会（CODATA）2018年的国际推荐值。

附表1.2　在标准大气压下不同温度时水的密度

$t/℃$	$\rho/kg \cdot m^{-3}$	$t/℃$	$\rho/kg \cdot m^{-3}$	$t/℃$	$\rho/kg \cdot m^{-3}$
0	999.841	8	999.849	16	998.943
1	999.900	9	999.781	17	998.774
2	999.941	10	999.700	18	998.595
3	999.965	11	999.605	19	998.430
4	999.973	12	999.498	20	998.203
5	999.965	13	999.404	21	997.992
6	999.941	14	999.244	22	997.770
7	999.902	15	999.099	23	997.538

续表1.2

$t/℃$	$\rho/kg \cdot m^{-3}$	$t/℃$	$\rho/kg \cdot m^{-3}$	$t/℃$	$\rho/kg \cdot m^{-3}$
24	997.296	32	995.025	40	992.22
25	997.044	33	994.702	50	988.04
26	996.783	34	994.371	60	983.21
27	996.512	35	994.031	70	977.78
28	996.232	36	993.68	80	971.80
29	995.944	37	993.33	90	965.31
30	995.646	38	992.96	100	958.35
31	995.340	39	992.66		

附表1.3　某些物质的密度（20 ℃时）

物　质	$\rho/kg \cdot m^{-3}$	物　质	$\rho/kg \cdot m^{-3}$
金	19320	石英	2500～2800
银	10500	水晶玻璃	2900～3000
铜	8960	冰（0 ℃）	880～920
铁	7874	乙醇	789.4
铝	2698.9	乙醚	714
铅	11350	汽油	710～720
锡	7298	甘油	1260
铂	21450	水银	13546.2

附表1.4　在海平面上不同纬度处的重力加速度

$\varphi/(°)$	$g/m \cdot s^{-2}$	$\varphi/(°)$	$g/m \cdot s^{-2}$
0	9.78049	50	9.80179
5	9.78088	55	9.81515
10	9.78204	60	9.81924
15	9.78394	65	9.82294
20	9.78652	70	9.82614
25	9.78969	75	9.82873
30	9.78338	80	9.83065
35	9.79746	85	9.83182
40	9.80180	90	9.83221
45	9.80629		

注：表中数值是根据公式 $g = 9.78049 (1 + 0.005288\sin^2\varphi - 0.000006\sin^2\varphi)$ 算出的，其中 φ 为纬度。

附表 1.5 与空气接触的某些液体的表面张力系数 (20 ℃时)

液体	$\sigma/\times 10^{-3}\,N\cdot m^{-1}$	液体	$\sigma/\times 10^{-3}\,N\cdot m^{-1}$
石油	30	水银	513
煤油	24	蓖麻油	36.4
甘油	63	乙醇	22.0
肥皂溶液	40		

附表 1.6 某些金属的杨氏模量的参考值 (20 ℃时)

金属	E/GPa	金属	E/GPa
金	77	锌	78
银	69~80	镍	203
铜	103~127	铬	235~245
铁	186~206	合金钢	206~216
铝	69~70	碳钢	196~206
钨	407	康铜	160

附表 1.7 不同温度时水的黏度

$t/℃$	$\eta/\mu Pa\cdot s$	$t/℃$	$\eta/\mu Pa\cdot s$
0	1787.8	60	469.7
10	1305.3	70	406.0
20	1004.2	80	355.0
30	801.2	90	314.8
40	653.1	100	282.5
50	549.2		

附表 1.8 某些液体的黏度

液体	$t/℃$	$\eta/\mu Pa\cdot s$	液体	$t/℃$	$\eta/\mu Pa\cdot s$
甲醇	0	817	甘油	-20	134×10^{6}
	20	584		0	121×10^{5}
乙醇	-20	2780		20	1499×10^{3}
	0	1780		100	12945
	20	1190	蜂蜜	20	650×10^{4}
汽油	0	1788		80	100×10^{3}
	18	530	水银	-20	1855
蓖麻油	10	242×10^{4}		0	1685
葵花籽油	20	50000		20	1554

附表 1.9　某些金属或合金的电阻率及其温度系数（20 ℃时的平均值）

金属或合金	电阻率/$10^{-6}\Omega \cdot m$	温度系数/℃$^{-1}$	金属或合金	电阻率/$10^{-6}\Omega \cdot m$	温度系数/℃$^{-1}$
金	0.024	40×10^{-4}	锌	0.059	42×10^{-4}
银	0.016	40×10^{-4}	铂	0.105	39×10^{-4}
铜	0.0172	43×10^{-4}	铅	0.205	37×10^{-4}
铁	0.098	60×10^{-4}	钨	0.055	48×10^{-4}
铝	0.028	42×10^{-4}	水银	0.958	10×10^{-4}
镍铬合金	0.98 ~ 1.10	$(0.03 \sim 0.4) \times 10^{-3}$	康铜	0.47 ~ 0.51	$(-0.04 \sim 0.01) \times 10^{-3}$

附录2　实验报告表格

基础性实验一　长 度 测 量

姓名＿＿＿＿＿＿＿＿　　学号＿＿＿＿＿＿＿＿　　上课时间＿＿＿＿＿＿＿＿

表一　用米尺测量 A4 纸的长度和宽度

测量项目	测量量	测 量 次 数						
		1	2	3	4	5	6	7
长度 l/mm	l_1							
	l_2							
	Δl							
	$\overline{\Delta l}$							
宽度 d/mm	d_1							
	d_2							
	Δd							
	$\overline{\Delta d}$							

表二　用游标卡尺测量圆管的直径和长度，并求出体积

测量项目	测 量 次 数							平均值	体 积
	1	2	3	4	5	6	7		
直径 d/mm									
长度 l/mm									

表三　用螺旋测微器测量金属球的直径

测量项目	零值误差 D_0	测 量 次 数							平均值 $\overline{D}$	修正值 $\overline{D}-D_0$
		1	2	3	4	5	6	7		
金属球直径 D/mm										

表四　用读数显微镜测量金属丝的直径

测量项目	测 量 次 数							平均值
	1	2	3	4	5	6	7	
直径 d/mm								

指导教师签字＿＿＿＿＿＿＿＿

基础性实验二　单摆测量重力加速度

姓名＿＿＿＿＿＿＿＿　　　学号＿＿＿＿＿＿＿＿　　　上课时间＿＿＿＿＿＿＿＿

表一　用米尺测量摆长

测量项目	测 量 次 数							平均值
	1	2	3	4	5	6	7	
x_1/cm								
x_2/cm								
l/cm								

表二　用游标卡尺测量摆球直径

测量项目	测 量 次 数							平均值
	1	2	3	4	5	6	7	
d/cm								

表三　固定摆长情况下，摆动 30 个周期的时间

测量项目	测 量 次 数							平均值
	1	2	3	4	5	6	7	
t/s								

指导教师签字＿＿＿＿＿＿＿＿＿＿

基础性实验三　天平测密度

姓名＿＿＿＿＿＿＿＿　　学号＿＿＿＿＿＿＿＿　　上课时间＿＿＿＿＿＿＿＿

1. 测量固体密度

表一　用静力称衡法测量 $\rho > 1$ 的不规则固体密度

测 量 项 目	测 量 次 数					平均值
	1	2	3	4	5	
物体在空气中的质量 m_1/g						
物体悬吊在水中的称衡值 m_2/g						

2. 测量液体密度

表二　用静力称衡法测量盐水密度

测 量 项 目	测 量 次 数					平均值
	1	2	3	4	5	
玻璃块的质量 m_1/g						
玻璃块悬吊在被测液体中的称衡值 m_2/g						
玻璃块悬吊在水中的称衡值 m_3/g						

表三　用比重瓶法测量盐水密度

测 量 项 目	测 量 次 数					平均值
	1	2	3	4	5	
空瓶的质量 m_1/g						
充满被测液体时质量 m_2/g						
充满蒸馏水时质量 m_3/g						

指导教师签字＿＿＿＿＿＿＿＿

基础性实验四 验证牛顿第二定律

姓名＿＿＿＿＿＿＿＿ 学号＿＿＿＿＿＿＿＿ 上课时间＿＿＿＿＿＿＿＿

1. 调平气轨，要求 $v_A > v_B > v_{B'} > v_{A'}$

表一 气垫导轨的调平

$v_A/\text{cm} \cdot \text{s}^{-1}$	$v_B/\text{cm} \cdot \text{s}^{-1}$	$v_{B'}/\text{cm} \cdot \text{s}^{-1}$	$v_{A'}/\text{cm} \cdot \text{s}^{-1}$	$\Delta v_{AB}/\text{cm} \cdot \text{s}^{-1}$	$\Delta v_{BA}/\text{cm} \cdot \text{s}^{-1}$	m_1/g	s/cm

2. 测量运动系统在不同外力下的速度和加速度

表二 速度和加速度测量

测量项目	测量次数				
	1	2	3	4	5
m_0/g					
$v_A/\text{cm} \cdot \text{s}^{-1}$					
$v_B/\text{cm} \cdot \text{s}^{-1}$					
$\bar{v}/\text{cm} \cdot \text{s}^{-1}$					
$a/\text{cm} \cdot \text{s}^{-2}$					
$F/\text{g} \cdot \text{cm} \cdot \text{s}^{-2}$					

指导教师签字＿＿＿＿＿＿＿＿

基础性实验五　测　声　速

姓名＿＿＿＿＿＿＿＿＿　　学号＿＿＿＿＿＿＿＿＿　　上课时间＿＿＿＿＿＿＿＿＿

表一　最佳工作点数据

测量次数	1	2	3	4	5	平均值
f/kHz						

表二　共振干涉法测声速数据

f/kHz	x_0/mm	x_1/mm	λ/mm	$v = f \cdot \lambda/\text{m} \cdot \text{s}^{-1}$

表三　相位法测声速数据

f/kHz	x_0/mm	x_1/mm	λ/mm	$v = f \cdot \lambda/\text{m} \cdot \text{s}^{-1}$

指导教师签字＿＿＿＿＿＿＿＿＿

基础性实验六　测量薄透镜焦距

姓名＿＿＿＿＿＿＿＿　　学号＿＿＿＿＿＿＿＿　　上课时间＿＿＿＿＿＿＿＿

表一　自准法

测 量 次 数	位置/cm		焦距/cm
	x_0	x	f
1			
2			
3			
4			
5			
6			
7			
8			
9			
10			

$\bar{f}$ = ＿＿＿＿＿＿＿＿ , $u_A(f)$ = ＿＿＿＿＿＿＿＿

表二　公式法

测量次数	位置/cm					焦距/cm
	x_0	x	x_1	s	s'	f
1						
2						
3						
4						
5						
6						
7						
8						
9						
10						

$\bar{f}$ = ＿＿＿＿＿＿＿＿ , $u_A(f)$ = ＿＿＿＿＿＿＿＿

表三　共轭法

测量次数	位置/cm						焦距/cm
	x_0	x	x_1	x_2	D	d	f
1							
2							
3							
4							
5							
6							
7							
8							
9							
10							

$\bar{f} =$ _____ , $u_A(f) =$ _____

表四　二倍焦距法

测量次数	位置/cm			焦距/cm
	x_0	x	x_1	f
1				
2				
3				
4				
5				
6				
7				
8				
9				
10				

$\bar{f} =$ _____ , $u_A(f) =$ _____

指导教师签字_____

基础性实验七 牛顿环测量平凸透镜的曲率半径

姓名＿＿＿＿＿＿＿＿＿ 学号＿＿＿＿＿＿＿＿＿ 上课时间＿＿＿＿＿＿＿＿＿

表一 牛顿环测量平凸透镜的曲率半径

环序数	m_i	25	24	23	22	21
位置	左					
	右					
直径	D_{mi}					
环序数	n_i	20	19	18	17	16
位置	左					
	右					
直径	D_{ni}					
直径平方差	$D_{mi}^2 - D_{ni}^2$					
直径平方差平均值	$\overline{D_{mi}^2 - D_{ni}^2}$					
透镜曲率半径	R					

指导教师签字＿＿＿＿＿＿＿＿

基础性实验八 分光计的调节及使用

姓名_____ 学号_____ 上课时间_____

表一 分光计自准法测量三棱镜顶角

角度/(°)	测量次数			平均值	标准差
	1	2	3		
θ_1					
θ_1'					
θ_2					
θ_2'					
$|\theta_1 - \theta_1'|$					
$|\theta_2 - \theta_2'|$					
$\frac{1}{2}(|\theta_1 - \theta_1'| + |\theta_2 - \theta_2'|)$					

表二 最小偏向角测量

测量次数	位置 T_1 读数/(°)		位置 T_2 读数/(°)		δ_{min}/(°)	$\overline{\delta}_{min}$/(°)	n
	左游标 θ_1	右游标 θ_2	左游标 θ_1'	右游标 θ_2'			
1							
2							
3							

指导教师签字_____

基础性实验九 电磁学实验基本知识

姓名_____　　　学号_____　　　上课时间_____

表一 记录仪器的型号和主要规格

仪器名称	仪器型号	主　要　规　格		
电压表		量程：	等级：	符号：
电流表		量程：	等级：	符号：
电阻箱		总电阻：	等级：	额定功率：
滑线变阻器		全电阻：	额定电流：	
直流电源		最大电压：	最大电流：	

表二 伏安法测电阻

测量次数	电压 U/V	电流 I/mA	电阻 R/Ω
1	1.00		
2	2.00		
3	3.00		
4	4.00		
5	5.00		
平均值			

指导教师签字_____

基础性实验十　示波器的使用

姓名＿＿＿＿＿＿＿＿＿　　学号＿＿＿＿＿＿＿＿＿　　上课时间＿＿＿＿＿＿＿＿＿

表一　方波、正弦波和三角波测量记录表

项　目	$f_{方波}=1000\ Hz$	$f_{正弦}=7500\ Hz$	$f_{三角}=2000\ Hz$
扫描时间（TIME/DIV）/ms·div^{-1} 或 μs·div^{-1}			
波形的一个或几个周期在水平方向所占格数/div			
周期/s			
频率/Hz			
扫描电压（VOLTS/DIV）/V·div^{-1} 或 mV·div^{-1}			
波形垂直高度所占格数/div			
电压峰-峰值/V			
电压有效值/V			

表二　李萨如图形记录表

项　目	频率比 $f_X:f_Y$			
	1:1	2:1	3:1	3:2
f_X/Hz				
f_Y/Hz				
图形				

表三　相位差记录表

项　目	频率 f/Hz			
	600	800	1000	1200
$2b$/div				
$2a$/Hz				
$\Delta\varphi$/(°)				

指导教师签字＿＿＿＿＿＿＿＿＿＿

基础性实验十二 磁场的描绘

姓名_____ 学号_____ 上课时间_____

表一 单个线圈轴线上磁感应强度记录表（$I = 100$ mA，$R = 10.00$ cm，$N = 500$ 匝）

x/cm	-2.00	-1.00	0.00	1.00	2.00	3.00	4.00	5.00	6.00
B_B/mT									
x/cm	7.00	8.00	9.00	10.00	11.00	12.00	13.00	14.00	15.00
B_B/mT									

表二 亥姆霍兹线圈轴线上磁感应强度记录表（$I = 100$ mA）

x/cm	-7.00	-6.00	-5.00	-4.00	-3.00	-2.00	-1.00	0.00
B_A/mT								
B_B/mT								
$B_A + B_B/\text{mT}$								
B_x/mT								
x/cm	+1.00	+2.00	+3.00	+4.00	+5.00	+6.00	+7.00	
B_A/mT								
B_B/mT								
$B_A + B_B/\text{mT}$								
B_x/mT								

指导教师签字_____

综合性实验一　金属线胀系数的测量

姓名＿＿＿＿＿＿＿＿＿　　　学号＿＿＿＿＿＿＿＿＿　　　上课时间＿＿＿＿＿＿＿＿＿

测试样品：＿＿＿＿＿＿＿，$L_0 = 400.00$ mm

表一　温度和千分表数据

温度 $t/℃$	室温 T_0	$T_0 + 10$	$T_0 + 20$	$T_0 + 30$	$T_0 + 40$	$T_0 + 50$
千分表读数 l_i/mm	0					

指导教师签字＿＿＿＿＿＿＿＿＿

综合性实验二　液体表面张力系数的测定

姓名＿＿＿＿＿＿＿＿＿　　　学号＿＿＿＿＿＿＿＿＿　　　上课时间＿＿＿＿＿＿＿＿＿

表一　力敏传感器定标

物体质量 m/g	0.500	1.000	1.500	2.000	2.500	3.000	3.500
输出电压 U/mV							

表二　纯净水的表面张力系数测量（水的温度 t =＿＿＿＿＿℃）

测量次数	U_1/mV	U_2/mV	ΔU/mV	$f \times 10^{-3}$/N	$\sigma \times 10^{-3}$/N·m^{-1}
1					
2					
3					
4					
5					
6					
7					

表三　乙醇的表面张力系数测量（乙醇的温度 t =＿＿＿＿＿℃）

测量次数	U_1/mV	U_2/mV	ΔU/mV	$f \times 10^{-3}$/N	$\sigma \times 10^{-3}$/N·m^{-1}
1					
2					
3					
4					
5					
6					
7					

表四　甘油（丙三醇）的表面张力系数测量（甘油的温度 t =＿＿＿＿＿℃）

测量次数	U_1/mV	U_2/mV	ΔU/mV	$f \times 10^{-3}$/N	$\sigma \times 10^{-3}$/N·m^{-1}
1					
2					
3					
4					
5					
6					
7					

指导教师签字＿＿＿＿＿＿＿＿＿

综合性实验三 霍尔位置传感器测量杨氏模量

姓名＿＿＿＿＿＿＿＿ 学号＿＿＿＿＿＿＿＿ 上课时间＿＿＿＿＿＿＿＿

1. 霍尔位置传感器的定标

表一 霍尔位置传感器静态特性测量

M/g	0.00	20.00	40.00	60.00	80.00	100.00
Z/mm	0.00					
U/mV	0.00					

2. 杨氏模量的测量

$d =$ ＿＿＿＿＿＿ cm，$b =$ ＿＿＿＿＿＿ cm，$a =$ ＿＿＿＿＿＿ mm

表二 铁板的位移测量

M/g	0.00	20.00	40.00	60.00	80.00	100.00
U/mV	0.00					

指导教师签字＿＿＿＿＿＿＿

综合性实验四 落球法测量液体的黏滞系数

姓名＿＿＿＿＿＿＿＿ 学号＿＿＿＿＿＿＿＿ 上课时间＿＿＿＿＿＿＿＿

表一 小球参数测量

测量项目	测量仪器	测 量 次 数										平均值
		1	2	3	4	5	6	7	8	9	10	
小球的质量 m/mg	电子天平											
小球直径 d/mm	螺旋测微器											

表二 量筒参数测量

测量项目	测量仪器	测 量 次 数					平均值
		1	2	3	4	5	
量筒的内径 D/mm	游标卡尺						

表三 其他参数测量

测量项目	测量仪器	测 量 次 数						平均值
		项目	1	2	3	4	5	
液柱高度 H/mm	米尺	H_1						
		H_2						
		ΔH						
两光电门间距 L/mm		L_1						
		L_2						
		ΔL						

表四 小球下落时间记录表

测 量 项 目	测 量 次 数						平均值
	1	2	3	4	5	6	
小球在液体中下落时间 t/s							

表五 液体温度记录表

测量项目	测量仪器	测 量 次 数		平均值
		开始时	结束时	
液体的温度 T/℃				

指导教师签字＿＿＿＿＿＿＿＿

综合性实验五　用气垫转盘验证刚体转动定律

姓名＿＿＿＿＿＿＿＿＿　　学号＿＿＿＿＿＿＿＿＿　　上课时间＿＿＿＿＿＿＿＿＿

$g = 9.8 \ \text{m/s}^2$，$D_1 = 2 \times 10^{-2} \ \text{m}$

表一　顺时针转动的时间

项　目	次　数					
	1	2	3	4	5	6
t_1/s						
$\overline{t_1}/\text{s}$						
t_2/s						
$\overline{t_2}/\text{s}$						
β_1/s^{-2}						

表二　逆时针转动的时间

项　目	次　数					
	1	2	3	4	5	6
t_1/s						
$\overline{t_1}/\text{s}$						
t_2/s						
$\overline{t_2}/\text{s}$						
β_2/s^{-2}						

表三　角加速度平均值和力矩

项　目	次　数					
	1	2	3	4	5	6
$\overline{\beta}/\text{s}^{-2}$						
$N/\text{N} \cdot \text{m}$						

指导教师签字＿＿＿＿＿＿＿＿＿

综合性实验六 热敏电阻温度特性的研究

姓名_____ 学号_____ 上课时间_____

表一 负温度系数热敏电阻温度特性数据

测量次数	1	2	3	4	5	6	7	8
$t/℃$								
$R/Ω$								

测量次数	9	10	11	12	13	14	15	16
$t/℃$								
$R/Ω$								

指导教师签字_____

综合性实验七　迈克尔逊干涉仪的调节及使用

姓名_____　　学号_____　　上课时间_____

表一　He-Ne 激光波长测量

测量次数	d_1/mm	d_2/mm	λ/nm	$\bar{\lambda}/\text{nm}$	$\dfrac{\|\bar{\lambda}-\lambda_0\|}{\lambda_0}$
1					
2					
3					

表二　钠光 D 双线波长差测量

测量次数	d_1/mm	d_2/mm	$\Delta d/\text{nm}$	$\overline{\Delta d}/\text{nm}$	$\Delta\lambda$
1					
2					
3					

指导教师签字_____

综合性实验八　透射光栅测定光波波长

姓名＿＿＿＿＿＿＿＿＿　　　学号＿＿＿＿＿＿＿＿＿　　　上课时间＿＿＿＿＿＿＿＿＿

表一　透射光栅测定光波波长

条纹间距 $d = $ ＿＿＿＿＿＿＿，干涉级数 $k = $ ＿＿＿＿＿＿＿

谱　线	衍射角 $\theta/(°)$	衍射角 $\overline{\theta}/(°)$	波长 λ/nm
紫线			
黄线 I			
黄线 II			

指导教师签字＿＿＿＿＿＿＿＿＿＿

综合性实验九　衍射实验

姓名＿＿＿＿＿＿＿＿　　学号＿＿＿＿＿＿＿＿　　上课时间＿＿＿＿＿＿＿＿

表一　单缝衍射测量记录表

测量级数	待测量/mm				
	x	D	d	$\bar{d}$	d_α（狭缝读数）
$K=1$					
$K=2$					
$K=3$					

表二　圆孔衍射测量记录表

φ/mm	待测量/mm		
	f	D_0	a
0.10			
0.15			
0.20			
0.30			
0.50			

指导教师签字＿＿＿＿＿＿＿＿

综合性实验十　光的偏振特性研究

姓名_____　　　学号_____　　　上课时间_____

表一　数据表格 1

$\theta/(°)$	$\theta'/(°)$	线偏振光经过 $\frac{\lambda}{2}$ 波片后振动方向转过角度
0		
15		
30		
45		
60		
75		
90		

表二　数据表格 2

转动 P_1 角度 $\theta/(°)$	P_2 转 360° 观察到现象	光的偏振状态
0		
15		
30		
45		
60		
75		
90		

指导教师签字_____

综合性实验十一　用惠斯通电桥测电阻

姓名＿＿＿＿＿＿＿＿＿　　学号＿＿＿＿＿＿＿＿＿　　上课时间＿＿＿＿＿＿＿＿＿

表一　粗测几十欧姆的待测电阻

R_2/Ω					
R_3/Ω					
R_4/Ω					
R_x/Ω					

待测电阻平均值：

表二　粗测几百欧姆的待测电阻

R_2/Ω					
R_3/Ω					
R_4/Ω					
R_x/Ω					

待测电阻平均值：

表三　粗测几千欧姆的待测电阻

R_2/Ω					
R_3/Ω					
R_4/Ω					
R_x/Ω					

待测电阻平均值：

指导教师签字＿＿＿＿＿＿＿＿＿＿

综合性实验十二 伏安法测电阻

姓名_____ 学号_____ 上课时间_____

表一 内接法测电阻

测量次数	1	2	3	4	5
U/V					
I/A					
R_x/Ω					

待测电阻平均值：

表二 外接法测电阻

测量次数	1	2	3	4	5
U/V					
I/A					
R_x/Ω					

待测电阻平均值：

表三 补偿法测电阻

测量次数	1	2	3	4	5
U/V					
I/A					
R_x/Ω					

待测电阻平均值：

指导教师签字_____

综合性实验十三　霍 尔 效 应

姓名_____　　学号_____　　上课时间_____

表一　测定霍尔元件灵敏度 K （$L = 26.0$ cm，$\overline{D} = 3.9$ cm，$N = 2400$ 匝）

$I_{励磁}$/A	B/mT	U_{H}/mV
0.000		
0.100		
0.200		
0.300		
0.400		
0.500		
0.600		
0.700		
0.800		
0.900		
1.000		
1.100		
1.200		

表二　测螺线管轴线上的磁感应强度 （$L = 26.0$ cm，$\overline{D} = 3.9$ cm，$N = 2400$ 匝）

x/cm	U_{H1}/mV （当 $+I$，$+B$ 时）	U_{H2}/mV （当 $+I$，$-B$ 时）	$\overline{U_{H}}$/mV	B/mT
1.0				
2.0				
3.0				
4.0				
5.0				
6.0				

x/cm	U_{H1}/mV（当 $+I$，$+B$ 时）	U_{H2}/mV（当 $+I$，$-B$ 时）	$\overline{U_H}/\text{mV}$	B/mT
8.0				
10.0				
12.0				
14.0				
16.0				
18.0				
20.0				
22.0				
24.0				
26.0				
27.0				
28.0				
29.0				
30.0				

指导教师签字＿＿＿＿＿＿＿＿

综合性实验十四 用箱式电位差计校准电表

姓名_____ 学号_____ 上课时间_____

表一 校准电压表（$R_1 = $_____ Ω, $R_2 = $_____ Ω）

U/V（待校准刻度）	1	2	3	4	5	6	7	8
U_1/V								
U_0/V								
$\Delta U = \mid U - U_0 \mid /V$								

U/V（待校准刻度）	9	10	11	12	13	14	15
U_1/V							
U_0/V							
$\Delta U = \mid U - U_0 \mid /V$							

表二 校准微安表（$R_s = $_____ Ω）

$I/\mu A$（待校准刻度）	10	20	30	40	50	60	70	80	90	100
U_s/V										
$I_s/\mu A$										
$\Delta I = \mid I - I_s \mid /\mu A$										

$I/\mu A$（待校准刻度）	110	120	130	140	150	160	170	180	190	200
U_s/V										
$I_s/\mu A$										
$\Delta I = \mid I - I_s \mid /\mu A$										

指导教师签字_____

综合性实验十五 RLC 电路稳态特性研究

姓名＿＿＿＿＿＿＿＿ 学号＿＿＿＿＿＿＿＿ 上课时间＿＿＿＿＿＿＿＿

表一 RC 串联电路的幅频特性

频率/Hz	100	300	500	700	900
U_R/mV					
U_C/V					

表二 RL 串联电路的幅频特性

频率/Hz	100	300	500	700	900
U_R/V					
U_L/V					

表三 RLC 串联电路的稳态特性

频率/Hz	100	250	400	550	700	850	1000	1150	1300	1450
U_R/V										
U_C/V										
$2x/$格										
$2a/$格										
$\Delta\varphi_{实验}$										
U_L/V										
$\Delta\varphi_{理论}$										

指导教师签字＿＿＿＿＿＿＿＿